既有建筑低碳改造技术指南

吴玉杰　等编著

中国建筑工业出版社

图书在版编目（CIP）数据

既有建筑低碳改造技术指南 / 吴玉杰等编著. — 北京：中国建筑工业出版社，2024.3
ISBN 978-7-112-29644-6

Ⅰ. ①既… Ⅱ. ①吴… Ⅲ. ①建筑物-节能-技术改造-指南 Ⅳ. ①TU111.4-62

中国国家版本馆 CIP 数据核字（2024）第 053707 号

责任编辑：张文胜
责任校对：赵 力

既有建筑低碳改造技术指南
吴玉杰 等编著

*

中国建筑工业出版社出版、发行(北京海淀三里河路 9 号)
各地新华书店、建筑书店经销
北京鸿文瀚海文化传媒有限公司制版
人卫印务（北京）有限公司印刷

*

开本：787 毫米×1092 毫米 1/16 印张：15½ 字数：387 千字
2024 年 3 月第一版 2024 年 3 月第一次印刷
定价：**62.00** 元
ISBN 978-7-112-29644-6
（42212）

前　言

建筑领域是碳排放的主要领域之一，随着城镇化持续推进和人民生活水平不断提高，建筑领域碳排放总量仍将增加，实现其低碳发展尤为重要。由于新建建筑节能标准不断提高，其单位面积能耗和碳排放强度持续下降，而且随着新建建筑规模逐渐下降，建筑领域减碳的重点将转向既有建筑领域。

我国既有建筑面积总量约为 678 亿 m^2，城市发展已由"增量扩张"迈向"存量优化"的变革期，体量巨大的既有建筑由于建造年代早、使用时间长、建造时未考虑节能等因素，绝大部分不能满足现行建筑节能标准的要求，建筑能耗高、室内热舒适度差，无法满足人们对建筑在适用性、节能性、舒适性等方面的需求，难以达到实现"双碳"目标和满足人民对美好生活向往的要求。因此实施既有建筑低碳改造，降低既有建筑能源消耗和碳排放强度，提高建筑使用者舒适度，是实现建筑行业绿色、低碳、可持续发展的重要途径。

既有建筑低碳改造是一项复杂的系统工程，与新建建筑不同，由于受建筑本体和周边环境限制，以及要充分考虑房屋所有者和使用者的意愿和感受，应遵循降低干扰、减少污染、快速施工、安全可靠的基本原则。根据建筑所处地区的经济、社会发展水平和气候条件不同，应对改造必要性、技术可行性、经济实用性、社会环境效益等进行综合分析，确定合理、可行的改造方案。

本书研究、实践、总结既有建筑低碳改造技术，提炼出可复制、可推广的经验做法，全面系统介绍改造技术要点，包括建筑围护结构、供暖、空调、给水排水、电气和改造效果检测评估等内容，以期为既有建筑低碳改造工作提供参考，从而进一步推进既有建筑低碳改造工程的质量提升，助力建筑领域"双碳"目标的实现。本书以低碳为主线，基于碳达峰碳中和、城市更新的背景，综合考虑改造用建筑材料碳排放、改造施工和改造后运行全寿命期碳排放降低的目标，提出全过程低碳、可行、经济的改造方案和改造技术，侧重介绍实用性、实践性、可操作性强的具体改造技术。本书可供既有建筑低碳改造、建筑低碳设计等从业人员参考，也可供建筑、暖通、给水排水和电气等专业教学参考。

本书在编写过程中得到了河南省建筑科学研究院有限公司栾景阳教授级高工、郑州大学唐丽教授、中原工学院周义德教授等专家的指导，在此表示衷心感谢！

本书由河南省建筑科学研究院有限公司、西安建筑科技大学、中国建筑西南设计研究院有限公司、航天规划设计集团有限公司、河南清方环境科技有限公司、河南省交通规划设计研究院股份有限公司、郑州大学综合设计研究院有限公司和郑州热力集团有限公司共同编著。各章节主要编写人员如下：第1章吴玉杰；第2章李展、南艳丽；第3章董岁具、石海军；第4章孙旭灿、吴玉杰；第5章董云霞、石海军；第6章门茂琛；第7章吴玉杰。

本书部分内容来自河南省重大科技专项"工业、建筑领域节能降碳关键技术及装备研

3

发"（项目编号：221100320100）课题二"建筑领域绿色低碳发展关键技术研究与集成示范"的研究成果。

本书涉及内容广、专业多，加之编写人员的经验和学识有限，难免有不足之处，敬请各位专家和广大读者批评指正。

目　录

第1章　概述 ………………………………………………………………… 1

1.1　既有建筑能耗及碳排放现状 …………………………………………… 1

1.2　既有建筑低碳改造的意义 ……………………………………………… 8

1.3　既有建筑低碳改造技术路线 …………………………………………… 11

第2章　围护结构低碳改造 ………………………………………………… 17

2.1　诊断评估 ………………………………………………………………… 17

2.2　基于全寿命期的低碳改造 ……………………………………………… 19

2.3　外墙改造 ………………………………………………………………… 29

2.4　外窗改造 ………………………………………………………………… 36

2.5　屋面改造 ………………………………………………………………… 45

第3章　集中供暖系统低碳改造 …………………………………………… 49

3.1　诊断评估 ………………………………………………………………… 50

3.2　供暖系统碳排放影响因素 ……………………………………………… 52

3.3　热源改造 ………………………………………………………………… 55

3.4　热力站改造 ……………………………………………………………… 63

3.5　管网改造 ………………………………………………………………… 70

3.6　室内供暖系统改造 ……………………………………………………… 78

第4章　中央空调系统低碳改造 …………………………………………… 89

4.1　诊断评估 ………………………………………………………………… 89

4.2　冷热源改造 ……………………………………………………………… 94

4.3　冷却塔改造 ……………………………………………………………… 98

4.4　输配系统改造 …………………………………………………………… 103

4.5　末端改造 ………………………………………………………………… 109

4.6　智能化控制系统改造 …………………………………………………… 111

4.7　制冷剂替换 ……………………………………………………………… 118

第5章　给水排水系统低碳改造 …………………………………………… 131

5.1　诊断评估 ………………………………………………………………… 132

5.2　给水排水系统改造 ……………………………………………………… 136

5.3 非传统水源利用技术 ⋯⋯⋯⋯⋯⋯⋯⋯⋯⋯⋯⋯⋯⋯⋯⋯⋯ 151

5.4 空气源热泵热水技术 ⋯⋯⋯⋯⋯⋯⋯⋯⋯⋯⋯⋯⋯⋯⋯⋯⋯ 165

5.5 太阳能热水技术 ⋯⋯⋯⋯⋯⋯⋯⋯⋯⋯⋯⋯⋯⋯⋯⋯⋯⋯⋯ 167

第 6 章　电气系统低碳改造 ⋯⋯⋯⋯⋯⋯⋯⋯⋯⋯⋯⋯⋯⋯⋯ 173

6.1 诊断评估 ⋯⋯⋯⋯⋯⋯⋯⋯⋯⋯⋯⋯⋯⋯⋯⋯⋯⋯⋯⋯⋯⋯ 173

6.2 供配电系统改造 ⋯⋯⋯⋯⋯⋯⋯⋯⋯⋯⋯⋯⋯⋯⋯⋯⋯⋯⋯ 175

6.3 照明改造 ⋯⋯⋯⋯⋯⋯⋯⋯⋯⋯⋯⋯⋯⋯⋯⋯⋯⋯⋯⋯⋯⋯ 179

6.4 电梯改造 ⋯⋯⋯⋯⋯⋯⋯⋯⋯⋯⋯⋯⋯⋯⋯⋯⋯⋯⋯⋯⋯⋯ 185

6.5 建筑设备监控系统 ⋯⋯⋯⋯⋯⋯⋯⋯⋯⋯⋯⋯⋯⋯⋯⋯⋯⋯ 187

6.6 能效管理系统 ⋯⋯⋯⋯⋯⋯⋯⋯⋯⋯⋯⋯⋯⋯⋯⋯⋯⋯⋯⋯ 191

6.7 建筑电气化 ⋯⋯⋯⋯⋯⋯⋯⋯⋯⋯⋯⋯⋯⋯⋯⋯⋯⋯⋯⋯⋯ 195

6.8 既有建筑光伏改造 ⋯⋯⋯⋯⋯⋯⋯⋯⋯⋯⋯⋯⋯⋯⋯⋯⋯⋯ 197

第 7 章　改造效果检测及评估 ⋯⋯⋯⋯⋯⋯⋯⋯⋯⋯⋯⋯⋯ 208

7.1 围护结构改造检测 ⋯⋯⋯⋯⋯⋯⋯⋯⋯⋯⋯⋯⋯⋯⋯⋯⋯⋯ 208

7.2 集中供暖系统改造检测 ⋯⋯⋯⋯⋯⋯⋯⋯⋯⋯⋯⋯⋯⋯⋯⋯ 217

7.3 中央空调系统改造检测 ⋯⋯⋯⋯⋯⋯⋯⋯⋯⋯⋯⋯⋯⋯⋯⋯ 221

7.4 给水排水系统检测 ⋯⋯⋯⋯⋯⋯⋯⋯⋯⋯⋯⋯⋯⋯⋯⋯⋯⋯ 225

7.5 电气系统改造检测 ⋯⋯⋯⋯⋯⋯⋯⋯⋯⋯⋯⋯⋯⋯⋯⋯⋯⋯ 227

7.6 改造效果评估 ⋯⋯⋯⋯⋯⋯⋯⋯⋯⋯⋯⋯⋯⋯⋯⋯⋯⋯⋯⋯ 233

参考文献 ⋯⋯⋯⋯⋯⋯⋯⋯⋯⋯⋯⋯⋯⋯⋯⋯⋯⋯⋯⋯⋯⋯⋯ 240

第1章 概述

建筑的发展与科学技术的进步密不可分，随着时代的发展、技术的进步，我国的建筑建造从非节能建筑到节能建筑，又发展到超低能耗建筑、低碳建筑，建筑能耗及碳排放强度持续降低。

既有建筑受限于建造时的经济条件和建设技术，建筑的设计和建造标准偏低，导致既有建筑存在能耗和碳排放强度偏高、室内环境质量差、使用功能待提升等多方面的问题。解决这些问题的有效途径是进行合理、有效、高性价比的低碳化改造，降低碳排放强度、提高使用舒适度。

低碳建筑是指在建筑材料与设备制造、施工建造、建筑物使用、建筑拆除的全寿命期内，适应气候特征与场地条件，在满足室内环境参数的基础上，通过优化建筑设计降低建筑用能需求，提高能源设备与系统效率，充分利用可再生能源和蓄能技术，使建筑碳排放强度满足一定标准的建筑。低碳建筑实施路径为利用被动式技术降低能耗需求、利用主动式技术提高设备能效、通过能源转型降低碳排放。低碳建筑和节能建筑一脉相承，建筑节能技术是实现低碳建筑的重要手段，也是综合技术、经济等方面的最佳选择。

1.1 既有建筑能耗及碳排放现状

1.1.1 既有建筑规模及现状

随着我国人民生活水平的不断提升和城镇化进程的深入推进，我国建筑面积和建筑能源需求也与日俱增。根据清华大学建筑节能研究中心的《中国建筑节能年度发展研究报告 2023（城市能源系统专题）》，截至 2021 年，我国民用建筑面积总量约为 678 亿 m^2，其中：城镇住宅建筑面积为 305 亿 m^2，农村住宅建筑面积 226 亿 m^2，公共建筑面积 147 亿 m^2，如图 1-1 所示。

图 1-1　2008—2021 年我国民用建筑存量面积变化趋势

快速城镇化带动建筑业的持续发展，我国建筑业规模不断扩大。从 2008 年到 2021 年，我国建筑建造速度加快，城乡建筑面积大幅增加。人均建筑面积达 48m²，其中城镇住宅建筑人均超过 33m²，农村居住建筑面积更高，而公共建筑和商业建筑人均也超过 10m²。我国的人均建筑面积已经超过目前日本、韩国、新加坡这三个亚洲发达国家，并接近法国、意大利等欧洲国家水平。

随着农村人口向城市的持续迁移，城镇住宅和公共建筑面积的存量持续增长，分阶段来看，随着人们生活及消费水平的不断提高，2016—2021 年公共建筑的增长速度明显高于 2011—2015 年，如图 1-2 所示。农村住宅建筑面积的存量浮动变化，最终基本趋于平衡，如图 1-3 所示。

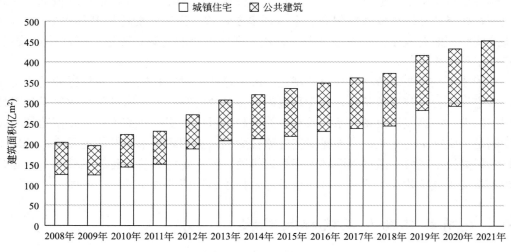

图 1-2　我国城镇建筑存量变化图（2008—2021 年）

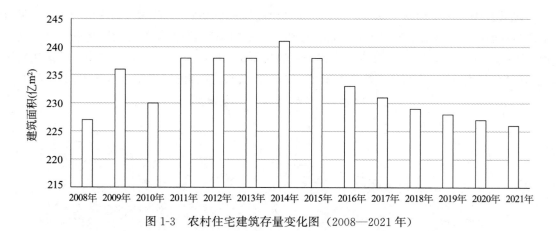

图 1-3　农村住宅建筑存量变化图（2008—2021 年）

2022 年 6 月，国家统计局发布了《中国人口普查年鉴 2020》，披露了第七次全国人口普查的详细数据，其中居住状况的数据引起了广泛关注。如表 1-1 所示，到 2020 年，我国家庭户人均居住面积达 41.76m²，平均每户住房间数为 3.2 间，平均每户居住面积达到 111.18m²。这一数据涵盖城乡，其中城市家庭户人均居住面积为 36.52m²，乡村家庭户人均住房建筑面积为 46.8m²。全国家庭户人均居住面积 30 年间增长近 6 倍。同时，不同城市之间的住房状况也有较大差别。西藏、河南、湖南、湖北、云南、青海和江苏的城市家庭户人均住房面积较大，均超过 40m²。

家庭户的住房间数和面积　　　　　　　表 1-1

地区	家庭户数（户）	家庭户人数（人）	平均每户住房建筑面积（m²/户）	平均每户住房间数（间/户）	人均住房建筑面积（m²/人）	人均住房间数（间/人）
全国	465241711	1238552246	111.18	3.20	41.76	1.20
城市	192180772	485050419	92.17	2.50	36.52	0.99
乡村	173326402	475840261	128.49	3.93	46.80	1.43

总体来说，经过快速城镇化过程，我国住房总量已基本满足人民生活的需求，部分居民的住房问题主要是房屋分配问题，而不再是总量不足的供给问题。我国房屋建造大拆大建的主要目的是提升建筑性能和功能，优化土地利用，然而根据统计，拆除的建筑平均寿命仅为三十几年，远没有达到建筑结构寿命。在碳达峰碳中和目标下，控制建筑规模，改变既有建筑改造和升级换代模式，由大拆大建改为维修和改造，可以大幅度降低钢铁、建材的用量，从而减少建材生产阶段的碳排放，为碳达峰碳中和事业作出贡献。

1. 城镇住宅建筑

1990 年以前所建住宅主要为福利分房时期建设，以单元楼、小户型为主，约有 49 亿 m²，围护结构热工性能较差。1990—2000 年，我国所建住宅以小户型和多层建筑为主，住宅单元面积为 60～70m²，层数多为 7 层及以下，这一时期的住宅主要是为了满足快速城镇化过程中急切的居住需求，总建筑面积约 83 亿 m²，保温性能较差，供暖能耗偏高。2000—2010 年，城镇居住需求一定程度上得到满足以后，新建住宅开始向中户型、中高层建筑转变，这一期间所建住宅的户型多为 80～90m² 的大户型，开始出现高层建筑。近年来，随着我国城市化的快速发展，一方面城市人口迅速增加，另一方面城市土地日益紧张，土地综合开发费用不断提高，开发商为了增加开发效益，大量建设高层、高密度的住宅。

2. 农村住宅建筑

随着城镇化的发展，2001—2020 年农村人口从 8.0 亿人减少到 5.1 亿人，而农村人均住房面积从 26m² 增长到约 40m²，农村住宅建筑的规模约为 230 亿 m²。《中华人民共和国土地管理法》规定：农村村民一户只能拥有一处宅基地，其宅基地面积不能超过本省、自治区、直辖市规定的标准。加上城镇化快速发展期的结束，农村住宅建筑的规模将基本稳定。农村住宅多数为非节能建筑，其主要特点是体形系数大、房间多、层高高、围护结构无保温、外门窗热工性能和气密性能差。

3. 公共建筑

公共建筑指人们进行各种公共活动的建筑，包含办公建筑、商业建筑、旅游建筑、科教文卫建筑、通信建筑以及交通运输类建筑，既包括城镇地区的公共建筑，也包含农村地区的公共建筑。21 世纪以来，随着城镇化的持续推进，公共建筑面积大幅增长，一方面是近年来大量新建商业办公楼、商业综合体，另一方面是学校、医院、体育场馆、交通枢纽等公共服务设施逐步完善。从建筑面积测算结果看，2006 年之前公共建筑存量约 40 亿 m²，而 2016 年之前公共建筑存量约 100 亿 m²，这些建筑都应纳入节能改造的范围，尤其是 2006 年之前竣工的公共建筑，由于未实施节能设计标准，其节能性能较差。

1.1.2 既有建筑能耗现状

建筑领域的用能涉及建筑的不同阶段，包括建筑建造、运行、拆除等，其中绝大部分发生在建筑建造和运行阶段。建筑规模的持续增长主要从两方面驱动了建筑领域能源消耗增长：一方面，大规模建设活动使用大量建材，建材的生产导致大量能源消耗；另一方面，不断增长的建筑面积带来了更大的建筑运行能耗需求，更多的建筑必然需要更多的能源来满足其供暖、通风、空调、照明、生活热水以及其他各项服务功能。因此，我国建筑的大规模建设是我国能源消耗持续增长的一个重要原因。

1. 建筑建造阶段能源消耗

建筑建造阶段的能源消耗指的是由于建筑建造所产生的由建材生产和现场施工等过程而消耗的能源。在一般的统计口径中，民用建筑建造与生产用建筑（非民用建筑）建造、基础设施建造一起，归到建筑业中。

根据清华大学建筑节能研究中心的估算结果，2021 年我国建筑业建造能耗 13.7 亿 tce，其中民用建筑建造能耗为 5.2 亿 tce，占我国建筑业建造能耗的 38%；生产性建造和基础设施建造能耗占我国建筑业建造能耗的 62%。而在民用建筑建造能耗中，城镇住宅、农村住宅、公共建筑占比分别为 71%、5% 和 24%，如图 1-4 所示。

图 1-4 我国建筑建造能耗（2021 年）
（a）建筑业建造；（b）民用建筑建造

建筑业建造能耗按建筑建造周期分为建材生产运输阶段能耗和现场施工阶段能耗。由于我国快速城镇化造成了大量建筑用材需求，建筑用材中又以钢铁和水泥需求量及生产能耗最为显著，其中 2021 年钢铁和水泥的生产能耗为 11 亿 tce，占建筑业建造总能耗的 80% 以上。

2. 建筑运行阶段能源消耗

考虑到我国南北地区冬季供暖方式、城乡建筑形式和生活方式，以及居住建筑和公共建筑人员活动及用能设备的差别，清华大学建筑节能研究中心的《中国建筑节能年度发展研究报告 2023（城市能源系统专题）》将我国建筑用能分为四大类：城镇住宅（不包括北方地区的供暖）、公共建筑（不包括北方地区的供暖）、农村住宅和北方城镇供暖，我国建筑运行能耗情况如图 1-5 所示。从用能总量来看，2021 年我国建筑运行商品能耗达到 11.08 亿 tce，其中公共建筑、城镇住宅、农村住宅和北方城镇供暖占全国建筑总能耗的比例分别为 34.84%、25.09%，20.94% 和 19.13%。其中，随着公共建筑规模的增长及平均能耗强度的增长，公共建筑能耗已成为我国建筑能耗比例最大的一部分。

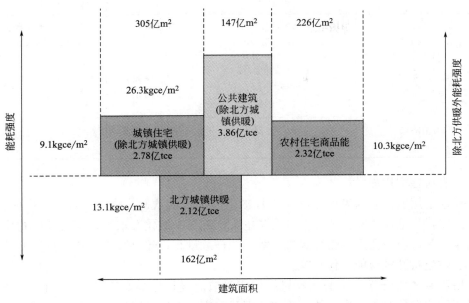

图 1-5　我国建筑运行能耗（2021 年）

（1）城镇住宅用能

城镇住宅用能指的是除了北方地区的供暖能耗外，城镇住宅所消耗的能源。在终端用能途径上，包括家用电器、空调、照明、炊事、生活热水，以及夏热冬冷地区的冬季供暖能耗。城镇住宅使用的主要商品能源种类是电力、燃煤、天然气、液化石油气和城市燃气等。夏热冬冷地区的冬季供暖绝大部分为分散形式，热源方式包括空气源热泵、直接电加热等针对建筑空间的供暖方式，以及炭火盆、电热毯等局部加热方式，这些能耗都归入此类。

多年来，我国持续推动建筑节能工作，新建居住建筑节能设计标准不断提高，碳排放强度持续降低。就严寒、寒冷地区的居住建筑而言，我国从 20 世纪 80 年代开始发布实施居住建筑节能设计标准，最早于 1986 年发布《民用建筑节能设计标准（采暖居住建筑部分）》JGJ 26—86，确立了我国建筑节能设计标准编制的基本思路及方法，该标准的节能率为 30%，1996 年实施节能率为 50% 的设计标准，2010 年实施节能率为 65% 的设计标准，2019 年实施节能率为 75% 的设计标准。夏热冬冷地区居住建筑节能设计标准于 2001 年实施，要求供暖、空调节能率达到 50%；修订版的标准于 2010 年实施，综合节能率为 65%。以寒冷地区城市郑州市为例，不同节能设计标准下外围护结构热工性能要求如表 1-2 所示。

居住建筑围护结构 K 值最低要求（郑州市）[单位：W/（m² · K）]　　　　表 1-2

	外墙	外窗	屋面
基准建筑（1980 年）	—	—	—
30%节能（JGJ 26—86）	2.00	6.40	1.10

续表

	外墙	外窗	屋面
50%节能 (JGJ 26—1995)	1.40(体形系数≤0.3) 1.10(体形系数>0.3)	4.70	0.80(体形系数≤0.3) 0.60(体形系数>0.3)
65%节能 (JGJ 26—2010)	0.70(≥9层) 0.60(4~8层) 0.45(≤3层)	3.1(≥4层) 2.8(≤3层)	0.45(≥4层) 0.35(≤3层)
75%节能 (JGJ 26—2018)	0.45(≥4层) 0.35(≤3层)	2.2(≥4层) 1.8(≤3层)	0.30

（2）农村住宅用能

农村住宅用能指农村家庭生活所消耗的能源，包括炊事、供暖、降温、照明、热水、家电等。农村住宅使用的主要能源种类是电力、燃煤、液化石油气、燃气和生物质能（秸秆、薪柴）等。由于我国城镇建筑规模大、能耗总量高，建筑节能工作一直以城镇建筑为重点，农村建筑开展节能工作较晚。

住房和城乡建设部发布的《农村居住建筑节能设计标准》GB/T 50824—2013，确立了农村居住建筑的节能方向及技术措施。但目前广大农村地区依然存在着建筑能耗高、能效低、围护结构热工性能差、用能形式简单等问题。近些年随着我国清洁取暖工作的深入展开，北京、河北、河南等部分地区开展了既有农房能效提升工作。

（3）公共建筑用能

公共建筑情况复杂多样，能耗一般较居住建筑高得多，用电量大，且不同类型的公共建筑能耗相差较大。其中大型公共建筑是典型的"耗能大户"，例如商场的电耗为210~370kWh/（m² · a），写字楼和星级酒店的电耗为100~200kWh/（m² · a），为普通住宅电耗的10~15倍。公共建筑全年能耗中50%~60%消耗于空调制冷和供暖系统，而风机与水泵的电耗占供暖空调电耗的50%~70%，根本原因在于运行管理不当。大多数风机由于灰尘堵塞，阻力增大，实际风量远小于设计风量，效率也仅在40%~50%。

2008年，《民用建筑节能条例》和《公共机构节能条例》两个重要的国家级建筑节能法规颁布实施，将公共建筑节能明确列为重点，规定了公共建筑的能耗统计、能源审计、能效公示、节能改造等工作。在节能标准方面，我国2005年实施《公共建筑节能设计标准》GB 50189—2005，该标准节能率为50%，2015年该标准修订后节能率为65%。在《公共建筑节能设计标准》实施之前建设的公共建筑，多数为非节能建筑，能耗高，节能改造潜力大。

（4）北方城镇供暖能耗

北方城镇供暖能耗指的是采取集中供暖方式的省、自治区和直辖市的冬季供暖能耗，包括各种形式的集中供暖和分散供暖。目前的供暖系统按热源系统形式及规模分类，可分为大中规模热电联产、小规模热电联产、区域燃煤锅炉、区域燃气锅炉、小区燃煤锅炉、小区燃气锅炉、热泵集中供暖等集中供暖方式，以及户式燃气炉、户式燃煤炉、空调分散供暖和直接电加热等分散供暖方式。使用的能源种类主要包括燃煤、燃气和电力。

长久以来北方城镇供暖一直是建筑节能的重点领域，导致北方城镇供暖能耗强度高的主要原因是节能建筑占比小、整体供热不均匀、管网热损失严重、供热系统热源效率较低等。但随着建筑节能标准的进一步强制推行，以及高效和清洁供暖热源方式的推广，北方城镇供暖能耗近年来已经呈现明显的下降趋势。

目前，我国城镇化和基础设施建设已初步完成，城镇化过程中已经逐渐形成了以小区公寓式住宅为主的城镇居住模式，不会达到美国以独栋别墅为主要模式下的人均住宅面积水平。另外，从城市形态来看，我国高密集度大城市的发展模式使得公共建筑空间利用效率高，没有必要按照欧美国家的人均公共建筑规模发展。在未来，只要不"大拆大建"，维持建筑寿命，由城市建设和基础设施建设拉动的钢铁、建材等高耗能产业也就很难再像之前那样持续增长。因此，在接下来的城镇化过程中，避免大拆大建，发展建筑延寿技术，加强既有建筑节能改造和基础设施的修缮，对于我国建筑业结构转型和用能总量的控制具有重要意义。

1.1.3　既有建筑碳排放现状

建筑规模的变化、建筑用能效率的提升、建筑用能种类的调整及能源供应结构的调整都会影响建筑领域相关的碳排放。建筑领域碳排放同样涉及建筑的建造、运行、拆除等不同阶段，并且主要发生在建筑建造和运行阶段。

1. 建筑建造阶段碳排放

由于我国仍处于城镇化建设阶段，除民用建筑建造外，还有各项基础设施的建设。建筑与基础设施的建造不仅消耗大量能源，也会导致大量的二氧化碳排放。其中，除能源消耗所导致的二氧化碳排放之外，水泥的生产过程碳排放也是重要的组成部分。如图 1-6 所示，2021 年我国建筑业建造相关的碳排放总量约 41 亿 tCO_2，其中民用建筑建造相关的碳排放总量约为 16 亿 tCO_2，主要包括 77% 的建筑所消耗建材的生产运输用能碳排放、20% 的水泥生产工艺过程碳排放和 3% 的现场施工过程中用能碳排放，尽管建材生产运输部分碳排放被计入工业和交通领域，但其排放是由建筑领域的需求拉动，所以建筑领域也承担了这部分碳排放责任，并应通过减少需求为减排作出贡献。

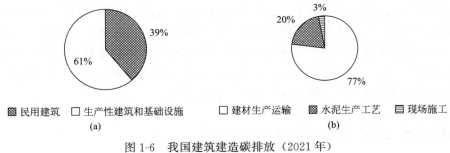

图 1-6　我国建筑建造碳排放（2021 年）

(a) 建筑业建造；(b) 民用建筑建造

2. 建筑运行阶段碳排放

建筑运行阶段消耗的能源种类主要以电、煤、天然气为主，其中，城镇住宅和公共建筑这两类建筑中 70% 的能源均为电，以间接二氧化碳排放为主，北方城镇中消耗的热电联产热力也会带来一定的间接二氧化碳排放，而对于北方供暖和农村住宅这两类用能，燃煤和燃气的比例高于电,在北方供暖分项中用煤和天然气的比例约为90%,农村住宅中用化石能源的比例约为50%,这会导致大量的直接二氧化碳排放。

根据中国建筑碳排放模型分析结果,2021年我国建筑运行相关二氧化碳排放量达到22亿tCO_2。如图1-7所示,公共建筑由于建筑能耗强度最高,所以单位面积的碳排放强度也最高,为7.2亿tCO_2,占比达到32.73%;北方城镇供暖分项由于大量燃煤,碳排放强度也较高,为4.9亿tCO_2,占比达到22.27%;农村住宅中用化石能源的比例较高,产生了4.9亿tCO_2的碳排放,占比达到22.27%;而城镇住宅规模较大,也相应产生了5亿tCO_2的碳排放,占比达到22.73%。

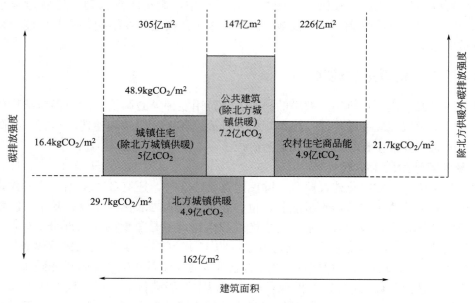

图1-7 我国建筑运行碳排放(2021年)

因此,为了尽早实现建筑建造阶段碳排放,应合理控制建筑规模总量,减少过量建设,积极开展既有建筑的改造和修缮,延长建筑寿命,避免大拆大建。与大拆大建相比,建筑的加固、维修以及低碳改造不但可以满足建筑功能提升的需要,大幅降低建筑运行过程的碳排放,还能避免因大拆大建而导致的钢材水泥所产生的碳排放。由"大拆大建"逐渐转型至"以改代拆,精细修缮",再进一步通过新型低碳建材、新型节能技术的应用,建筑领域可以圆满完成"碳达峰、碳中和"的目标任务。

1.2 既有建筑低碳改造的意义

1.2.1 既有建筑低碳改造政策

为了推进既有建筑节能改造工作,国家已出台了一系列相关政策。2008年国务院颁布《民用建筑节能条例》,其中第三章为既有建筑节能,规定:既有建筑节能改造应当根据当地经济、社会发展水平和地理气候条件等实际情况,有计划、分步骤地实施分类改造;既有建筑围护结构的改造和供热系统的改造,应当同步进行;对实行集中供热的建筑进行节能改造，应当安装供热系统调控装置和用热计量装置。《中共中央 国务院关于完整准确全面贯彻新发展理念做好碳达峰碳中和工作的意见》提出大力推进城镇既有建筑节能改造，提升建筑节能低碳水平。中共中央办公厅、国务院办公厅印发的《关于推动城乡建设绿色发展的意见》提出推进既有建筑绿色化改造，鼓励与城镇老旧小区改造、农村危房改造、抗震加固等同步实施。

为贯彻国家建筑节能和低碳发展相关政策，住房和城乡建设部出台了一系列配套政策，其中与既有建筑改造相关的文件有：2012 年 5 月，住房和城乡建设部印发《"十二五"建筑节能专项规划》，提出"深入开展北方供暖地区既有居住建筑供热计量及节能改造"，试点夏热冬冷地区节能改造。2017 年 3 月，住房和城乡建设部印发《建筑节能与绿色建筑发展"十三五"规划》，提出"加快提高建筑节能标准及执行质量，稳步提升既有建筑节能水平"。2022 年 3 月，住房和城乡建设部印发《"十四五"建筑节能与绿色建筑发展规划》，提出到 2025 年，城镇新建建筑全面建成绿色建筑，建筑能源利用效率稳步提升，建筑用能结构逐步优化，建筑能耗和碳排放增长趋势得到有效控制，基本形成绿色、低碳、循环的建设发展方式，为城乡建设领域 2030 年前碳达峰奠定坚实基础。并指出到 2025 年，完成既有建筑节能改造面积 3.5 亿 m^2 以上。

住房和城乡建设部、国家发展改革委印发的《城乡建设领域碳达峰实施方案》提出"严格既有建筑拆除管理，坚持从'拆改留'到'留改拆'推动城市更新；加强节能改造鉴定评估，编制改造专项规划，对具备改造价值和条件的居住建筑要应改尽改，改造部分节能水平应达到现行标准规定。持续推进公共建筑能效提升重点城市建设，到 2030 年地级以上重点城市全部完成改造任务，改造后实现整体能效提升 20% 以上。推进公共建筑能耗监测和统计分析，逐步实施能耗限额管理。加强空调、照明、电梯等重点用能设备运行调适，提升设备能效，到 2030 年实现公共建筑机电系统的总体能效在现有水平上提升 10%。"

1.2.2 既有建筑低碳改造意义

既有建筑受建造时技术水平和经济条件等原因的限制，能耗和碳排放明显偏高。既有非节能居住建筑围护结构保温性能差、供热系统效率低、供热计量设施不齐全、室内热舒适性差、缺乏调节手段，一方面无谓浪费大量能源，另一方面使居民用户支出较高的取暖费用。既有非节能公共建筑围护结构热工性能差，供暖空调能耗高，部分公共建筑虽然围护结构满足节能标准要求，但由于设计、施工或运行管理不善，同样存在高能耗现象。推动既有建筑低碳改造，具有重要的现实意义和深远影响。

1. 控制建筑能耗总量增长

以满足经济发展所需的能源消费为目标，我国能源生产由弱到强，推动生产能力大幅提升，逐步形成了煤、油、气、可再生能源多元供应以及电力等高品质能源占比不断提升的能源生产体系，成为世界能源生产第一大国。2019 年，我国能源生产总量达到 39.7 亿 tce，能源消费总量 48.7 亿 tce，虽然基本实现了能源的供需平衡，但目前的能源资源依然制约着我国未来经济社会的健康高效发展。

首先，除煤炭外，我国主要化石能源高度依赖进口，石油对外依存度为 72%，天然气对外依存度为 43%，我国是目前全球第一大油气进口国。而当今国际政治经济环境不确定因素增加，国际形势动荡，由此给我国带来巨大的能源安全风险。此外，我国的发展还受到国际原油、天然气等能源的价格约束，而绝大部分产业都以能源为基础，任何价格的大幅波动都对我国各行各业产生巨大影响，我国重要能源资源短缺对经济发展的制约进一步加剧。其次，虽然我国煤炭资源较为丰富，是全球第一大煤炭生产国，但煤炭能源的弊端较大，会带来严重污染。再次，我国确立了未来发展要走绿色低碳之路、可持续发展之路、人与自然和谐共生之路，而大量的化石能源资源的消耗，带来了巨大的生态环境成本，倒逼我国开展行业的绿色化转型升级，给我国经济带来了转型的阵痛。最后，可再生能源作为缓解能源资源约束矛盾的重要手段，虽然我国的可再生能源消费增长迅速，但可再生能源在我国能源结构中的占比仍然较低，不足以替代传统的化石能源。我国的可再生能源发展主要受制于地理条件和技术约束，水电资源需要有高度落差，多集中在西南地区，核能发电的风险负面效应过大，日本受地震影响的核电站泄漏造成巨大的影响为核电的使用前景蒙上阴影，风电和太阳能发电技术水平不够，投入产出比低下。因此，可再生能源替代传统化石能源还需要很长的路要走。

与此同时，我国能源消耗总量受全球碳减排目标和我国能源供应能力的共同约束。为保障国家能源安全，未来能源消耗将会维持在一定水平。根据我国以工业为主的能源结构特点，随着我国经济的进一步发展，工业领域用能量和用能比例还需进一步提升。因此，只有采取有效措施，在满足人民群众生产生活需求的同时合理控制建筑能耗总量，才能实现我国能源战略安全。

2. 助力建筑领域"双碳"目标实现

2022 年 4 月 1 日实施的《建筑节能与可再生能源利用通用规范》GB 55015—2021 规定新建居住建筑和公共建筑平均设计能耗水平应在 2016 年执行的节能设计标准的基础上分别降低 30％和 20％。不同气候区平均节能率要求为：严寒和寒冷地区居住建筑平均节能率应为 75％；除严寒和寒冷地区外，其他气候区居住建筑平均节能率应为 65％；公共建筑平均节能率应为 72％。但量大面广的既有建筑无论是从设计标准还是实际运行能耗来看，能耗高且碳排放量大。

通过实施既有建筑低碳改造，可以有效降低供暖、空调能耗，提高能源使用效率，保障能源安全，改善室内热环境质量，促进用户行为节能，减少由于燃煤取暖产生的二氧化碳和污染物排放，对实现节能减排目标具有十分重要的作用，是建设资源节约型、环境友好型社会的重要措施。

碳达峰、碳中和，是一场广泛而深刻的经济社会系统性变革，不仅将重塑我国的能源结构和产业结构，更涉及经济社会发展的方方面面。既有建筑低碳改造，不仅给建筑行业带来了新的发展思路，也将进一步助力建筑领域"双碳"目标的实现。

3. 满足人民群众对美好住房的向往

既有建筑或多或少存在围护结构热工性能差、室内舒适度低、功能不合理、配套设施不到位、环境条件差、物业管理不到位、建筑设备及管线老化等问题，特别是既有非节能居住建筑，冬冷夏热现象普遍，影响了居民生活质量，要求改善居住建筑室内热环境的呼声很高，改造意愿强烈。

通过实施既有建筑低碳改造，将其与冬季清洁取暖、城市更新、建筑领域碳达峰碳中和深入结合，让建筑冬天更暖、夏天更凉，减少供暖空调能耗，降低建筑能耗和碳排放；

改善使用条件，提升室内舒适性；提高人民群众居住满意度，是满足人民群众对美好生活向往的一项重要举措。

4. 有利于建筑业转型升级

随着新建建筑规模下降，化解建筑行业产能过剩、促进产业转型升级是经济社会发展的重要任务。利用既有建筑低碳改造的契机，能够有效促进建筑行业转型，进而带动建筑相关产业转型升级，加快科技创新，发展低碳经济。

5. 有利于保护建筑文化遗产

部分既有建筑是历史遗留下来的，经过岁月洗礼，沉淀了浓厚的人文特征。推动既有建筑低碳改造，贯彻国家对城市更新从"拆改留"到"留改拆"的战略转变，既可以改善建筑物的使用环境，使既有建筑得到合理利用，又可以使既有建筑作为有形的文化遗产延续下去。

1.3　既有建筑低碳改造技术路线

1.3.1　改造技术现状

我国既有建筑改造工作已实施多年，节能技术及产品也逐渐成熟，但随着我国城镇化持续推进和消费结构持续升级、能源需求刚性增长，能耗总量和能耗强度上行压力依然巨大。尤其是在"双碳"目标背景下，《中共中央　国务院关于完整准确全面贯彻新发展理念做好碳达峰碳中和工作的意见》《2030 年前碳达峰行动方案》《城乡建设领域碳达峰实施方案》等顶层文件的陆续出台，降低既有建筑全寿命期内碳排放成为既有建筑改造工作新的要求，也是我国既有建筑改造工作未来的发展方向和趋势。同时，我国既有建筑改造发展也面临着新的机遇和挑战。

1. 缺少基于全寿命期的低碳化改造策略

目前，我国既有建筑改造注重改造后的节能降碳效果，对改造过程使用建筑材料的碳排放、施工过程产生的碳排放关注较少，无法达到综合降碳效果。

2. 缺少综合舒适度、碳排放和造价的多目标优化改造

既有建筑改造设计比新建建筑受到更多制约，不能照搬新建建筑的技术进行设计。需要考虑更多问题，包括既有建筑已有的结构、物理环境、能源利用条件、能耗、碳排放、造价等多方面，各因素相互影响，因此改造设计需要根据建筑现况和技术经济条件，制定拟采用的低碳改造方案，并对其进行可行性分析和改造效果预测。

3. 缺少各专业综合协调

既有建筑改造涉及围护结构、供暖空调、建筑电气、给水排水、可再生能源等多个方面，各专业有各自的节能降碳技术，但相互配合才能达到综合的节能降碳效果。比如，外围护结构保温系统可以有效减少建筑冷热量散失，使供暖空调系统消耗较少的能源就可以营造舒适的室内热环境，建筑电气系统中电线材料的合理选型、线路的合理布局，可以减少线路损耗，更好地为供暖空调系统供电。所以既有建筑的低碳改造需要各专业协同配合，在满足建筑使用功能的同时，达到节能降碳的目的，寻找各专业之间的最佳平衡点，制定最优的低碳改造方案。

1.3.2 不同气候区改造策略

《民用建筑热工设计规范》GB 50176—2016 用累年最冷月和最热月平均温度作为分区主要指标，累年日平均温度≤5℃和≥25℃的天数作为辅助指标，将我国划分成 5 个气候区，即严寒地区、寒冷地区、夏热冬冷地区、夏热冬暖地区和温和地区。各气候区根据不同的地区气候、经济形式、建筑特征，提出了不同的建筑节能要求。对于既有建筑低碳改造，可再生能源应用系统、给水排水系统、电气系统、智能化系统在任何气候区都可以根据实际情况进行改造；围护结构系统、集中供暖系统、中央空调系统则需要根据气候区的基本特征，有所侧重地选择改造方向。

1. 严寒地区

严寒地区主要包括东北、内蒙古、新疆北部、西藏北部以及青海等地区。该气候区冬季严寒且持续时间长，夏季短促且凉爽，具有较大的气温年较差。同时，严寒地区可再生能源丰富，可加以利用的能源多种多样。西藏与青海的日照、水力资源、地热能与风能资源比较丰富，其中年太阳辐射总量平均值为 5459MJ/m²，处于全国领先位置，同时西藏已探明地热资源可开采热能 1732.2MW，居全国首位。

严寒地区夏季短促且凉爽，几乎没有建筑空调需求，但每年冬季供暖需求时间长、能耗高。为了保证冬季室内热环境质量，供暖能耗在建筑能耗中占主导地位。因此，严寒地区既有建筑改造的重点是供暖和保温，即围护结构改造、室内供暖系统改造以及室外供热系统改造。另外，可根据建筑实际情况增加可再生能源应用系统。

围护结构改造必须充分满足冬季保温要求，确定外墙、屋面等保温层的厚度以及外窗、单元门、户门传热系数，并选用外保温技术对围护结构进行保温处理；外窗改造宜将单玻、推拉窗改造成双玻、平开窗，或在原窗一侧加装一樘保温性能好的新窗。同时，需要对外墙、屋面、窗洞口等可能形成热桥的构造节点进行气密性及保温加强处理。阳光间可以在严寒地区普遍推广，但是要做好防止冷风渗透与热量流失的保温措施。

室内供暖系统计量及温度调控改造从降低建设成本和减少扰民的角度出发，可采取分室（户）温度调节、分户热分摊方式，实现室温可控，如将原有垂直单管顺流式系统改为垂直单管跨越式系统并安装温控阀和分户热分摊装置，对原有垂直双管系统安装温控阀和分户热计量或分户热分摊装置等。热源及供热管网热平衡改造可以在热源及热力站内进行循环水泵变频改造、安装气候补偿器，在热力出口处安装热量表，同时在每栋建筑热力入口处安装平衡阀。

2. 寒冷地区

寒冷地区主要包括北京、天津、河北、山东、山西、宁夏、陕西大部、辽宁南部、甘肃中东部、新疆南部、河南、安徽、江苏北部以及西藏南部等地区。该气候区冬季较长而且寒冷干燥，平原地带夏季较炎热湿润，高原地带夏季较凉爽，降水量相对集中；气温年较差较大，日照较丰富；春、秋两季短促，气温变化剧烈；春季雨雪稀少，多大风天气，夏秋两季多冰雹和雷暴。

由于寒冷地区冬季寒冷、夏季炎热的气候特征，为了保证舒适的舒适环境，每年冬季有 4 个月的连续供暖需求，夏季有近 3 个月的供冷需要，供暖和空调能耗均占建筑能耗的 40% 左右，因此寒冷地区建筑节能的重点在于满足冬季保温要求的同时，还要兼顾夏季防热，其既有建筑低碳改造的重点方向在于围护结构、供暖系统以及空调系统的改造。

寒冷地区既有建筑低碳改造所涉及的围护结构改造、室内供暖系统改造以及室外供热系统改造可以参考严寒地区的做法。寒冷地区既有建筑的中央空调系统不满足低碳运行要求时，同样需要改造。改造措施包括冷热源改造、冷却塔改造、输配系统改造、空调末端改造等。

3. 夏热冬冷地区

夏热冬冷地区是指长江中下游及其周围地区，范围大致为陇海线以南，南岭以北，四川盆地以东，包括上海、重庆两个直辖市，湖北、湖南、江西、安徽、浙江五省全部，四川、贵州两个省东半部，江苏、河南两个省南半部，福建北半部，陕西、甘肃两省南端，广东、广西两省、区北端，涉及 16 个省、自治区、直辖市。该地区最冷月平均温度为 0～10℃，日平均温度不高于 5℃的天数为 0～90d；最热月平均温度为 25～30℃，日平均温度≥25℃的天数为 40～110d。其气候特点是夏季酷热，最高气温可达 40℃以上；冬天寒冷，最低气温在−10℃左右；而且该地区湿度较大，具有明显的夏季闷热、冬季阴冷的特点。

夏热冬冷地区既有建筑节能措施少，室内舒适性较差。近年来，随着经济社会发展和人民生活水平的提高，夏热冬冷地区建筑空调和供暖需求逐年上升。空调用电是夏季居民用电的主要部分，并且冬季依然存在大量电供暖现象，夏季空调制冷和冬季供暖所消耗的能源量巨大。

夏热冬冷地区既有建筑低碳改造，围护结构应满足隔热和保温的要求，同时应重视自然通风和遮阳设计。对于仍在使用单层玻璃外窗的，应采取换窗或加窗措施；对于未采取屋面和外墙节能措施的，可以增加节能措施；采取高效制冷行动，推广高效节能设备（产品），并运用智能管控等技术实施改造升级；对于未安装建筑用能分项计量装置的国家机关办公建筑和大型公共建筑应同步安装建筑用能分项计量装置，并与对应建筑能耗监测分平台联网。

4. 夏热冬暖地区

夏热冬暖地区位于我国南部，在北纬 27°以南，东经 97°以东，包括海南全境，广东大部，广西大部，福建南部，云南小部分，以及香港、澳门与台湾。该地区靠近南海，主要地形为丘陵，另外有山地和平原。这样的地理特征决定了夏热冬暖地区的储水能力强，受南部海洋带来的湿润气流影响大，降水量丰富，空气湿度大。人们通常采用开空调或者开除湿机的方式进行除湿，从而增加夏热冬暖地区的建筑物能耗。

该气候区的既有建筑低碳改造，围护结构应满足隔热设计要求，强调自然通风和遮阳设计，以应用适配型高效制冷、热泵、LED 等节能低碳技术为重点，有条件的同步开展电气化改造，预留适宜的配电网容量，为接入更多零碳电力创造便利条件，加强建筑能耗、碳排放监测监管系统建设和运行管理。

5. 温和地区

温和地区主要指云南、贵州以及四川的攀枝花、西昌、会理等地。该气候区全年室外太阳辐射强、昼夜温差大、夏季日平均温度不高，冬季寒冷时间短，且气温不极端。因此，夏季只有少部分房间存在过热的情况，如顶层或西向房间；冬季只有少部分地区室内温度偏低，有供暖需求。温和地区建筑能耗及碳排放均较低，可以不作为既有建筑低碳改造的重点。

综上所述，建筑具有地域性特征，主要体现在地区气候、建筑形式等，建筑能耗也取决于地区气候特征。因此，不同气候区的既有建筑低碳改造应因地制宜、合理适用。要在充分考虑地区气候特点、建筑现状、居民用能特点、经济发展水平等因素的基础上，从经济成本、节能效果、技术可行性、技术难度等方面综合评价各种技术的优、劣势，确定合理的改造内容及技术路线。

1.3.3 改造技术路线

既有建筑低碳改造应从建筑全寿命期降低碳排放量出发，既要考虑改造后建筑运行的节能降碳量，也要考虑改造消耗的建筑材料生产环节碳排放量、改造施工过程产生的碳排放量，通过综合分析和方案对比，确定最佳改造方案。

既有建筑的低碳改造与新建建筑不同，由于受建筑本身和周边环境限制，以及要充分考虑房屋所有者和使用者的意愿和感受，应遵循降低干扰、减少污染、快速施工、安全可靠的原则。在节能低碳诊断评估前，应首先进行结构安全评估。对不能保证继续安全使用20年的建筑，不宜开展建筑节能低碳改造，或者对此类建筑应同步开展结构加固和节能低碳改造。《既有建筑维护与改造通用规范》GB 55022—2021规定，对于既有建筑改造项目，当条件不具备、执行现行规范确有困难时，应不低于原建造时的标准。规范还要求既有建筑未经批准不得擅自改动建筑物的主体结构和使用功能。因此，既有建筑的低碳改造不能影响原有建筑结构安全、消防安全、抗震性能以及防雷性能。

既有建筑低碳改造分为诊断评估、改造实施、改造效果测评及评估三个阶段，如图1-8所示。

1. 诊断评估

既有建筑低碳改造应进行改造前的诊断评估，必要时进行现场检测，获取既有建筑围护结构、供暖空调、给水排水等现状情况，掌握近三年能耗实际数据，通过对节能诊断结果分析，从技术可靠性、可操作性和经济合理性等方面综合分析，选取合理可行的能效提升方案和技术措施。

诊断和评估对改造方案的制定具有重要的支撑作用，通过诊断和评估可以对既有建筑的能耗现状、室内热环境、建筑热工性能、建筑设备系统能效等进行全面了解，以此确定既有建筑改造的可行性，进而最大限度地挖掘围护结构和建筑设备系统的节能潜力，为改造目标、改造设计、技术选用等提供依据。其中，结构、抗震关系到建筑安全和使用寿命，在改造实施前，应根据现行的结构、抗震规范进行评估，并根据评估结论确定是否需要同步实施加固改造。

诊断内容包括室内热环境、围护结构、供暖系统、空调系统、电气系统等，诊断内容、诊断方法和诊断过程应符合相关标准的规定。室内热环境诊断是既有建筑进行改造的先导工作，既要判断是否需要改造，也要对如何改造提出指导性意见，其诊断内容主要包括室内空气温度、室内空气相对湿度、外围护结构内表面温度、建筑室内通风状况，以及用户对室内温度、湿度的主观感受等。

2. 改造实施

经过对既有建筑诊断评估后，进入既有建筑改造的可行性研究阶段，该阶段包括建筑

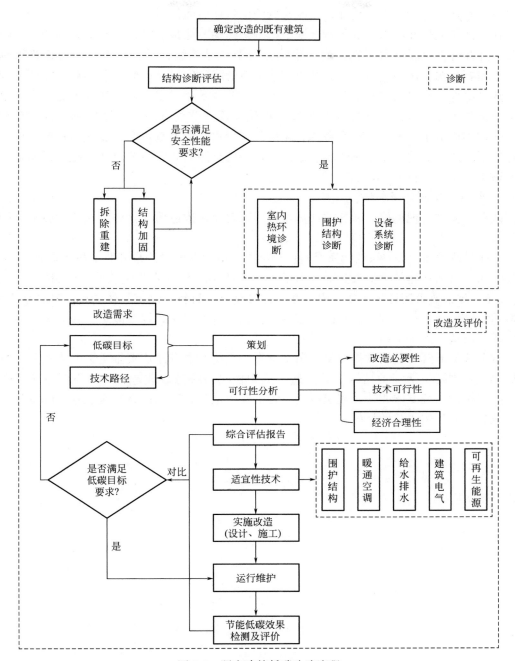

图 1-8　既有建筑低碳改造流程

的基本情况、低碳改造方案和投融资情况等。其中既有建筑改造方案的制定需结合建筑、暖通空调、给水排水、电气等各专业诊断评估的结果。改造方案确定后，应参照国家和行业相关技术标准出具既有建筑改造施工图。施工图设计完成后，对项目进行工程施工、安装和调适，施工要委托有资质的施工单位进行，应尽可能减少对建筑正常使用的影响，同时确保工程质量，安全的控制要符合相关标准，并对施工过程做好详细记录。项目竣工验收后，要对建筑运营方进行培训，使改造后的建筑在节能低碳工况下运行。

在对建筑能耗和碳排放的影响因素中，围护结构节能是前提，只有提高围护结构热工性能，才能降低供暖空调负荷；集中供热系统节能是系统性工作，不仅需要建筑末端节能，也需要热源、热网节能；空调系统节能是节能降碳的重要方面，尤其对于空调季较长的夏热冬冷地区和夏热冬暖地区，空调系统的改造技术相对多样，在建筑中能耗占比也最高，改造效果较明显；给水排水系统改造不仅体现在节能方面，更体现在水资源节约方面，合理利用节水技术、提高水资源利用率、减少水资源浪费是低碳发展的重要方面；建筑电气系统改造对建筑使用影响小、效果好，特别是照明插座系统改造节能率最明显，也是改造中选择频率较高的系统。

3. 改造效果测评及评估

改造后应进行现场检测和能效评估，根据既有建筑改造情况，评价改造前后的节能和降碳效果。

节能量测量和验证方法的国家及行业标准主要有《节能量测量和验证技术通则》GB/T 28750、《既有居住建筑节能改造技术规程》JGJ/T 129 和《公共建筑节能改造技术规范》JGJ 176。降碳效果测评的主要内容包括：针对改造项目特点制定具体的检测和评估方案、改造前的能耗及运行数据；收集改造后的能耗和运行数据；计算节能量、减碳量并进行评估；撰写改造效果评估报告。

本书从降低既有建筑碳排放量的角度出发，围绕对既有建筑碳排量影响大的几个方面开展研究，主要包括围护结构低碳改造、集中供热系统低碳改造、中央空调系统低碳改造、给水排水系统低碳改造、建筑电气系统低碳改造等，达到提高建筑能效、降低建筑能耗、减少二氧化碳排放的目的。

第 2 章 围护结构低碳改造

建筑物通过外围护结构散失的热量约占整个建筑热量损失的 50％以上，改造后具有较为明显的节能降碳效果。围护结构节能低碳改造技术是通过提高围护结构热工性能实现冬季减少室内热量传出室外的保温技术和夏季减少室外热量进入室内的隔热技术，进而降低供暖系统热负荷和空调系统冷负荷，只有做好围护结构节能，才能更好地实现供暖、空调系统节能。

2.1 诊断评估

改造前应对围护结构进行节能诊断和降碳潜力评估，分析围护结构低碳改造的降碳效果。诊断方式包括资料收集、现场查勘。诊断内容包括工程概况、围护结构构造、围护结构热工性能及低碳改造效果等。勘查、判定、检测等工作应由具有相应资质的单位进行。

2.1.1 资料收集

低碳改造前应先收集建筑的相关资料，对建筑的结构、外围护构件现状以及建筑用能等基本情况进行初步了解，并收集下列资料：

（1）建筑、结构专业竣工图、计算书及相关变更资料；

（2）房屋装修改造资料；

（3）历年修缮改造资料；

（4）城市建设规划和市容要求；

（5）房屋完损等级的评定以及定期或季节性的查勘记录；

（6）其他必要的文字和图像资料。

2.1.2 现场查勘

现场查勘的主要目的是确定已收集资料与建筑实际情况的一致性，并补充未能收集到的既有建筑信息。现场查勘时如发现收集的资料与建筑实际情况不一致，应根据现场实际查勘情况对资料进行修改，填写围护结构重点查勘参数及查勘结果填写表，如表 2-1 所示。

		围护结构重点查勘参数及查勘结果填写表	表 2-1
部位	改造前构造	改造前传热系数 K $[\mathrm{W/(m^2 \cdot K)}]$	与现行节能标准对比
体形系数			
屋面			

部位		改造前构造	改造前传热系数 K $[W/(m^2 \cdot K)]$	与现行节能标准对比
外墙				
分隔供暖空间与非供暖空间的隔墙				
外窗				
外门				
外挑楼板				
地面	周边			
	非周边			
窗墙面积比		北向: 南向: 东向: 西向:		
	查勘主要内容		查勘结果	
围护结构	建筑载荷及使用条件是否变化			
	主要结构构件的安全状况			
	围护结构是否有冻害、裂缝、析盐、侵蚀及结露情况			
	屋面是否有渗漏现象			
	门窗用材及翘曲、变形、气密性和热工性能状况			
	建筑围护结构是否有热工缺陷			
	建筑围护结构热桥部位内表面温度			

现场查勘应重点对既有建筑围护结构构造、热工性能及室内热环境状况进行勘查、判定，对围护结构主体部位传热系数及相关的构造措施和节点做法等进行分析和评价，确定围护结构低碳改造的重点部位和重点内容。必要时应借助专业检测仪器、摄影、红外成像仪、无人机等辅助工具进行现场检测，记录建筑整体、关键部位、外墙体的基本状态等方面的数据与信息。现场查勘的主要内容如下：

（1）荷载及使用条件的变化；

（2）重要结构构件的安全状况；

（3）墙体材料和基本构造做法，受冻害、裂缝、析盐、侵蚀损坏及结露情况；

（4）屋顶基本做法及渗漏情况；

（5）门窗用材及翘曲、变形、气密性和热工性能等状况；

（6）建筑围护结构主体部位的传热系数；

（7）建筑围护结构热工缺陷；

（8）建筑围护结构热桥部位内表面温度。

2.1.3 改造原则

既有建筑情况较复杂，对既有建筑的相关资料收集及现场查勘完成后，需根据查勘结果制定改造方案并评估最终的节能降碳效果。从适宜性和改造效果两方面考虑，围护结构低碳改造应遵循以下改造原则：

1. 安全性原则

既有建筑实施低碳改造时，由于建筑内有大量易燃、可燃材料，部分建筑在改造期间仍正常使用，人员出入频繁，防火安全尤为重要。稍有不慎引发火灾，不仅造成财产损失，而且很可能造成人员伤亡。因此，不仅外墙保温系统所采用的材料必须符合相关防火要求，而且必须制定和实行严格的施工防火安全管理制度。

另外，既有建筑围护结构改造后的保温系统要有机械强度和稳定性强度，正常使用时，在自重、温湿度变化、主体结构变形以及风荷载、地震载荷等综合作用下仍能保持结构连接安全可靠，不从墙体基面上脱落，不产生有害形变和破坏。

2. 保护性原则

应选择对业主生活干扰小、对环境影响小、施工工期短、施工工艺便捷的改造方案。改造时不破坏原有结构体系并尽可能减少墙体和屋面增重荷载，尽可能不破坏除门窗之外的室内装修。例如，外墙改造优先选用外保温技术，并与建筑的立面改造相结合，根据建筑的实际情况，尽量不对既有外墙进行大拆大改，减少湿作业，降低施工周期；对于重要的历史建筑或纪念性建筑，为维持建筑外貌而不能采用外保温技术时，可考虑采用内保温技术。

3. 适宜性原则

我国南北纬度跨度大、地形多样，与之而来的是各地气候差异大，严寒地区和寒冷地区的建筑以保温为主，夏热冬冷地区的建筑需兼顾保温和隔热，夏热冬暖地区的建筑以隔热为主。不同地区的建筑所对应的建筑节能降碳措施不尽相同，具体改造措施应结合当地气候特点和资源禀赋进行选择。建筑围护结构低碳改造的重点可根据建筑所处的气候区、结构体系、围护结构构造类型的不同有所侧重，选择单项改造或者综合改造。从改造实施难度角度考虑，围护结构低碳改造可优先选择外窗，其次是屋面，最后是外墙。

4. 性能提升原则

既有建筑围护结构低碳改造时，热工性能提升应选择可操作性强、节能性提升高的技术和方式，并应充分考虑使用新材料、新产品、新技术和新工艺。例如，单层窗的保温性能很差，采用双层、多层中空玻璃窗，或真空玻璃窗替换，能显著提高窗的保温性能。另外，选用塑钢、断热桥铝合金、铝包木等导热系数小的门、窗框材料，应用新型内嵌或外挂施工工艺，辅以气密膜等气密性材料，均可改善外门窗的保温性能。

5. 经济性原则

经济性原则主要从建筑的全寿命期角度出发，在确定方案时，应利用建筑能耗和碳排放相关计算软件，对既有建筑改造前后的能耗状况、改造所需建材的生产碳排放、改造施工阶段碳排放、改造后运行阶段碳排放进行模拟计算，综合考虑改造所需资金投入、收回成本及降碳效果，寻求合理的围护结构低碳改造方案。

2.2　基于全寿命期的低碳改造

既有建筑低碳改造的全寿命期碳排放包含因改造而产生的建材生产及运输碳排放、施工过程碳排放、改造后运行过程碳排放和拆除过程碳排放。根据全寿命期碳排放特点，既有建筑低碳改造应寻找最佳平衡点，不能一味追求改造后降碳效果而将既有建筑改造为低碳建筑、零碳建筑，反而造成改造全寿命期的碳排放过高。

2.2.1 碳排放核算边界

根据《建筑碳排放计算标准》GB/T 51366—2019 的规定，建筑碳排放的计算边界是与建筑物建材生产及运输、建造及拆除、运行等活动相关的温室气体排放，即建筑全寿命期的二氧化碳排放，如图 2-1 所示。既有建筑低碳改造的全寿命期可分为建材生产及运输、改造施工、建筑运行、建筑拆除与废弃物回收五个阶段。由于废弃物多以公路交通运输至焚化炉后掩埋回填，其碳排放量难以估算，借鉴日本 AIJ-LCA 建筑碳排放量核查方法与我国台湾 BCF 建筑碳足迹计算方法，假设建材回收的效益与其循环处理过程增加的碳排放量相抵，所以对废弃物回收阶段的碳排放不予评估。

建材生产运输　　　　改造施工　　　　建筑运行　　　　建筑拆除

图 2-1　低碳改造建筑全寿命期阶段

建筑全寿命期各阶段根据自身特点有不同的碳排放机理，如表 2-2 所示。

建筑生命周期各阶段碳排放源　　　　　　　　　　　　　表 2-2

建筑全寿命期阶段	碳排放源
建材生产与运输阶段	从建材生产、加工过程中的各类能源及水资源消耗以及各类化学反应导致的碳排放，以及建材运送至建设场地过程中运输工具的各类能源消耗导致的碳排放
改造施工阶段	包括建筑改造施工阶段由施工机具及施工作业等造成各类能源消耗而导致的碳排放
建筑运行阶段	包括建筑运行中各类能源、资源消耗产生的碳排放
建筑拆除阶段	包括建筑拆除过程中由施工机具及拆除作业等造成各类能源消耗而导致的碳排放

2.2.2 碳排放核算方法

既有建筑低碳改造的全寿命期碳排放计算是为了评价低碳改造对温室气体排放水平的影响，主要由改造不同阶段的能源资源消耗所致，具体包括改造使用的建材生产、建材运输、改造施工、改造后建筑运行以及建筑拆除五个阶段，各个阶段产生碳排放强度的综合即为总碳排放强度。既有建筑低碳化改造产生的碳排放总量按式（2-1）计算。

$$C = C_{\mathrm{JC}} + C_{\mathrm{GZ}} + C_{\mathrm{M}} + C_{\mathrm{CC}} \tag{2-1}$$

式中　C ——既有建筑低碳改造单位面积碳排放总量，$\mathrm{kgCO_2/m^2}$；

　　　C_{JC} ——建材生产及运输阶段产生的单位面积碳排放量，$\mathrm{kgCO_2/m^2}$；

　　　C_{GZ} ——改造施工阶段产生的单位面积碳排放量，$\mathrm{kgCO_2/m^2}$；

　　　C_{M} ——改造后建筑运行阶段产生的单位面积碳排放量，$\mathrm{kgCO_2/m^2}$；

C_{CC}——建筑拆除阶段产生的单位面积碳排放量，$\mathrm{kgCO_2/m^2}$。

1. 建材生产及运输阶段碳排放

建材生产及运输阶段的碳排放为建材生产阶段碳排放与建材运输阶段碳排放之和，按式（2-2）计算。

$$C_{\mathrm{JC}} = \frac{C_{\mathrm{sc}} + C_{\mathrm{ys}}}{A} \tag{2-2}$$

式中　C_{JC}——建材生产及运输阶段产生的单位面积碳排放量，$\mathrm{kgCO_2/m^2}$；

　　　C_{sc}——建材生产阶段碳排放，$\mathrm{kgCO_2}$；

　　　C_{ys}——建材运输阶段碳排放，$\mathrm{kgCO_2}$；

　　　A——改造建筑面积，$\mathrm{m^2}$。

建材生产阶段的碳排放包括各类建筑原材料和构配件，一般而言，其碳排放主要是燃料燃烧过程中的碳排放和生产过程碳排放，其中燃料燃烧过程中的碳排放受燃料发热值的影响。这一阶段产生的碳排放可由建材用量与其对应的碳排放系数相乘得到。建材生产阶段碳排放量按式（2-3）计算。

$$C_{\mathrm{sc}} = \frac{\sum_{i=1}^{n} M_i F_i}{A} \tag{2-3}$$

式中　C_{sc}——建材生产阶段碳排放，$\mathrm{kgCO_2/m^2}$；

　　　M_i——第 i 种主要建材的消耗量，kg；

　　　F_i——第 i 种主要建材的碳排放因子，$\mathrm{kgCO_2/kg}$；

　　　A——改造建筑面积，$\mathrm{m^2}$。

建筑材料由供应商（或加工点）运输至施工现场过程产生的碳排放，依据材料运输量、不同运输方式和运输距离三个因素来计算，见式（2-4）。

$$C_{\mathrm{ys}} = \frac{\sum_{i=1}^{n} M_i D_i T_i}{A} \tag{2-4}$$

式中　C_{ys}——建材运输过程碳排放，$\mathrm{kgCO_2/m^2}$；

　　　M_i——第 i 种建材的消耗量，kg；

　　　D_i——第 i 种建材平均运输距离，km；

　　　T_i——第 i 种建材的运输方式下，单位重量运输距离的碳排放因子，$\mathrm{kgCO_2/(kg \cdot km)}$。

　　　A——改造建筑面积，$\mathrm{m^2}$。

2. 改造施工阶段碳排放

改造施工阶段的碳排放量主要包括在改造过程中施工机械设备使用消耗产生的碳排放量、现场办公与施工用电产生的碳排放量，以及现场工人生活用电产生的碳排放量。其中，由于机械设备的碳排放系数是根据其使用的能源种类与消耗量确定的，因此将使用机械设备产生的碳排放转化为机械设备的一次能源消耗量进行计算。改造施工阶段产生的碳排放量按式（2-5）计算。

$$C_{GZ} = \frac{\sum_{i=1}^{n} E_{GZ,i} EF_i}{A} \tag{2-5}$$

式中　C_{GZ}——改造施工阶段产生的单位建筑面积碳排放量，$kgCO_2/m^2$；

　　　$E_{GZ,i}$——改造施工阶段第 i 种能源总用量，kWh 或 kg；

　　　EF_i——第 i 类能源的碳排放因子，$kgCO_2/kWh$ 或 $kgCO_2/kg$；

　　　A——建筑面积，m^2。

3. 建筑运行阶段碳排放

建筑运行阶段碳排放量应根据各系统不同类型能源消耗量和不同类型能源的碳排放因子确定，建筑运行阶段单位建筑面积的总碳排放量应按式（2-6）计算，其中建筑运行阶段每种能源年消耗量按式（2-7）计算。

$$C_M = \frac{\left[\sum_{i=1}^{n} (E_i EF_i) - C_p \right] y}{A} \tag{2-6}$$

$$E_i = \sum_{j=1}^{n} (E_{i,j} - ER_{i,j}) \tag{2-7}$$

式中　C_M——建筑运行阶段单位建筑面积碳排放量，$kgCO_2/m^2$；

　　　E_i——建筑运行阶段第 i 类能源年消耗量，kWh/a 或 kg/a；

　　　EF_i——第 i 类能源的碳排放因子，$kgCO_2/kWh$ 或 $kgCO_2/kg$；

　　　C_p——建筑绿地碳汇系统年减碳量，$kgCO_2/a$；

　　　y——建筑设计寿命，a；

　　　$E_{i,j}$——j 类系统的第 i 类能源消耗量，kWh 或 kg；

　　　$ER_{i,j}$——j 类系统消耗由可再生能源系统提供的第 i 类能源量，kWh；

　　　A——建筑面积，m^2。

4. 建筑拆除阶段碳排放

既有建筑拆除阶段的碳排放量可以根据拆除阶段不同类型能源总用量和相应能源的碳排放因子得到。既有建筑拆除阶段单位建筑面积的总碳排放量按式（2-8）计算。

$$C_{CC} = \frac{\sum_{i=1}^{n} E_{cc,i} EF_i}{A} \tag{2-8}$$

式中　C_{CC}——建筑拆除阶段单位建筑面积的碳排放量，$kgCO_2/m^2$；

　　　$E_{cc,i}$——建筑拆除阶段第 i 种能源总用量，kWh 或 kg；

　　　EF_i——第 i 类能源的碳排放因子，$kgCO_2/kWh$ 或 $kgCO_2/kg$；

　　　A——建筑面积，m^2。

2.2.3　低碳改造案例分析

以河南郑州 2000 年建造的某既有居住建筑为例。该建筑设计使用年限为 50 年，钢筋混凝土剪力墙结构，共 6 层，层高 3m，总建筑面积 6434.64m^2，建筑模型见图 2-2。结合建筑不同节能率，综合考虑既有建筑改造全寿命期中建材生产及运输阶段、改造施工阶段、运行阶段和拆除阶段碳排放，评估既有建筑低碳改造效果。

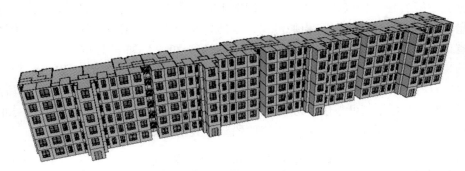

图 2-2　建筑模型

改造对象主要包括屋面、外墙和外窗，根据《严寒和寒冷地区居住建筑节能设计标准》JGJ 26—2010、《严寒和寒冷地区居住建筑节能设计标准》JGJ 26—2018、《近零能耗建筑技术标准》GB/T 51350—2019，建筑节能 65%、节能 75%、超低能耗建筑的围护结构热工性能参数值见表 2-3。

不同类别的节能建筑围护结构热工性能参数及构造做法　表 2-3

建筑类别	围护结构部位	围护结构性能参数		围护结构构造
		限值[W/(m²·K)]	设计值[W/(m²·K)]	
既有建筑	屋面	—	3.37	120mm 钢筋混凝土＋30mm 砂浆找平＋防水层＋20mm 水泥砂浆（自下而上）
	外墙	—	2.14	10mm 水泥砂浆＋240mm 砖墙（由内而外）
	外窗	—	6.00	铝合金单玻窗 6mm
节能65%建筑	屋面	0.45	0.45	既有屋面＋65mm 挤塑聚苯板 XPS＋40mm 细石混凝土（自下而上）
	外墙	0.60	0.60	既有外墙＋60mm 模塑聚苯板 EPS＋5mm 抗裂砂浆（由内而外）
	外窗	2.5	2.5	断热桥铝合金外窗（5＋12Ar＋5）
节能75%建筑	屋面	0.25	0.25	既有屋面＋120mm 挤塑聚苯板 XPS＋40mm 细石混凝土（自下而上）
	外墙	0.45	0.45	既有外墙＋80mm 模塑聚苯板 EPS＋5mm 抗裂砂浆（由内而外）
	外窗	2.0	2.0	塑料窗框(low-E 中空 superSE-I)5＋9A＋5
超低能耗建筑	屋面	0.1～0.2	0.16	既有屋面＋200mm 挤塑聚苯板 XPS＋40mm 细石混凝土（自下而上）
	外墙	0.15～0.2	0.17	既有外墙＋250mm 模塑聚苯板 EPS＋5mm 抗裂砂浆（由内而外）
	外窗	1.2	1.2	木窗框(5＋12A＋5 单银 Low-E＋V＋5)

1. 建材生产阶段碳排放

根据上述既有建筑低碳改造的全寿命期碳排放计算方法，建材生产阶段碳排放量是由建材用量与其对应的碳排放因子相乘得到，碳排放因子选用经第三方审核的建材碳足迹数据，缺省值按《建筑碳排放计算标准》GB/T 51366—2019 附录 D 选取。

此外，建材生产时，当使用低价值废料作为原料时，可忽略其上游过程的碳过程。当使用其他再生原料时，按其所替代的初生原料碳排放的 50% 计算；建筑建造和拆除阶段产生的可再生建筑废料，可按其可替代的初生原料碳排放的 50% 计算，应从建筑碳排放中扣除。

经计算，不同节能率下建筑建材生产阶段碳排放情况如表 2-4 所示。

不同节能率下建筑建材生产阶段碳排放情况 表 2-4

节能率	建材种类	用量	单位	碳排放因子 (tCO_2e/单位)	碳排放量 (tCO_2e)
65%节能率	模塑聚苯板 EPS	4.69	t	20.88744	98.03
	普通铝窗框(Low-E 中空 SuperSE-I)	201.27	m²	0.254	51.12
	5mm＋12A＋5mm(可见光透射比为0.61,遮阳系数为0.6)	28.51	t	2.84	80.98
	挤塑聚苯板	2.23	t	20.88744	46.59
	抹灰胶浆	15	m³	0.7302	10.95
	合计	—	—	—	287.67
75%节能率	模塑聚苯板 EPS	6.71	t	20.88744	140.19
	塑料窗框(Low-E 中空 SuperSE-I)	201.27	m²	0.254	51.12
	5mm＋9A＋5mm(可见光透射比为0.61,遮阳系数为0.6)	28.51	t	2.84	80.98
	挤塑聚苯板	4.12	t	20.88744	86.02
	抹灰胶浆	15	m³	0.7302	10.95
	合计				369.26
超低能耗建筑	模塑聚苯板 EPS	20.44	t	20.88744	426.89
	5 单银 Low-E＋12A＋5 单银 Low-E	23.48	t	2.84	66.69
	木夹层(空气间层厚度不小于 40mm 内衬钢板)门	13.2	m²	0.254	3.35
	挤塑聚苯板	6.86	t	20.88744	143.36
	抹灰胶浆	15	m³	0.7302	10.95
	合计	—	—	—	651.24

不同节能率下建材生产阶段碳排放如图 2-3 所示，随着节能率的不断提高，建材生产阶段碳排放不断增加，这是由于增强建筑围护结构性能后带来了保温隔热材料的生产过程的碳排放；随着节能率的提高，建材生产阶段碳排放虽不断增加，但变化率并趋于平缓，这是由于随着建筑围护结构性能的不断提升，围护结构对建筑本体节能率的贡献逐渐降低，需要采取其他措施来降低建筑能源消耗。

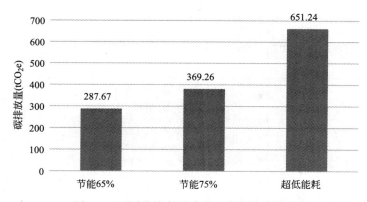

图 2-3 不同节能率下建材生产阶段碳排放

2. 建材运输阶段碳排放

主要建材的运输距离优先采用实际的建材运输距离,但建材实际运输距离未知,则按《建筑碳排放计算标准》GB/T 51366—2019 附录 E 中的默认值取值,碳排放因子同样按《建筑碳排放计算标准》GB/T 51366—2019 附录 E 的缺省值取值。经计算,不同节能率下建筑建材运输阶段碳排放情况如表 2-5 所示。

不同节能率下建筑建材运输阶段碳排放情况 表 2-5

节能率	建材种类	用量	单位	运输方式	碳排放因子 [tCO$_2$e/ (t·km)]	运输距离 (km)	碳排放量 (tCO$_2$e)
节能65%建筑	模塑聚苯板 EPS	4.69	t	轻型汽油货车运输(载重 2t)	0.000334	500	0.78
	普通铝窗框(Low-E 中空 SuperSE-I)	38.02	t	轻型汽油货车运输(载重 2t)	0.000334	500	6.35
	5mm+12A+5mm(可见光透射比为 0.61,遮阳系数为 0.6)	28.51	t	轻型汽油货车运输(载重 2t)	0.000334	500	4.76
	挤塑聚苯板	2.23	t	轻型汽油货车运输(载重 2t)	0.000334	500	0.37
	抹灰胶浆	27.01	t	轻型汽油货车运输(载重 2t)	0.000334	500	4.51
合计		—	—	—	—	—	16.77
节能75%建筑	模塑聚苯板 EPS	6.71	t	轻型汽油货车运输(载重 2t)	0.000334	500	1.12
	塑料窗框(Low-E 中空 Super-SE-I)	38.02	t	轻型汽油货车运输(载重 2t)	0.000334	500	6.35
	5mm+9A+5mm(可见光透射比为 0.61,遮阳系数为 0.6)	28.51	t	轻型汽油货车运输(载重 2t)	0.000334	500	4.76

既有建筑低碳改造技术指南

续表

节能率	建材种类	用量	单位	运输方式	碳排放因子 [tCO$_2$e/ (t·km)]	运输距离 (km)	碳排放量 (tCO$_2$e)
节能 75% 建筑	挤塑聚苯板	4.12	t	轻型汽油货车运输(载重2t)	0.000334	500	0.69
	抹灰胶浆	27.01	t	轻型汽油货车运输(载重2t)	0.000334	500	4.51
合计		—	—	—		—	17.43
超低能耗建筑	模塑聚苯板 EPS	20.44	t	轻型汽油货车运输(载重2t)	0.000334	500	3.41
	木窗框	76.11	t	轻型汽油货车运输(载重2t)	0.000334	500	12.71
	5单银 Low-E＋12A＋5单银 Low-E	23.48	t	轻型汽油货车运输(载重2t)	0.000334	500	3.92
	挤塑聚苯板	6.86	t	轻型汽油货车运输(载重2t)	0.000334	500	1.15
	抹灰胶浆	27.01	t	轻型汽油货车运输(载重2t)	0.000334	500	4.51
合计		—	—	—		—	25.70

不同节能率下建材运输阶段碳排放如图 2-4 所示,随着节能率的不断提高,建材运输阶段碳排放量不断增加,这是由于增强建筑围护结构性能后带来了保温隔热材料的用量增加,同时增加了相应建材运输过程的碳排放量。

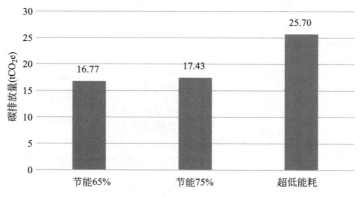

图 2-4　不同节能率下建材运输阶段碳排放

3. 建筑改造及拆除阶段碳排放

不同节能水平的建筑在建造阶段产生碳排放的差异仅为保温材料、门窗等在安装过程所产生碳排放的差异,这部分差异与施工阶段产生的碳排放量相比几乎可以忽略不计,因此可以认为不同节能水平的建筑在建造阶段产生的碳排放量基本相同。施工建造用电与建筑规模相关，可按式（2-9）计算。

$$C_{施工用电} = (1.05 \times S + 1.68 \times S_b + 2.1) \times A \times \alpha \qquad (2-9)$$

式中　$C_{施工用电}$——施工建造用电量，kWh；

　　　S——地上总楼层数；

　　　S_b——地下总楼层数；

　　　A——总建筑面积，m^2；

　　　α——碳排放因子的修正系数。

假设外墙、屋面、外窗改造的施工用电量占建筑施工总量的 10%，对于郑州地区电网，α 取 1.51，则施工用电量为 8161.7kWh，碳排放因子根据《企业温室气体排放核算方法与报告指南　发电设施（2022 年修订版）》取值为 0.581tCO_2/MWh，考虑到仍有不可预知能源的消耗，这些能耗较为零碎和少量，故可用已计算的碳排放总量乘 1.05 的系数估算建筑施工阶段总碳排放量，则碳排放计算结果为 4.98tCO_2e。

拆除阶段碳排放量计算采用占比估算法。根据相关学者研究，拆除阶段碳排放量占比约为 1%，运行阶段碳排放量占比为 70%~90%，建材生产阶段碳排放量占比约为 10%。根据上述建材生产阶段计算的碳排放量推算出不同节能建筑在拆除阶段产生的碳排放量情况。不同节能建筑拆除阶段碳排放如表 2-6 所示。

不同节能建筑拆除阶段碳排放　　　　　　　　　　表 2-6

建筑节能水平	拆除阶段碳排放量(tCO_2e)
节能 65% 建筑	28.77
节能 75% 建筑	36.93
超低能耗建筑	65.12

4. 建筑运行阶段碳排放

建筑运行阶段碳排放计算范围包括供暖、空调、照明及设备等系统在建筑运行期间的碳排放量。根据上述计算方法，计算得到不同节能率下建筑运行阶段碳排放量如表 2-7 所示。

不同节能率下建筑运行阶段碳排放量　　　　　　　　表 2-7

节能率	能耗类型	消耗量	单位	碳排放因子(tCO_2e/kWh)	建筑使用寿命(a)	碳排放量(tCO_2e)
节能 65% 建筑	空调	38835.31	kWh	0.000581	50	1128.17
	供暖	163443.52	kWh	0.000581	50	4748.03
	照明	33777.02	kWh	0.000581	50	981.22
	设备	51650.66	kWh	0.000581	50	1500.45
合计	—	—	—	—	—	6857.42
节能 75% 建筑	空调	40561.29	kWh	0.000581	50	1178.31
	供暖	137969.18	kWh	0.000581	50	4008
	照明	32138.17	kWh	0.000581	50	933.61
	设备	32805.49	kWh	0.000581	50	953
合计	—	—	—	—	—	6119.92

续表

节能率	能耗类型	消耗量	单位	碳排放因子 （tCO$_2$e/kWh）	建筑使用寿命 （a）	碳排放量 （tCO$_2$e）
超低能耗建筑	空调	81796.65	kWh	0.000581	50	2376.19
	供暖	11841.52	kWh	0.000581	50	344
	照明	33777.02	kWh	0.000581	50	981.22
	设备	51650.66	kWh	0.000581	50	1500.45
合计		—	—	—	—	3701.41

不同节能率下建筑运行阶段碳排放如图 2-5 所示，随着节能率的不断提高，建筑运行阶段碳排放量不断降低。因为随着节能率的提高，建筑运行能耗逐渐降低，运行阶段碳排放量随之降低；随着节能率的提高，建筑运行阶段碳排放量虽不断降低，但变化率趋于平缓，这是由于随着建筑围护结构性能的不断提升，围护结构对建筑本体节能率的贡献逐渐降低。

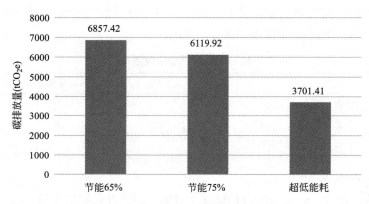

图 2-5　不同节能率下建筑运行阶段碳排放

5. 综合分析

综合该案例在不同节能率下建材生产及运输、建造及拆除、运行各阶段碳排放量计算结果，不同节能率下建筑各阶段碳排放量如表 2-8 所示。

不同节能率下建筑各阶段碳排放量（单位：tCO$_2$e）　　　　表 2-8

阶段	节能 65%	节能 75%	超低能耗
建材生产阶段	287.67	369.26	651.24
建材运输阶段	16.77	17.43	25.70
建筑建造阶段	4.98	4.98	4.98
建筑运行阶段	6857.42	6119.92	3701.41
建筑拆除阶段	28.77	36.93	65.12
合计	7195.61	6548.52	4448.45

由表 2-8 可以看出，随着建筑节能率的不断提高，建材生产、运输、拆除阶段碳排放

量不断增加，建筑建造阶段的碳排放量基本不变，建筑运行阶段的碳排放量大幅下降，建筑全寿命期内碳排放总量不断下降。整体而言，对既有建筑进行围护结构低碳改造，可有力推动降低碳排放。相对同一种保温体系而言，建筑节能率提升，建材生产阶段碳排放占比越来越大，因此在对既有建筑低碳改造时，应注重绿色建材的使用，进而降低建筑全寿命期碳排放量。

2.3　外墙改造

外墙是围护结构中传热面积最大的部分，通过提升墙体的保温隔热性能，可以有效降低建筑能耗。既有建筑外墙有外保温改造技术及内保温改造技术两种改造方式。外墙外保温技术可以有效避免热桥的产生，维持室内温度稳定，营造舒适的室内环境，并能提高既有建筑材料和结构体系的耐久性，适宜严寒和寒冷地区；外墙内保温技术是将保温材料设置在建筑外墙的内侧，施工便捷，但蓄热能力低，温度变化速度快，适用于夏热冬冷、夏热冬暖等地区的既有建筑节能改造工程。对于重要的历史建筑或纪念性建筑，为维持建筑外貌而不能采用外保温技术时，也应采用内保温技术。此外，夏热冬暖地区以隔热为主，采用反射隔热涂料对于既有建筑夏季降低空调能耗、提高室内环境质量具有明显效果。

2.3.1　保温装饰板外墙外保温系统

保温装饰板是由面板、保温材料、必要时设置的底板或底衬通过胶粘剂或机械连接件在工厂加工制成的具有保温和装饰功能的复合板材，由其形成的保温装饰板外墙外保温系统适用于既有建筑外墙改造工程。保温装饰板按照连接构造和受力特点不同，可分为保温装饰板、保温装饰夹芯板和保温装饰腔体板。

1. 保温装饰板

保温装饰板按单位面积质量分为Ⅰ型和Ⅱ型，Ⅰ型保温装饰板单位面积质量不大于 $20kg/m^2$，Ⅱ型保温装饰板单位面积质量大于 $20kg/m^2$，但不大于 $30kg/m^2$。保温装饰板性能应满足表 2-9 的要求。

保温装饰板性能指标　　　　　　　　　　　　　　　　　表 2-9

项目		性能指标	
		Ⅰ型	Ⅱ型
外观		表面颜色均匀，无破损、裂缝、分层、脱皮、起鼓等现象	
装饰面板单位面积质量(kg/m²)	二层及以上	＜20	20～30
	首层	＜30	20～45
拉伸粘结强度(MPa)		≥0.10,破坏发生在保温材料中	≥0.12,破坏发生在保温材料中
抗冲击性	二层及以上	3J	
	首层	10J	
抗弯载荷(N)		不小于板材自重	
吸水量(g/m²)		≤500	

续表

项目	性能指标	
	Ⅰ型	Ⅱ型
不透水性	系统内侧未渗透	
燃烧性能等级	岩棉带、真空绝热板 A 级,硬泡聚氨酯、改性聚苯板、石墨聚苯板 B₁ 级	

保温装饰板外墙外保温系统由保温装饰板、胶粘剂、锚固件、嵌缝材料、密封胶、基层墙体组成,其基本构造见图 2-6,系统的性能应符合表 2-10 的要求。

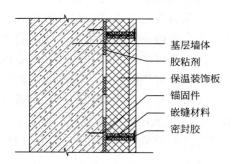

图 2-6 保温装饰板外墙外保温系统基本构造节点

保温装饰板外墙外保温系统性能指标 表 2-10

项目		性能指标	
		Ⅰ型	Ⅱ型
耐候性	外观	无粉化、起鼓、起泡、脱落现象,无宽度大于 0.10mm 的裂缝	
	面板与保温材料拉伸粘结强度(MPa)	≥0.10,破坏界面应位于保温层(保温材料为 XPS 时≥0.20)	≥0.15,破坏界面应位于保温层(保温材料为 XPS 时≥0.20)
抗冲击性	二层及以上	3J 级	
	首层	10J 级	
拉伸粘结强度(MPa)		≥0.10	≥0.15
锚固性能(kN)		≥0.30	≥0.60

保温装饰板外墙外保温系统设计施工要点:

(1) 应用于建筑高度不超过 100m 的既有建筑。

(2) 与基层墙体的连接应采用粘锚结合的固定方式,并且以粘贴为主。

(3) 对于有机类保温装饰板,装饰面板厚度不宜小于 5mm,石材面板厚度不宜大于 10mm,锚固件应固定在装饰面板或装饰面板副框上。

(4) 保温装饰板的单板面积不宜大于 1m²。

(5) 保温装饰板的板缝不宜超过 15mm,且板缝应使用弹性背衬材料进行填充,并宜采用硅酮密封胶或柔性勾缝腻子嵌缝。

(6) 固定Ⅰ型保温装饰板的锚固件数量不应少于 6 个/m²,固定Ⅱ型保温装饰板的锚固件数量不应少于 8 个/m²;锚固件锚入钢筋混凝土墙体的有效深度不应小于 30mm,锚入其他实心砌体基层的有效锚固深度不应小于 50mm；对于空心砌块、多孔砖等砌体宜采用回拧打结型锚固件。

（7）应做好檐口、勒脚处的包边处理。装饰缝、门窗四角和阴阳角等处应设置局部增强网；基层墙体变形缝处应做好防水和保温构造处理。

（8）有机类保温装饰板外墙外保温系统需设置防火隔离带时，应符合现行行业标准《建筑外墙外保温防火隔离带技术规程》JGJ 289 的有关规定。

（9）应做好密封和防水构造设计，重要部位应有详图；水平或倾斜的出挑部位以及延伸至地面以下的部位应做防水处理；在外保温系统上安装的设备或管道应固定于基层上，并应采取密封和防水措施。

（10）施工前应先拆除既有建筑的外饰面层、保温层（如有）等，在基层墙体墙面上找平，找平层垂直度与平整度应符合现行国家标准《建筑装饰装修工程质量验收标准》GB 50210 的规定，且找平层与基层墙体的拉伸粘结强度不应低于 0.3MPa。

2. 保温装饰夹芯板

保温装饰夹芯板必须设置底板，装饰面板与底板之间通过连接件可靠连接形成稳定的具有空腔的结构，连接件数量通过计算确定，连接件与装饰面板和底板应采用紧固件连接，如图 2-7 所示。保温装饰夹芯板外墙外保温系统由依附于基层的粘结砂浆、保温装饰夹芯板、锚固件、嵌缝材料和密封胶等构成，系统构造如图 2-8 所示。保温装饰夹芯板的性能指标应符合表 2-11 的规定。

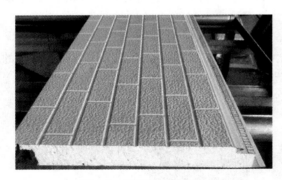

图 2-7　保温装饰夹芯板

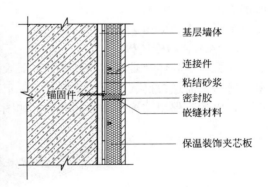

图 2-8　保温装饰夹芯板外墙外保温系统构造

保温装饰夹芯板性能指标　　表 2-11

项目		指标
单位面积质量（kg/m²）		≤35
拉伸粘结强度（MPa）	原强度	≥0.08
	耐水强度	≥0.08
	耐冻融强度	≥0.08
面板与底板单点连接受拉承载力（kN）		≥0.90
抗弯荷载（N）		不小于板材自重

设计施工要点：

（1）保温装饰夹芯板外墙外保温系统在建筑工程中使用高度不宜超过 100m。

（2）保温装饰夹芯板的厚度不宜大于 70mm，单板面积不宜大于 1m²，且长边长度不宜大于 1.5m。

（3）保温装饰夹芯板应采用粘结砂浆粘结为主、锚固件连接为辅的施工工艺安装在基层墙体。

（4）保温装饰夹芯板与基层粘结砂浆的粘结面积不应小于保温装饰夹芯板面积的 50%；当保温装饰夹芯板使用高度大于 54m 时，粘结砂浆的粘结面积不应小于保温装饰夹芯板面积的 60%。

（5）保温装饰夹芯板的上边和下边应设置锚固件，锚固件数量不应少于 8 个/m²，且单块保温装饰夹芯板上边和下边锚固件数量均不宜少于 2 个；当保温装饰夹芯板上边或下边长度不大于 400mm 时，该边可设置 1 个锚固件；设置于同一边的锚固件间距不应大于 500mm，锚固件距保温装饰夹芯板角点的距离不应大于 200mm，且不应小于 75mm。

（6）锚固件的锚栓锚入钢筋混凝土构件的有效锚固深度不应小于 30mm，嵌入其他实心墙体材料砌体或是新墙板的有效锚固深度不应小于 50mm；对于空心砌块、多孔砖等砌体宜采用回拧打结型锚栓。

（7）保温装饰夹芯板外墙外保温系统中板与板缝宽度宜为 6～8mm，缝内填塞嵌缝材料，并宜采用中性硅酮建筑密封胶密封，密封胶最薄处厚度不应小于 4mm。

（8）施工前应先拆除既有建筑的外饰面层、保温层（如有）等，基层墙体的表面平整度偏差大于 4mm 时，应进行找平处理，找平后基层表面平整度允许偏差为 3mm，找平层厚度不宜大于 20mm。

3. 保温装饰腔体板

保温装饰腔体板是以无机材料为主要胶凝材料，以玄武岩等无机纤维作为增强材料的复合材料，通过拉挤、模压、真空导入等工艺生产的腔体板材，空腔内可填充不同的保温材料，以达到保温装饰一体板的效果，如图 2-9 所示。

图 2-9　保温装饰腔体板

保温装饰腔体板的材料自身具有轻质高强、A 级不燃、耐候性能优异、饰面效果丰富、截面可设计、工业化生产、装配式安装等优点（表 2-12），可实现保温装饰一体化的大板块应用。针对既有建筑改造的不同需求，可采用不同空腔厚度的腔体板形式。

保温装饰腔体板材料性能指标　　　　　　　　　　　表 2-12

项目	指标
密度（kg/m³）	≤2050
导热系数[W/(m·K)]	≤0.45

续表

项目		指标
蓄热系数[W/(m²·K)]		≤11.45
热膨胀系数(1/K)	主纤维向	9×10^{-6}
	次纤维向	18×10^{-6}
抗拉弯强度(MPa)		200～400
吸水率(%)		≤2.0

　　保温装饰腔体板内可填充不同的保温材料，如无机纤维喷涂玻璃棉、硬泡聚氨酯、气凝胶等，形成集装饰、节能、耐候、防火于一体的墙板，应用于外围护系统，如图 2-10 所示。该系统能达到不同气候区的节能标准要求，且保温置于腔体内部，不会有因漏水而导致保温失效的风险。在原外墙有脱落隐患的情况下，无需铲除原有外墙，且腔体板可实现大板块装配化安装，仅在楼层间进行固定，可大量节省龙骨支承系统及人工，缩短安装周期。

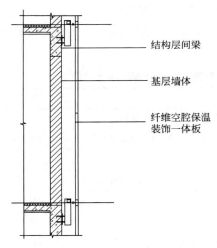

结构层间梁

基层墙体

纤维空腔保温
装饰一体板

图 2-10　保温装饰腔体板外墙保温系统构造

设计施工要点：

　　(1) 保温装饰腔体板作为外墙外保温系统应做好密封和防水构造处理，重要部位应有详细的节点大样。

　　(2) 保温装饰腔体板的保温层、装饰层等宜在工厂整体集成，并与基层板材可靠连接，预制构件外观应平整、不得有裂纹、毛刺、凹凸、翘曲、变形等缺陷。

　　(3) 保温装饰腔体板的连接点边缘到板边的距离不宜小于 15mm，且不宜大于 80mm 与 10 倍板厚的较小值。

　　(4) 保温装饰腔体板横梁应安装牢固，横梁与立柱的连接螺钉或螺栓，每个连接点不应少于 2 个，不宜采用沉头、半沉头螺钉及沉头螺栓。

　　(5) 安装时同一根横梁两端或相邻两根横梁的水平标高偏差不应大于 1mm。对于同层标高偏差，当一幅围护系统宽度小于等于 35m 时，不应大于 5mm；当一幅围护系统宽度大于 35m 时，不应大于 7mm。

2.3.2 薄抹灰外墙外保温系统

薄抹灰外墙外保温系统是保温层通过粘结及采用耐碱网格布的形式与基层墙体进行固定，由粘结层、保温层、抹面层和饰面层构成。粘贴保温板薄抹灰外墙外保温系统构造如图 2-11 所示。多年的工程实践证明，该系统技术成熟、施工方便、性价比高，可起冬季保温和夏季隔热作用，应用范围广、节能效果好。

薄抹灰外墙外保温系统粘结层材料为胶粘剂；保温材料可为模塑聚苯板（EPS 板）、不燃型聚苯颗粒复合板（AEPS 板）、硬泡聚氨酯板（PU 板）、酚醛泡沫板（PF 板）以及岩棉等；抹面层材料是抹面胶浆复合玻纤网；饰面层应为涂料或饰面砂浆。该系统是由多种材料组成的一个系统产品，各种材料相互影响，任何成分的改变都会破坏体系的综合效果，并且影响最终保温工程的质量，要求其性能应符合表 2-13 的要求。

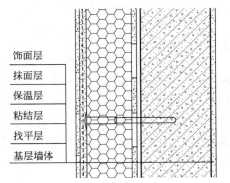

图 2-11 粘贴保温板薄抹灰
外墙外保温系统构造

保温板薄抹灰外墙外保温系统性能指标　　　　　　表 2-13

项目		性能指标					
保温材料		EPS	AEPS	PU	PF	岩棉板	岩棉条
耐候性	外观	不得出现空鼓、剥落或脱落、开裂等破坏，不得产生裂缝，出现渗水					
	拉伸粘结强度（MPa）	≥0.10	≥0.10	≥0.10	≥0.10	≥0.015	≥0.08
		破坏部位都应位于保温材料内					
	吸水量（g/m²）	≤500					
抗冲击性	二层及以上	3J 级					
	首层	10J 级					
	水蒸气透过湿流密度 [g/(m²·h)]	≥0.85				满足防潮冷凝 设计要求	
耐冻融	外观	无可见裂缝，无粉化、空鼓、剥落现象					
	拉伸粘接强度（MPa）	≥0.10	≥0.10	≥0.10	≥0.10	≥0.015	≥0.08
抹面层不透水性		2h 不透水					
抗风压		符合设计要求且不小于 8kPa					
传热系数		满足现行建筑节能标准的要求					

设计施工要点：

（1）薄抹灰外墙外保温系统外饰面宜采用涂料饰面或柔性面砖饰面。

（2）既有建筑外墙改造时，应将原有外墙清理至基层墙体后做找平层，找平层与基层墙体粘结牢固，不能有脱层、空鼓、裂缝，面层不能有粉化、起皮等现象；施工现场环境温度和找平层表面温度在施工中及施工后 24h 内不得低于 5℃，5 级以上大风天和雨天不得施工。

（3）保温层的施工应在找平层质量验收合格后进行，并且找平层应干燥。

（4）施工面应避免阳光直射，必要时在脚手架上设临时遮阳设施。避免由于阳光直射造成保温板老化。

（5）墙体系统在施工过程中所采取的保护措施，应待泛水、密封膏等永久性保护按设计要求施工完毕后拆除。

（6）粘结面积要求：保温板采用粘锚结合的方式固定在基层墙体上，粘结方式选用点框法或条粘法，模塑聚苯板（EPS 板）与基层墙体的有效粘结面积不得小于保温板面积的40%，不燃型聚苯颗粒复合板（AEPS 板）、硬泡聚氨酯板（PU 板）或酚醛泡沫板（PF板）与基层墙体的有效粘结面积不得小于保温板面积的50%，岩棉板与基层墙体的有效粘结面积不应小于保温板面积的50%，岩棉条与基层墙体的有效粘结面积不应小于保温板面积的70%。

（7）抹面层施工时，玻纤网不得直接铺在保温层表面，不得干搭接，不得外露。

（8）抹面层的厚度应不小于3mm且不宜大于6mm。

（9）应做好系统在檐口、勒脚处的包边处理，装饰缝、门窗四角和阴阳角等处应做好局部加强网施工。变形缝处应做好防水和保温构造处理。

2.3.3 装配式纤维复合腔体板内保温系统

装配式纤维复合腔体板内保温系统由可实现装配式安装的纤维复合板以及保温材料、转接件、锚固件等组成。保温材料与纤维板在工厂装配成一体，现场仅进行板材安装。保温材料可以为岩棉、聚氨酯、喷涂纤维棉、真空绝热板等各种保温材料，腔体板燃烧性能等级应为 A_2 或者 B_1 级。该系统可在不拆除外墙内饰面的情况下现场安装，施工简便。

装配式纤维复合腔体板内保温系统构造如图2-12所示。纤维复合腔体板的性能应符合表2-14的要求。

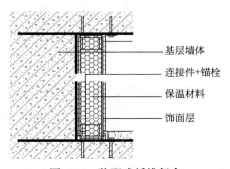

图 2-12 装配式纤维复合腔体板内保温系统构造

基层墙体
连接件+锚栓
保温材料
饰面层

纤维复合腔体板性能指标　　　　　　　　　　　表 2-14

项目	性能指标
导热系数[W/(m·K)]	≤0.45
主纤维向拉伸强度（MPa）	≥200
次纤维向拉伸强度（MPa）	≥24
主纤维向压缩强度（MPa）	≥10
次纤维向压缩强度（MPa）	≥2
吸水率	≤2.0
燃烧性能	A_2

设计施工要点：

（1）当纤维复合腔体板内填保温材料为真空绝热板时，其安装和施工应参照现行行业标准《建筑用真空绝热板应用技术规程》JGJ/T 416 的相关规定。

（2）纤维复合腔体板中的竖向荷载应通过金属连接件可靠传递到基层墙体，每块板的承托件数量应满足设计及计算要求，且不少于 2 个；金属连接件应同时兼具防板块坠落的功能。

2.3.4 反射隔热涂料

建筑用反射隔热涂料是一种新型功能性建筑涂料，通过调控材料的光学及红外响应，使其在太阳光波段（0.3～2.5μm）具有极高的反射率（＞94%），同时使材料在大气红外透射窗口（8～13μm）波段具有高辐射率（＞90%），可以将太阳光反射回外界环境，保证建筑外表面不会过多吸收太阳光中的能量，其技术原理如图 2-13 所示。

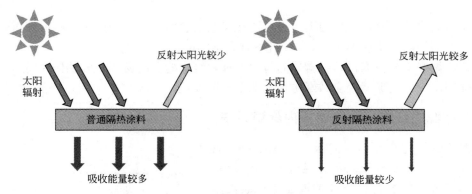

图 2-13 反射隔热涂料技术原理图

既有建筑采用反射隔热涂料后，对比改造前可以在较大程度上降低夏季空调负荷。此外，反射隔热涂料施工简单，造价较低，适用于夏热冬暖、夏热冬冷地区的既有建筑低碳改造工程。

设计施工要点：

（1）建筑反射隔热涂料基本性能要求应符合现行国家标准《建筑用反射隔热涂料》GB/T 25261 和现行行业标准《建筑反射隔热涂料应用技术规程》JGJ/T 359 的规定。

（2）施工前，根据现场情况对既有建筑外墙面进行铲除、修复处理。

（3）反射隔热涂料施工前，应先涂饰一遍反射隔热涂料专用底漆，底漆自上而下涂布均匀。

（4）涂饰施工环境温度应在 5～35℃，空气相对湿度宜小于 85%，当风力达到 5 级以上或是遇到大雾、下雨、下雪时应停止户外工程施工。

（5）建筑反射隔热涂料改造工程的热工设计应包括隔热设计和节能设计，且应采用污染修正后的太阳辐射系数进行计算。

2.4 外窗改造

外窗是围护结构中热工性能最薄弱的部位，有 40%～50% 的建筑能耗经过外窗损失掉，其性能对建筑能耗以及室内环境的影响很大。当外窗性能不佳时，室内容易出现夏季炎热、冬季寒冷的情况。外窗影响建筑能耗高低的主要原因有两个方面：一是透明材料传热系数影响建筑物室内外的温差传热；二是透明材料受太阳辐射影响而造成的建筑室内得热。因此，外窗的低碳改造侧重于两方面：一是降低外窗自身的传热损失；二是合理利用由玻璃引起的辐射得热。

2.4.1 原窗低碳改造

原窗的保温改造方式包括窗扇改造、加窗改造、加强密封、玻璃贴膜等。窗扇改造、加窗改造、加强密封都可以降低外窗自身的传热损失，而玻璃贴膜则能实现外窗辐射得热的合理利用。

1. 窗扇改造

窗扇改造是在不拆除原外窗窗框的前提下，只对窗扇或玻璃进行改造，该方法适用于单层玻璃窗改造，具有改造成本低、施工速度快等优点。

以常见铝合金窗为例，改造方法为：将原窗扇的玻璃沟槽拓宽到能纳入所需中空玻璃的厚度，将 U 形隔热套置于中空玻璃与铝扇架之间，并在四周镶嵌密封条，完成玻璃的节能改造。在窗框内侧附加高性能绝热窗框，完成对窗框的节能改造。最终形成断热桥铝合金中空玻璃窗。

2. 加窗改造

加窗改造是在不改变原有外窗的基础上，在窗台上再增加一层窗。适用于既有外窗具有一定的保温隔热能力，保存较好，窗台空余位置较大的建筑。这种改造方式避免了窗扇改造对原有外窗的破坏，利用两层窗户以及中间的空气层改善外窗的热工性能，同时也可以增加外窗的隔声效果，尤其适用于交通主干道周围的既有建筑外窗改造。

加窗改造应满足以下条件：首先，窗台宽度满足加窗条件；其次，窗台荷载承重满足加一层窗的要求，必要时应进行结构验算；最后，加窗改造后不会影响建筑原有外窗的开启，不影响采光和通风。因此新加窗开启方式以平开为宜，两层窗户的间距不应小于 100mm。

3. 加强密封

窗框与洞口、窗与扇、玻璃与扇之间存在大量缝隙，如果密封不好，当室内外存在较大温差时，这些缝隙会带来较大的冷风渗透能耗。在严寒和寒冷地区，缝隙处还有可能出现冷凝水或者结霜。为了提高外窗的气密性，可以在上述缝隙处采用耐久性强、弹性好的密封条或密封胶进行密封。因此，外窗加强密封是一种经济实用、操作简便的既有建筑外窗改造方法。

不同部位的缝隙，对密封材料的要求也不尽相同。对于窗框与墙体之间的缝隙，采用聚氨酯等高效保温气密材料进行充填，并用耐候密封胶嵌缝，可以保证窗户与墙体的结合部位在不同气温条件下均能严密无缝。对于玻璃与窗框之间的缝隙，玻璃两边均需要使用密封条镶嵌，铝合金外窗一般采用以氯丁、顺丁和天然橡胶硫化制成的橡胶密封条；塑料外窗一般采用以丁腈橡胶和聚氯乙烯挤压成型的密封条；对于开启窗和窗框之间的缝隙，目前多采用橡胶与 PVC 树脂共混技术生产的密封条密封。

4. 玻璃贴膜

对于窗框以及玻璃本身热工性能较好的外窗，可以采取在原有玻璃上贴膜的方法达到提高窗户保温的目的。建筑玻璃薄膜是由聚酯膜经表面金属化处理后，与另一层聚酯薄膜复合，在其表面涂上耐磨层、安装胶、保护膜之后，安装到玻璃表面。建筑聚酯膜以节能为主要目的，分为热反射膜和低辐射膜。

热反射膜具有较高的红外线反射率 IR 及较低的太阳能得热系数 $SHGC$，在夏季既能降低室内温度，也能透过一定量的可见光。

低辐射 Low-E 膜能透过一定量的短波太阳辐射能，使太阳辐射热（近红外线）进入室内，同时又能将 90％以上的室内热源辐射的长波红外线（远红外线）反射回室内。利用该特性，可以在冬季利用室外太阳短波辐射和室内热源的长波辐射能量，起到保温节能效果。

2.4.2 外窗整窗改造

整窗改造是将旧窗拆除，更换为热工性能更好的节能窗，是最直接的外窗改造方式，适用于窗框破损严重、无法继续使用的既有建筑外窗改造。

对于整窗改造，宜采用内平开窗。当采用外平开窗时，应有牢固窗扇、防脱落的措施，外窗可开启比例不应小于窗面积的 30％。同时，应选择保温性能好的窗框型材和玻璃，其热工性能应满足《建筑节能与可再生能源利用通用规范》GB 55015—2021 中关于透光围护结构热工性能参数限值的指标要求。常用的节能型窗框主要有断热桥铝合金窗框、PVC 塑料窗框、木窗框、玻纤聚氨酯框以及铝木复合窗框、木铝复合窗框等复合窗框。节能玻璃主要有中空充惰性气体玻璃、真空玻璃等。典型玻璃配合不同窗框的整窗传热系数可参考表 2-15。

典型玻璃配合不同窗框的整窗传热系数［W/（m²·K）］　　表 2-15

玻璃品种		玻璃中部传热系数	传热系数						
			铝合金型材		聚氨酯型材	木框	铝塑型材	塑料型材	
			非隔热金属型材 K_f＝10.8 W/(m²·K) 窗框面积 15％	隔热金属型材 K_f＝4.0 W/(m²·K) 窗框面积 20％	玻纤增强聚氨酯型材 K_f＝1.4 W/(m²·K) 窗框面积 20％	木框 K_f＝2.4 W/(m²·K) 窗框面积 25％	铝塑共挤型材 K_f＝2.7 W/(m²·K) 窗框面积 30％	塑料型材 K_f＝2.7 W/(m²·K) 窗框面积 25％	多腔塑料型材 K_{Kf}＝2.0 W/(m²·K) 窗框面积 25％
双玻中空玻璃	6 透明＋9A/12A＋6 透明	3.0/2.8	4.2/4.0	3.4/3.2	2.7/2.5	2.9/2.7	2.9/2.8	2.9/2.8	2.8/2.6
	6Low-E＋9A/12A＋6 透明	2.0/1.8	3.3/3.2	2.4/2.2	1.9/1.7	2.1/2.0	2.2/2.1	2.2/2.0	2.0/1.9
	6Low-E＋9Ar/12Ar＋6 透明	1.6/1.5	3.2/2.9	2.1/2.0	1.6/1.5	1.8/1.7	1.9/1.9	1.9/1.8	1.7/1.6

续表

玻璃品种		玻璃中部传热系数	铝合金型材		聚氨酯型材	木框	铝塑型材	塑料型材	
			非隔热金属型材 $K_f=10.8$ W/(m²·K) 窗框面积 15%	隔热金属型材 $K_f=4.0$ W/(m²·K) 窗框面积 20%	玻纤增强聚氨酯型材 $K_f=1.4$ W/(m²·K) 窗框面积 20%	木框 $K_f=2.4$ W/(m²·K) 窗框面积 25%	铝塑共挤型材 $K_f=2.7$ W/(m²·K) 窗框面积 30%	塑料型材 $K_f=2.7$ W/(m²·K) 窗框面积 25%	多腔塑料型材 $K_{Kf}=2.0$ W(m²·K) 窗框面积 25%
双玻中空玻璃	6 双银 Low-E＋9A/12A＋6 透明	1.9/1.7	3.2/3.1	2.3/2.2	1.8/1.6	2.0/1.9	2.1/2.0	2.1/2.0	1.9/1.8
	6 双银 Low-E＋9Ar/12Ar＋6 透明	1.5/1.4	2.9/2.8	2.0/1.9	1.5/1.4	1.7/1.7	1.9/1.9	1.8/1.7	1.6/1.6
	6 三银 Low-E＋9A/12A＋6 透明	1.8/1.6	3.2/3.0	2.2/2.1	1.7/1.6	2.0/1.8	2.1/1.9	2.0/1.9	1.9/1.7
	6 三银 Low-E＋9Ar/12Ar＋6 透明	1.5/1.4	2.9/2.8	2.0/1.9	1.5/1.4	1.7/1.7	1.9/1.9	1.8/1.7	1.6/1.6
三玻中空玻璃	6 透明＋9A＋6 透明＋9A＋6 透明	1.9	3.2	2.3	1.8	2	2.1	2.1	1.9
	6 透明＋12A＋6 透明＋12A＋6 透明	1.8	3.2	2.2	1.7	2	2.1	2	1.9
	6Low-E＋12A＋6 透明＋12A＋6 透明	1.3	2.7	1.8	1.3	1.6	1.7	1.7	1.5
	6Low-E＋12Ar＋6 透明＋12Ar＋6 透明	1.2	2.6	1.8	1.2	1.5	1.7	1.6	1.4
	6 双银 Low-E＋12A＋6 透明＋12A＋6 透明	1.2	2.6	1.8	1.2	1.5	1.7	1.6	1.4
	6 双银 Low-E＋12Ar＋6 透明＋12Ar＋6 透明	1.1	2.6	1.7	1.2	1.4	1.6	1.5	1.3
	6 三银 Low-E＋12A＋6 透明＋12A＋6 透明	1.2	2.6	1.8	1.2	1.5	1.7	1.6	1.4
	6 三银 Low-E＋12Ar＋6 透明＋12Ar＋6 透明	1.0	2.5	1.6	1.1	1.4	1.5	1.4	1.3

　　为了避免安装因素影响外窗的保温隔热性能,整窗改造安装时,有外挂式和内嵌式两种安装方式。

　　1. 外挂式安装

　　当墙体承载能力可以承受外窗重量时,可选择外窗外挂式安装,即外窗内表面与外墙外表面基本齐平的安装方式,是目前超低能耗建筑外窗常用安装方式,如图 2-14 所示。外窗外挂式安装可以保证外窗与外墙保温连续性更优,具有更好的保温性能。窗下部安装的窗固定件为主要受力部位,承载整窗自重,因此窗下部的窗固定件间距不大于 0.5m,其他方向固定件间距不大于 0.7m。

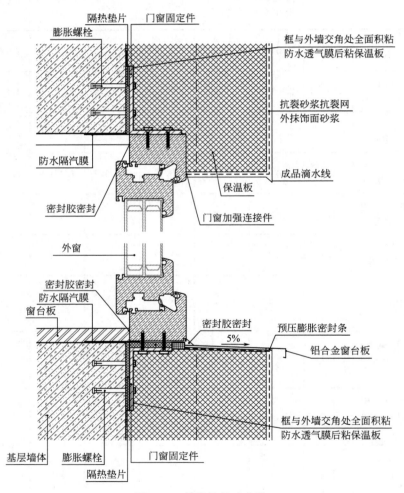

图 2-14　外窗外挂式安装

　　2. 内嵌式安装

　　当墙体承载能力不足时,可采用内嵌式的安装方式。外窗内嵌式安装是指外窗外表面与外墙外表面基本齐平的安装方式,通过镀锌钢拉片将外窗与墙体进行固定,外墙保温材料覆盖部分窗框,如图 2-15 所示。

　　此外,在夏热冬冷、夏热冬暖地区进行外窗改造时,可以考虑外窗遮阳的节能效果。

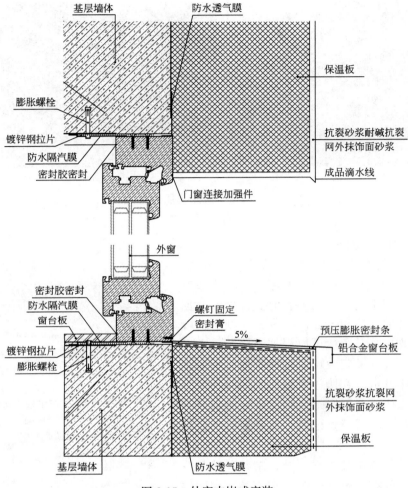

图 2-15　外窗内嵌式安装

2.4.3　外窗遮阳改造

外窗遮阳可防止太阳辐射直接透过玻璃作用于室内，为室内创造舒适、健康的环境，是被动式节能降碳措施中较为有效的方法。

建筑外遮阳的节能改造分为固定外遮阳改造和活动外遮阳改造。其中固定外遮阳改造的常见方式有格栅式、水平挡板式和倾斜简易固定式等；活动外遮阳改造则包括遮阳篷、活动百叶帘、活动硬卷帘和活动软卷帘系统等。

1. 固定外遮阳改造

既有建筑固定外遮阳改造如图 2-16 所示。由于既有建筑外墙有较多的外挂部件，固定外遮阳改造方式施工难度大，并且容易破坏外墙的保温层和防水层。且固定外遮阳装置自身机构不能调节尺寸、形状或遮光状态，不可避免地会产生与采光、自然通风、冬季供暖、视野等方面的矛盾，尤其是在寒冷季节，外遮阳不仅没有保温节能的功效，还遮挡了可以利用的太阳辐射热。因此，对既有建筑进行固定外遮阳改造时应综合权衡考虑。

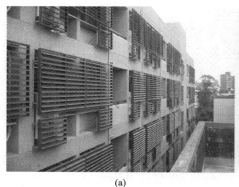
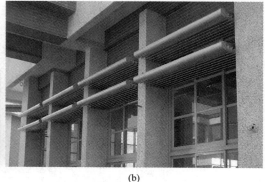

(a)　　　　　　　　　　　　　　　(b)

图 2-16　固定外遮阳改造
（a）格栅式；（b）水平式

2. 活动百叶外遮阳改造

活动百叶外遮阳是目前常见的外遮阳方式，一般叶片水平悬挂在梯绳上，两侧利用轨道或钢丝绳导向，采用手动或电动装置完成伸展和收回以及实现叶片的开启和闭合，如图 2-17 所示。叶片分布于采光口，其角度可以根据不同的季节和环境而改变。叶片关闭时可以遮挡全部的太阳辐射，倾斜、半开可以在遮挡直射光的同时让部分散射光进入室内，全开则最大限度地利用自然光源，并提供良好的视线通透性，具有较好的视觉层次感。

活动百叶外遮阳装置有明装、暗装和嵌装三种安装方式，既有建筑低碳改造在不破坏墙体结构的情况下适用明装形式。但活动百叶的使用具有一定的局限性：首先是使用寿命较短，其次是抗风性能不足，只能在低层建筑上使用。

图 2-17　活动百叶外遮阳装置

3. 活动硬卷帘外遮阳改造

活动硬卷帘有明装、暗装和嵌装三种安装方式，既有建筑低碳改造一般适合采用明装安装方式，需安装在墙体的外立面上。硬卷帘放下后会全部遮住光线射入，较难利用自然光，因此室内须使用人工照明，不通风也不透气，不利于室内空气的流通。另外，活动硬卷帘的明装改造会一定程度上破坏建筑的原有风格，改造施工及后期的维护较麻烦。

4. 活动软卷帘外遮阳改造

活动软卷帘外遮阳适合建筑物各个朝向窗户的节能改造，软卷帘通常采用高分子遮阳织物面料，结构轻便，自重小，安装方便，对建筑结构节点的要求也较低，不会破坏原有建筑外立面构造。织物面料适宜的开孔率具有透光透景和通风透气两项优势，透光透景可以最大限度地利用自然光，节省照明用电，通风透气则使空气可以和外界自然对流。尤其是夏热冬冷地区潮气较大，因此较适用，但需要注意防火和防风问题。

5. 外窗遮阳篷改造

遮阳篷的形式有多种，建筑门窗外遮阳的改造一般以窗式遮阳篷为主，适用于建筑的东、西、南面的外遮阳改造，安装于墙上或窗上，具有较好的遮阳效果，如图 2-18 所示。但外窗遮阳篷是采用气压杆装置进行遮阳篷的收紧及抗风压，可靠性难以保证，而且其斜伸展开方式，需同时考虑强风、积雪及高空坠物的影响，因此只适用于底层建筑。

图 2-18　外窗遮阳篷

6. 智能外窗遮阳

智能外窗遮阳是在上述遮阳方式的基础上采用智能化控制技术实现遮阳板角度自动调节或遮阳帘自动升降的遮阳方式。智能外窗遮阳的控制器是一个完整的气候站系统，具备阳光、风速、雨量、温度等传感器，可以根据初始设定的舒适度条件，根据气候变化来调节遮阳的开启方式，以创造舒适的室内环境。采用智能外窗遮阳进行既有建筑低碳改造时，相关技术条件可参考现行团体标准《建筑遮阳智能控制系统技术规程》T/CECS 613的要求。

不同外窗遮阳改造方式的效果及适用性如表 2-16 所示，改造前应详细评估建筑物的实际节能状况，结合当地气候环境（纬度、年平均太阳辐射强度等）、改造难易程度、经济成本等选择合适的外遮阳改造方式。另外，外窗遮阳首先要满足遮阳隔热的功用性，作为建筑物外挂部件，遮阳产品的安全性尤为重要，比如抗强风和耐久性，不能存在安全隐患。此外，外窗遮阳改造也应综合考虑室内采光、通风、视线等因素，使外遮阳装置最大限度地发挥其对室内环境的调节和控制作用。

外窗遮阳改造效果分析 表 2-16

外遮阳形式	优点	不足	遮阳隔热效果	适用范围
固定外遮阳	结构简单； 使用时间长久； 维护方便	改造难度高； 采光、通风不便； 冬季影响吸收太阳辐射热	遮阳效果只在特定方位有效，冬季遮挡光线与热量传递	常年高温炎热地区所有朝向
百叶帘	光线调节灵活，遮阳效果好； 安装便捷； 装饰效果好	可靠性不高； 不抗强风； 金属叶片造价高； 热传递明显	良好的隔热功效，与玻璃配合隔热效率可达 70%	建筑物东、西和南向
硬卷帘	保温隔热； 防盗； 抗风性好	自重重，安装不便，对墙体有破坏性； 不透风、不透光； 破坏建筑外立面； 造价相对较高	放下时 100%遮光，隔热效果较好	建筑物东、西和南面
软卷帘	遮阳隔热； 通风透景； 自重轻； 色彩丰富； 造价低	要求抗风性能好	织物遮阳效果好，遮阳系数可在 0.2 以下； 太阳辐射减少 80%以上	各类气候区所有朝向
遮阳篷	任意伸缩调节； 遮阳面积大	结构可靠性不高； 不抗强风	可以有效减少 60%的太阳辐射	建筑物东、西和南面

2.4.4 外窗、幕墙光伏一体化

光伏玻璃是将太阳能光伏发电技术与玻璃相结合，通过中间层压入太阳电池片，玻璃就能够利用太阳能发电，并具有相关电流引出装置以及电缆的特种玻璃。光伏玻璃结构如图 2-19 所示，光伏电池结构如图 2-20 所示。

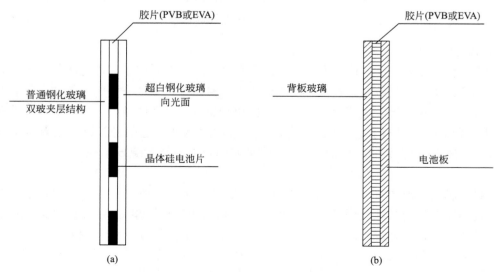

图 2-19 光伏玻璃结构
（a）晶体硅电池片；（b）非晶硅薄膜电池片

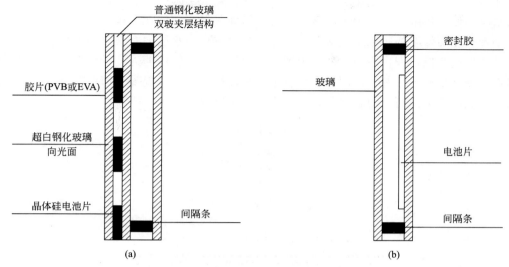

图 2-20　光伏电池结构
（a）电池与玻璃组合体；（b）电池在空腔内

　　光伏外窗及幕墙本身符合常规外窗与幕墙的建筑规范，在既有建筑低碳改造中，如果涉及外窗和幕墙改造，可选择采用外窗、幕墙光伏一体化技术。

　　光伏玻璃材料主要有两种：晶体硅材料玻璃和非晶硅材料玻璃。其中，晶体硅材料玻璃的光伏组件是多晶硅或单晶硅材料，其优点是光电转换效率高、安装尺寸小、生产材料和技术都较为成熟；缺点在于玻璃透光性不好，在高温和弱光条件下表现较差。非晶硅材料玻璃所采用的光伏组件是薄膜电池，薄膜电池本身透光性较好，而且在高温和弱光条件下也能发挥作用。相比晶体硅玻璃组件外观颜色单一，非晶硅玻璃组件能更好地与建筑物立面融为一体，不影响建筑的外观效果。

　　在进行既有建筑低碳改造时，应结合建筑的立面实际情况，综合考虑建筑美学、采光、节能等要求，实现发电部件与建筑物的有机结合。另外，要考虑光伏发电系统的运行方式，即独立运行或者并网运行，避免整个能源系统的内耗和不稳定。

2.5　屋面改造

　　屋面是建筑围护结构中的重要组成部分，做好建筑屋面保温与隔热不仅可以实现建筑节能降碳，还可以改善建筑顶层的室内热环境。建筑屋面保温隔热改造方式主要有倒置式屋面保温改造、正置式屋面改造、平屋面改坡屋面、架空隔热通风屋面改造以及种植屋面等。对屋面进行改造时，应充分考虑当地气候条件对建筑的影响，结合建筑的使用功能、屋面的结构类型、建筑防水做法、当地施工条件及周边环境特征等多方面因素，权衡确定屋面低碳改造的具体措施。

2.5.1　倒置式屋面

　　倒置式屋面是指将保温层设置在防水层之上，这种构造可以对防水层起到防护作用，一方面使其不受外界气候变化的影响，另一方面也降低了防水层受到机械损伤的概率，延长防水层的使用年限，一般用于已做找平层的屋面，但屋面坡度不宜大于10％。

倒置式屋面保温的防水层在保温层下方，在原屋顶防水层没有被破坏的前提下，可以直接进行保温改造，即在原防水层上干铺吸水率低、有一定压缩强度的保温材料，如挤塑聚苯板、硬泡聚氨酯板等，保温层上面宜采用块体材料或细石混凝土作保护层，如图2-21所示。该做法简单易行，节省造价，同时方便后续维修。

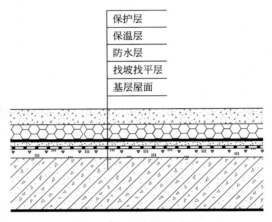

保护层
保温层
防水层
找坡找平层
基层屋面

图 2-21　倒置式屋面构造

设计施工要点：

（1）倒置式屋面的保温隔热层应采用吸水率低且长期浸水不腐烂的保温隔热材料。

（2）施工前屋面外表应平整，无蜂窝、鼓包、剥落、裂缝等现象，局部不平应抹成顺坡，屋面防水应达到相应要求。

（3）施工时应注意细部节点做法，如防水收口、出屋面管道、烟风道根部及防水处理等。

2.5.2　平屋面改坡屋面

平屋面改坡屋面是指在建筑物结构许可、地基承载力达到要求的情况下，将平屋面改造为坡屋面，可有效缓解建筑顶层保温隔热性能差的问题。

在平屋顶上增加坡屋顶时，保温节能措施可在原平屋顶上或者新增坡屋顶上实施，新增坡屋顶同时可以解决防水问题。这种方案实施起来相对比较简单，对原建筑影响最小。但平屋面改坡屋面要求坡屋顶采用质量轻的建筑材料，最大限度减少原结构承受的载荷。

轻型钢结构屋架以其重量轻、安装施工方便等优点，是目前平屋面改坡屋面工程的普遍做法。为了保证轻型钢架与原屋面结构牢固连接，增强新增坡屋顶屋面的整体刚度，必须在原有平屋顶承重墙上增设现浇钢筋混凝土梁。常见的连接方法有两种，一种是在外墙原圈梁处新增钢筋混凝土圈梁，在承重墙处将纵向圈梁伸出一段短卧梁，同时浇捣，以保证侧向刚度；另一种是在外墙一圈及钢架下部沿房屋横向承重墙的位置，均浇筑钢筋混凝土过梁，过梁与圈梁共同作为轻型钢架的连接支撑点，可以在圈（过）梁上设置多个预埋钢板与钢架节点连接。

2.5.3　架空隔热屋面

架空隔热屋面是用覆盖在屋面上且架设一定高度的空间，利用空气流动加快散热，起到隔热作用的屋面，如图 2-22 所示。

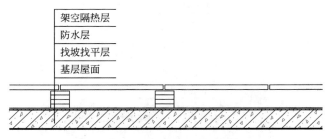

图 2-22　架空隔热屋面构造

架空隔热屋面在我国夏热冬冷地区被广泛采用，一方面利用通风间层的外层遮挡阳光，如设置带有封闭或通风的空气间层遮阳板拦截直接照射到屋顶的太阳辐射热，使屋顶变成二次传热，避免太阳直射热直接作用在屋面上；另一方面利用风压和热压的作用，尤其是自然通风，将遮阳板与空气接触的上下两个表面所吸收的太阳辐射热转移到空气中随风带走，风越大，带走的热量越多，隔热效果越好，大大提高了屋面的隔热能力，从而减少外部热量对屋面内表面的影响。

设计施工要点：

（1）改造前，应先对原建筑结构进行鉴定，核算原结构承载能力，对不满足承载要求的原建筑屋面，应先进行加固处理。

（2）改造前应对防水层进行评估鉴定，确定是否满足改造要求。原有防水层仍具有防水能力时，可在其上增加一道防水层，新旧两道防水层应相容；当原有防水层丧失防水能力时，应清除原防水层，重新铺设防水层。

（3）当既有建筑屋面不满足要求时，应增设保温层，保温隔热层的厚度应根据屋面的热工性能要求经计算确定。

（4）架空屋面的坡度不宜大于 5％。

（5）架空屋面层的高度，应按屋面宽度或坡度大小的变化确定，一般高度为 180～300mm。

（6）当屋面宽度大于 10m 时，架空屋面应设置通风屋脊，以保证气流通畅。

（7）架空隔热层的进风口宜设置在当地炎热季节最大频率风向的正压区，出风口宜设置在负压区。

（8）架空板与女儿墙的距离不应小于 250mm。

2.5.4　种植屋面

种植屋面是在基础屋面层（包括结构层、保温层、防水层等）辅以植土、在容器或种植模块中栽种植物来覆盖建筑屋面的一种绿化形式，兼具防水、保温、隔热和生态环保作用，如图 2-23 所示。

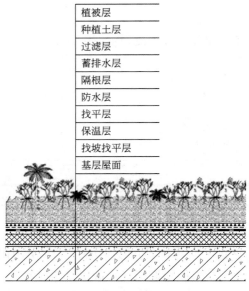

| 植被层 |
| 种植土层 |
| 过滤层 |
| 蓄排水层 |
| 隔根层 |
| 防水层 |
| 找平层 |
| 保温层 |
| 找坡找平层 |
| 基层屋面 |

图 2-23　种植屋面构造

设计施工要点：

（1）改造前，应先对原建筑结构进行鉴定，核算原结构承载能力，对不满足承载要求的原建筑屋面，应在加固处理后进行种植改造。

（2）改造前应对防水层进行评估鉴定，确定是否满足改造要求。原有防水层仍具有防水功能时，可在其上增加一道耐植物根穿刺的防水层，新旧两道防水层应相容；当原有防水层丧失防水功能时，应清除原防水层，并按种植屋面防水要求重新铺设防水层。

（3）当既有建筑屋面不满足低碳设计要求时，应增设保温隔热层，保温隔热层的厚度应根据屋面的热工性能要求经计算确定；保温隔热层若铺设在原有防水层上，应先铺设水泥砂浆隔离层。

（4）改造时，优先选用简单式种植和容器种植，植被宜以地被植物为主。

（5）种植屋面的屋面板必须是现浇混凝土屋面板，种植土厚度不得小于 100mm。

（6）种植屋面工程应做二道防水设防。

（7）既有建筑屋面改造为种植屋面时，应满足安全防护要求。

（8）改造时应同时考虑屋面防雷系统。

第3章 集中供暖系统低碳改造

围护结构低碳改造降低了既有建筑供暖负荷，但只有同步改造既有供暖系统实现按需供热，才能将供暖负荷的理论节能量转变为实际节能量，降低供暖系统能耗，减少建筑碳排放，使既有建筑的使用者体验到低碳改造的益处，同时体现低碳改造的经济和社会效益。

既有建筑供暖系统低碳改造，可减少热源的化石能源消耗；减少调节不均造成的超供能耗；减少设备和管道的散热损失；降低系统输送能耗；减少"跑、冒、滴、漏"和其引起的失水能耗；避免热用户违规放水造成的失水能耗；信息化、数字化设备的应用减少运营能耗；能源消耗的降低相应减少建筑的碳排放。同时，通过开展既有建筑供暖系统低碳改造，还可为用户提供主动开展行为节能减碳的手段。

造成既有建筑集中供暖系统碳排放指标高的常见原因有：

（1）设备陈旧老化。受当时的技术条件限制，供暖系统存在换热器效率低、循环水泵能耗高、散热器散热效果差等问题，是造成供暖系统能耗大、碳排放高的主要问题。

（2）系统落后且不科学。老旧小区建设受当时初投资限制和供暖商品化程度低等因素影响，建筑供暖室内系统大多采用传统的热水单管顺流系统，一少部分紧邻工业企业的建筑直接采用蒸汽供暖系统，这些系统先天存在无法按户调节、不便于维修及垂直失调严重等问题；另外，部分供暖管网未按统一规划建设，存在热力不平衡的问题；管道管材质量不高，防腐效果差腐蚀严重，存在"跑、冒、滴、漏"问题。保温结构不耐用，防护层失效，保护层老化脱落，存在热损耗大的问题。

（3）缺少计量装置和监控设备。由于缺乏有效的热计量方式和监控设备，只能按照面积收费模式供暖，加上部分用户主动节能的行为意识较低和供暖运营管理粗放，出现较多行为上的热量浪费问题。

（4）水力平衡调节设施落后。原有供暖系统缺少管网水力平衡设施、楼栋热力入口平衡调节装置以及入户调节过滤装置，只能利用截止阀等进行简单调节，造成管网流量分配不均，无法进行精细的平衡调节，容易出现堵塞问题。

（5）可再生能源利用率低。原有供暖系统以燃煤、燃气热源为主，可再生能源利用率低，热源侧的碳排放量高。此外，热交换站的设计供水温度高，末端设备散热能力差，也不利于在用户侧使用可再生能源作为热源补充供暖。

对既有建筑供暖系统进行低碳改造，应结合原有系统特点和建筑特征，根据诊断评估结果，因地制宜地更换、更改或更新改造方案。由于集中供暖热源由市政供暖企业负责统筹规划和运营管理，不在建筑供暖系统节能低碳改造范围，对于热源的低碳改造本章仅限于推荐相关的低碳热源技术，不作诊断评估分析。本章重点介绍热力站、二级供暖管网及室内供暖系统的低碳改造。

3.1 诊断评估

供暖系统进行低碳改造前，应实地查勘供暖系统的配置、运行情况及节能检测等，对系统进行节能诊断和评估。

3.1.1 诊断内容

根据供暖系统情况，按表 3-1 所列集中供暖系统诊断内容和诊断指标，应收集、查阅下列资料：

1. 热力站

（1）竣工图纸及相关设备技术资料、产品样本；

（2）供暖范围、供暖面积、供暖负荷、与其连接的用户类型、用户负荷、维修改造记录；

（3）换热设备类型、台数、换热面积、水容量、额定参数、运行状况；

（4）温度、压力、流量、运行阻力、热负荷等运行参数；

（5）供暖期供热量、耗热量、补水量、耗电量；

（6）热力站内补水水源，水处理设备型号、台数，补水方式和水处理方式；

（7）热力站内循环泵型号、台数、额定参数、进出口压力、温度、流量等运行状况；

（8）供暖管网供回水温度调节方式、循环水泵定流量或变流量调节方式；热力站供暖系统自动监控技术采用情况；

（9）热力站内以及供暖管网供回水压力、温度，循环水量。

2. 供暖管网

（1）竣工图纸及相关设备技术资料、产品样本；

（2）管道敷设方式、管道材质、管道长度、主干管管径、保温状况；

（3）调控阀门、泄水阀门、放气阀门、补偿器、各支座类型及位置；

（4）供暖范围、供暖参数、供暖负荷、与用户连接方式、维修改造记录；

（5）温度、压力、系统充水、补水量等运行记录；

（6）用户热力入口供回水压力、温度，循环水量；

（7）供暖管网管道沿途温降等。

3. 室内供暖系统

（1）竣工图纸及相关设备技术资料、产品样本；

（2）供暖建筑面积、层数、建筑类型、建筑物设计年限、负荷特性；

（3）供暖系统形式、室内散热设备类型；

（4）供暖负荷、循环水量、管网阻力、供回水温度；

（5）热力管网入口位置、与供热管网连接方式、阀门、仪表；

（6）热力管网入口供回水压力、供回水温度、循环水量、供热量等运行记录；

（7）典型房间室内温度；

（8）供暖系统水力失调情况。

集中供暖系统诊断内容和诊断指标汇总表 表 3-1

诊断内容		一级指标	二级指标
热力站	供暖能耗	供暖期单位面积能耗	耗热量
			耗气量
			耗电量
			耗水量
	换热设备换热性能	换热效率	—
		运行阻力	热源侧运行阻力
			负荷侧运行阻力
二级供热管网	输配系统能效	输送效率	供热管网流量比
			水力平衡度
	保温状况	沿程温降	
		供水温度	供热调节曲线设定的温度
		供水、回水温差	—
	供热管网漏损情况	补水量	—
建筑物室内供暖系统	室内供暖系统情况	供暖系统形式	
		散热设备类型	
		计量装置完善度	分户计量
			分单元计量
			分楼栋计量
	室内供暖质量	典型房间室内温度	
		水力失调情况	分户、分室调控装置

3.1.2 评估原则

根据上述资料进行节能诊断,对供暖能耗、主要设备能效、换热设备运行性能、主要参数控制水平等进行评估。主要判定参数如下,当不满足要求时,应进行改造:

(1)供暖期单位面积耗电量:严寒地区居住建筑应为 $1.0 \sim 1.5 \mathrm{kWh/m^2}$,寒冷地区居住建筑应为 $0.8 \sim 1.2 \mathrm{kWh/m^2}$;

(2)供暖建筑单位面积供暖期耗热量:严寒地区居住建筑为 $0.37 \sim 0.50 \mathrm{GJ/m^2}$,寒冷地区居住建筑为 $0.23 \sim 0.35 \mathrm{GJ/m^2}$;

(3)供热管网单位面积二级供热管网补水量:严寒地区居住建筑小于 $35 \mathrm{kg/m^2}$,寒冷地区居住建筑小于 $30 \mathrm{kg/m^2}$;

(4)循环水泵运行效率不低于额定工况效率的 90%;

(5)换热设备换热性能不低于额定工况的 90%;换热设备热源侧、负荷侧运行阻力小于 $0.1 \mathrm{MPa}$;

(6)二级供热管网输送效率不低于 92%;

(7)供热管网沿程温降:地下敷设热水管道小于等于 $0.1 ℃/\mathrm{km}$,地上敷设热水管道小于等于 $0.2 ℃/\mathrm{km}$;

（8）室外供热管网流量比为 0.9～1.2，水力平衡度为 0.9～1.2；

（9）室内供热管网各并联环路之间的压力损失相对差额不大于 15％。

3.2 供暖系统碳排放影响因素

从集中供暖的特点看，在保证室内舒适度的前提下，运营环节降低碳排放的核心是降低能耗，实现途径：一是减少热量在建筑侧的消耗和输送过程中的损失，二是设法完善热源供给和用户消耗的优化匹配，减少过量供暖带来的热量浪费。

供暖系统碳排放影响因素主要有六个方面：建筑物围护结构的保温状况、建筑物围护结构气密性状况、建筑物的室内温度控制水平、供热系统输送能效水平、热源种类及效率。

3.2.1 围护结构保温性能

对于集中供热区域的严寒及寒冷地区，建筑物围护结构的保温状况对供热热负荷的影响约占 30％～50％。越是北方地区，建筑物围护结构的保温状况对供暖热负荷的影响越大，这也是进行既有建筑围护结构低碳改造的目的之一。既有建筑围护结构保温性能提高后，原有供热末端不变，系统循环流量不变，可适当降低供回水温度，室内温度仍可达到设计标准。供暖系统供回水温度的降低，可以提高换热设备效率和降低供热管网热损失，有利于提高散热器供暖的舒适度和供暖系统节能。如果更换原有散热器，则可减少散热器数量，降低金属耗量，既能够节约投资又间接降低钢材生产的碳排放。

以郑州地区 4 个单元 6 层、体形系数为 0.30 左右的居住建筑为例。1980 年设计能耗水平为供暖耗煤量指标 18.8kg/m²，建筑物耗热量指标 30.41W/m²；实施节能 30％标准后，供暖耗煤量指标降为 13.16kg/m²，建筑物耗热量指标为 24.6W/m²；实施节能 50％标准后，供暖耗煤量指标降为 9.4kg/m²，建筑物耗热量指标为 20.0W/m²；实施节能 65％标准后，供暖耗煤量指标降为 6.6kg/m²，建筑物耗热量指标为 14.0W/m²；实施节能 75％标准后，建筑物耗热量指标约为 9.1W/m²。因此，对既有建筑实施围护结构低碳改造是降低供暖系统能耗的重要途径。

3.2.2 围护结构气密性能

建筑物由于围护结构漏风造成的供暖能耗损失较大，提高围护结构的气密性能是低碳化改造的重要途径。建筑围护结构气密性提高的效果主要体现在三个方面：一是有利于减少冬季冷风渗透，降低供暖能耗；二是避免湿气进入围护结构内部，造成对建筑结构的破坏；三是提高室内外的隔声效果，同时可以避免室外污染的空气不受控制地进入室内。

建筑整体气密性能的优劣直接影响建筑能耗的高低，房间空气渗透所产生的能耗占建筑供暖能耗的 1/4～1/3，尤其是门窗、墙体、屋面、地面以及各个建筑部件间的连接处，是建筑整体气密性能最薄弱的部位。在室内外温差较大时，这些部位引起的冷风渗透导致的建筑能耗非常显著，当建筑物漏风、透气等现象导致室内换气次数变大时，会增加建筑物室内外空气换气耗热量，进而影响建筑物总耗热量，导致建筑能耗增加，当室内空气换气次数由 0.5h⁻¹ 增至 1.5h⁻¹ 时，运行负荷会增加 27％左右。因此，在满足室内换气次要求的前提下，在冬季室内外温差较大的地区，建筑气密性差引起的室内换气次数增加，会导致建筑能耗显著增加。随着建筑节能水平的不断提高，从空气渗透产生的能耗中挖掘节能潜力，必然成为建筑节能下一步的重要方向，而实现的前提是保证建筑具有优良的整体气密性。

3.2.3　室内温度控制水平

建筑物室内温度设计标准与建筑供暖能耗有密切关系，相关研究表明设计温度每降低1℃，能耗可减少5%～10%。

在按面积收费模式下，即使室内温度高于设计温度，也少有供暖用户进行调节。尤其是在既有建筑进行围护结构节能改造后，仍按原供暖系统设备和运行方式，必然造成室内过热，浪费能源。因此，进行供热计量和温度调控改造，可避免用户室内过热，降低供暖能耗。

3.2.4　供热系统输送效率

供热系统输送效率是指加热室温的有效热量与热源输送总热量的比值，加热室温的有效热量是指将室温加热到设计室温所提供的热量，室温超标所消耗的热量称为无效热量。热源输送总热量包括燃料燃烧所放出的热量，加上动力设备耗电的折算热量。由于存在热源效率、供热管网效率、冷热不均等因素，均会造成大部分热量没有有效利用。因此，应通过供热管网节能改造，提高供热系统传输效率，降低供暖能耗。

3.2.5　热源种类及效率

集中供热热源形式多种多样，仅从热源类型上区分就有热电厂、区域锅炉房、可再生能源热源、工业与城市余热、核能等多种模式，并且供热涉及面广，属于城市基础设施，关系到民生，采用何种供热模式不仅仅要考虑能耗，还要考虑环境、经济等多方面因素。

热电厂是联合生产电能和热能的发电厂，热电厂供热系统是以利用汽轮机同时生产电能和热能的热电合供系统作为热源，联合生产电能和热能的方式，取决于供热汽轮机的形式。以热电厂作为热源，实现热电联产，不仅热能利用效率高，同时利于环保。热电联产根据其使用能源的不同分为燃煤热电联产、燃气热电联产、生物质热电联产等。

区域锅炉房是城镇集中供应热能的热源，虽然区域锅炉房的热效率低于热电厂的热能利用效率，但区域锅炉房供热减少了大部分输送能耗和输送过程热损失。因此，区域锅炉房也是城镇集中供热的主要热源形式之一。区域锅炉房根据其使用能源的不同，分为燃煤锅炉房、燃气锅炉房、燃油锅炉房、电热锅炉房、生物质锅炉房等。其中区域燃煤锅炉的热效率约70%，大型燃煤锅炉的热效率约80%，天然气锅炉的热效率约90%，电热锅炉的热效率约98%。

可再生能源是绿色低碳能源，是能源供应体系的重要组成部分，对于改善能源结构、保护生态环境、应对气候变化、实现经济社会可持续发展具有重要意义。可再生能源主要包括风能、太阳能、水能、生物质能、地热能等非化石能源，在自然界可以循环再生，取之不尽，用之不竭，是清洁、绿色、低碳的能源。其中太阳能的利用包括光伏、光热、光伏光热联合；空气能的利用主要是空气源热泵；生物质能的利用包括生物质锅炉、生物质热电联产、生物质制气、生物液体燃料等；地热能分为深层地热能和浅层地热能。深层地热能按其在地下的贮存形式分为蒸汽、热水、干热岩体、地压和岩浆五种类型，开采和利用最多的地热能是地热水。浅层地热能主要为土壤和浅层地下水中蕴含的低品位热量，技术路径为土壤源热泵和水源热泵。地热能供热与其他热源供热相比具有节省矿物燃料和不造成城市大气污染的优点，作为一种可供选择的新能源，其开发和利用日益受到重视。

工业余热通常是指生产工艺过程中所产生的工业本身不能直接再利用的热量，其热源可分为：高温排烟余热，可燃废气、废液、废料的余热，高温产品和炉渣的余热，冷却介质的余热，化学反应余热，废汽、废水的余热。

城市余热热源是城市公共设施中所回收的热量，如能有效地利用这类余热，不仅能达到节能的目的，还解决了城市废弃物处理问题和环境污染问题。

核能供热是以核裂变产生的能量为热源的城市集中供热方式。核能供热包括核电厂抽气供热、核供热堆供热等。它是解决城市能源供应问题，减轻运输压力和消除燃煤造成环境污染的一种新途径。

供热碳排放主要来源于能源消耗活动，而能源的碳排放来源主要是化石燃料燃烧。对于燃烧产生的碳排放，主要取决于燃料含碳量以及燃烧条件、燃烧效率等。根据《建筑碳排放计算标准》GB/T 51366—2019 中的数据，可以得出不同燃料类型的单位热值含碳量、碳氧化率及碳排放因子，进而计算出不同燃料的碳排放量，常用化石燃料碳排放因子见表 3-2。

化石燃料碳排放因子 表 3-2

分类	燃料类型	单位热值含碳量（tC/TJ）	碳氧化率（%）	单位热值 CO_2 碳排放因子（tCO_2/TJ）
固体燃料	无烟煤	27.4	0.94	94.44
	烟煤	26.1	0.93	89.00
	褐煤	28.0	0.96	98.56
	炼焦煤	25.4	0.98	91.27
	型煤	33.6	0.90	110.88
	焦炭	29.5	0.93	100.60
	其他焦化产品	29.5	0.93	100.60
液体燃料	原油	20.1	0.98	72.23
	燃料油	21.1	0.98	75.82
	汽油	18.9	0.98	67.91
	柴油	20.2	0.98	72.59
	喷气煤油	19.5	0.98	70.07
	一般煤油	19.6	0.98	70.43
	NGL 天然气凝液	17.2	0.98	61.81
	LPG 液化石油气	17.2	0.98	61.81
	炼厂干气	18.2	0.98	65.40

分类	燃料类型	单位热值含碳量（tC/TJ）	碳氧化率（%）	单位热值 CO_2 碳排放因子(tCO$_2$/TJ)
液体燃料	石脑油	20.0	0.98	71.87
	沥青	22.0	0.98	79.05
	润滑油	20.0	0.98	71.87
	石油焦	27.5	0.98	98.82
	石化原料油	20.0	0.98	71.87
	其他油品	20.0	0.98	71.87
气体燃料	天然气	15.3	0.99	55.54

目前集中供热常用的热源有热电联产、燃煤区域锅炉房、燃气区域锅炉房等。热电联产是根据能源梯级利用原理，先将煤、天然气等一次能源用于发电，发电后余热用于供热能源，此环节为能源二级利用，不存在碳排放的问题。可再生能源热源本身是零碳热源，不存在碳排放的问题。各种余热热源是把各种本要排放到环境中的废热循环利用，也是零碳热源，不存在碳排放的问题。但是这两类热源均难以实现供暖直接热利用，在供暖系统运行过程中需要驱动能源转换能源形式或改善能源品质加以利用，这个过程需要消耗部分电能作为该过程的驱动能源。

根据表 3-2 中提供的数据可以看出，化石燃料的碳排放因子中固体燃料（无烟煤、烟煤、褐煤）＞液体燃料（原油、燃料油、汽油、柴油）＞气体燃料（天然气）。由以上分析可知，集中供暖热源碳排放情况如下：燃煤区域锅炉房＞燃油区域锅炉房＞燃气区域锅炉房＞可再生能源和余热热源。

3.3 热源改造

集中供热中燃煤锅炉房和燃气锅炉房等传统热源，碳排放量较大，供暖系统中热源的碳排放占主要部分，因此集中供暖系统的低碳化需要考虑供暖热源低碳化。

3.3.1 余热供暖低碳热源

余热供暖属于废弃资源的合理化应用，是不可忽视的低碳热源。余热按照来源可以分为工业余热和城市余热。工业余热资源因为行业类型不同，资源种类不同，余热用途和可回收率也不同，不同行业工业余热资源用途和可回收率情况见表 3-3。

各行业工业余热资源用途和可回收率 表 3-3

行业	余热资源	余热用途	余热可回收率
钢铁冶金行业	烟气、高炉废气、循环冷却水、冲渣水	发电、工艺生产用热、生活用热（供暖、卫生热水）	30%以上
煤矿行业	巷道排水、矿井排风、瓦斯发电机循环冷却水	井筒防冻、生活热水、建筑供暖、制冷	30%～40%

既有建筑低碳改造技术指南

行业	余热资源	余热用途	余热可回收率
印染行业	印染废水	生产工艺用热、生活热水、建筑供暖、制冷	40%以上
有色金属行业	循环冷却水、生产污水	生产工艺用热、生活热水、建筑供暖、制冷	40%以上
化工行业	工艺循环冷却水、工业废水、工业废气、烟气、乏汽	生产工艺用热、生活热水、建筑供暖、制冷	40%以上
石油行业	采油污水	生产工艺用热、生活热水、建筑供暖、制冷	30%～40%
火力发电行业	烟气、乏汽冷凝余热	城市供热	50%以上

热电联产热源供热能力稳定，充分利用电厂余热供暖，节约能源。

工业余热包括化工、钢铁、冶金等产生的余热。探索工业余热应用模式，加强政策引领，努力解决余热资源空间、时间、温度不匹配问题，将工业余热利用作为集中供热低碳热源的有力补充。

便于利用的城市余热主要有数据中心余热、生活垃圾余热、生活污水余热、变电站余热及民用热源厂烟气余热等。城市余热利用，需要加强城市余热利用规划，引导城市余热并入集中供热管网，提高余热资源利用率。如燃气电厂余热利用、燃气锅炉烟气余热利用等，其系统图见图 3-1 和图 3-2。

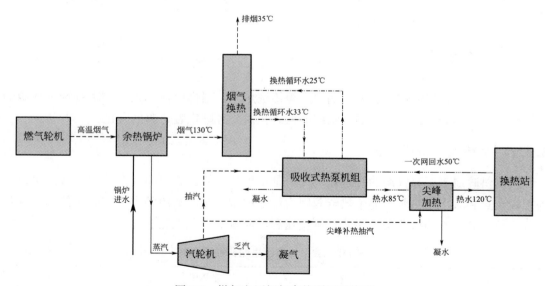

图 3-1 燃气电厂烟气余热利用系统图

既有建筑供暖热源低碳化改造需要优先深挖余热资源作为低碳供暖热源，优先利用火力发电厂余热，积极挖掘其他行业工业余热，合理开发城市余热。

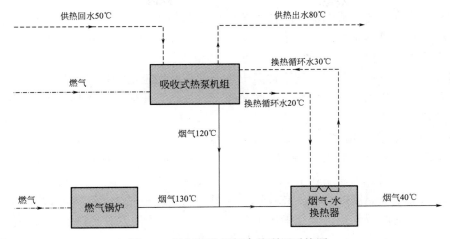

图 3-2　燃气锅炉烟气余热利用系统图

3.3.2　可再生能源低碳热源

可再生能源是可持续发展的低碳热源，应根据既有建筑所在区域资源分布特点，规划建设可再生能源低碳热源，逐步提高可再生能源供热占比，推动可再生供热规模化、规范化应用。

1. 太阳能供暖

太阳能一般是指太阳光的辐射能量和热量，是可再生清洁能源。太阳能利用主要有七种形式：光热利用、光热发电利用、热电直接利用、光电利用、光化利用、光生物利用和光热光电综合利用。太阳能供暖是指以太阳能作为供暖系统的热源，利用太阳能集热器将太阳能转换成热能，供给建筑物冬季供暖和全年其他用热的系统。单纯的太阳能供暖系统，需要配套有大型的储热设施，目前在西藏、青海等西部省份有较好的应用。图 3-3 为郑州热力集团多能互补太阳能供暖示范项目。

图 3-3　多能互补太阳能供暖示范项目现场

2. 地源热泵供暖热源

地源热泵系统是以岩土体、地下水或地表水为低温热源，由水源热泵机组、地热能交换系统、建筑物内系统组成的供热空调系统。根据地热能交换系统形式的不同，地源热泵系统分为地埋管地源热泵系统、地下水地源热泵系统和地表水地源热泵系统。

（1）土壤源热泵供暖

土壤源热泵供暖技术是利用地下常温土壤温度相对稳定的特性，通过深埋于建筑物周围的管路系统与建筑物内部完成热交换的装置。供传热介质通过埋于地下的密闭循环管组与岩土体换热，换热过程中传热不传质，不会对地下水造成影响。根据管路埋置方式不同，分为水平地埋管换热器和竖直地埋管换热器。

它以土壤作为热源、冷源，通过高效热泵机组，在冬季，把土壤中的热量"取"出来，提高温度后供给室内用于供暖；在夏季，把室内的热量"取"出来释放到土壤中去，并且常年能保证地下温度的均衡。高效热泵机组的能效比一般能达到 4.0 以上，与传统的冷水机组加锅炉的配置相比，全年能耗可节省 40% 左右。虽然初投资偏高，但机房面积较小，运行费用低，不产生有害物质，对环境无污染。图 3-4 为郑州市某地热供暖项目浅层地热地埋管系统施工现场。

图 3-4　浅层地热地埋管系统施工现场

（2）水源热泵供暖

水源热泵系统可以利用的水体包括地下水、江河湖海等地表水以及污水等，前述水体是一个巨大的太阳能集热器，收集了大量的太阳辐射能量，且自然地保持着能量接收和散发的动态平衡，是温度相对稳定的低温热源；污水水质的优劣是污水源热泵供暖系统成功与否的关键，需要做好水质管理，处理好污水中的悬浮物、油脂类、硫化氢等污染物后才能作为热泵的低温热源。水源热泵将这些稳定的低品位热源提升为满足用户需求的高品位热源，提升建筑环境舒适度。

水源热泵可利用的水体温度冬季为 5～35℃，高于环境空气温度。水源热泵消耗 1kWh 的电量，用户可以得到 4.3～5.0kWh 的热量，运行效率比普通集中空调高出 20%～60%。推广利用水源热泵需靠近水源，结合资源优势，减少对水体环境的影响。图 3-5 为河南省新乡东辉理想城水源热泵清洁供暖项目机房，该项目总供暖面积 32 万 m²，选用 4 台超大型高效水源热泵机组。

图 3-5　河南省新乡东辉理想城水源热泵清洁供暖项目

3. 空气源热泵供暖

空气能是目前热泵技术最为常用的低温热源,空气源热泵利用空气中的热量作为低温热源,经过逆卡诺循环提取热能,向用户端的供热系统传递热量。通常情况下,热泵机组每消耗 1kW 的电能,供给用户 4kW 的热能,与电供暖相比,效率提高 3～4 倍,比燃气供暖系统效率高 20%,比燃煤供暖系统效率高 30%～50%。采用空气源热泵作为供暖热源时,需综合考虑室外供暖设计温度、局部冷岛效应、雨雪恶劣天气等因素对热泵机组实际制热量的影响,选择合适类型和数量的空气源热泵机组,并优化机群布置阵列,使机组的实际制热量能够满足冬季供暖需求。空气源热泵节能环保的特点符合国家低碳、环保的政策导向,其在供暖领域的扩展应用成为各企业关注的焦点。根据空气源热泵的特点,将空气源热泵与其他形式热源耦合供热是目前发展的一大趋势,按需按质用能,提升整体能源利用率。图 3-6 为郑州热力集团运河上院清洁能源供暖项目空气源热泵能源站,该项目采用空气源热泵和燃气锅炉耦合运行的供暖方式,冬季以空气源热泵供暖为主,在寒冷、雨雪等恶劣天气时采用燃气锅炉进行热量补充;图 3-7 为河南省三门峡市卢氏中医院空气源热泵集中供暖项目热源站,总供暖面积 13.5 万 m^2,选用 48 台低环温空气源热泵机组,没有采用其他辅助热源,供暖效果较好。

图 3-6　运河上院清洁能源供暖项目空气源热泵能源站

图 3-7　河南省三门峡市卢氏中医院空气源热泵集中供暖项目热源站

4. 生物质能供暖

生物质能是太阳能以化学能形式贮存在生物质中的能量形式，即以生物质为载体的能量。它直接或间接地来源于绿色植物的光合作用，可转化为常规的固态、液态和气体燃料，取之不尽，用之不竭，是一种可再生能源。据测算，我国理论生物质能资源每年约 50 亿 tce，资源较为丰富。生物质能供暖主要有五种典型系统：生物质锅炉供暖系统、生物质气化供暖系统、生物质沼气供暖系统、生物质液态燃料供暖系统、生物质热电联产供暖系统。生物质锅炉供暖系统如图 3-8 所示。

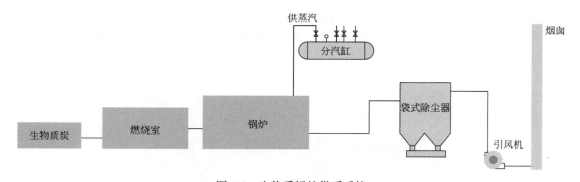

图 3-8　生物质锅炉供暖系统

3.3.3　绿色电力热源

电力供暖是构建清洁低碳能源供暖体系的重点，就集中供暖热源而言，电能热源有电能直接发热供暖和电能驱动热泵供暖两大类，绿色电力协同热源主要是指电能直接发热供暖。

电力协同热源设备主要有电锅炉和电储热设施。

电锅炉主要有电极锅炉、电容锅炉、电磁锅炉及电储热锅炉。电力资源丰富，电价较低的地区，可以采用电极锅炉、电容锅炉、电磁锅炉作集中供暖的调峰热源。有峰谷电价的地区，可选择电储热锅炉，电储热锅炉是一种集供热与储能为一体的低碳热源，其产生的热量一部分用来供暖，另一部分可以蓄热，在降低运营成本的同时，能够增加供暖系统的安全性和可靠性。

电储热设施主要有源端固定储热设施和移动储热设施，源端固定储热设施是利用蓄热砖或蓄热材料储存的热量支持全天供暖，同时利用峰谷电价差错峰用电达到降低费用的电热设备，其调节的灵活性可有效解决热电联产产热不稳定或产热不足的问题。移动式电能储热设备是利用分布式绿色电力资源开展电力协同热源的重要形式，分布式绿色发电站作为集中供暖电力协同热源，可有效解决电力系统弃风弃光问题，进行电热转化储热并采用合适运输方式补充到集中供暖系统。

3.3.4　其他绿色热源

1. 氢能热源

氢能具有无碳化属性，具有来源广泛、易于储能、应用面广、能量密度大等多种优势，在未来的能源应用领域具有突出的优势和广阔的应用前景。氢既是重要的工业原料，也是高效清洁的二次能源，具有燃烧热值高、燃烧产物无污染的特点，是能源转型发展过程中优良的清洁能源和良好的储能介质。

目前，氢能在供热领域的应用主要有两种方式：天然气管网掺氢燃烧供热和氢能燃料电池热电联产供热。氢能在终端用能领域可实现对化石能源的替代，在能源互联网中促进电力、热力和燃气各种能源品种协同，是未来电气化能源系统的必要补充。

2. 核能热源

核能低温供热堆是以输出显热为主的核能热源系统，用于城镇居民供暖和综合利用，有别于核能电厂余热供暖系统，它只供热不发电。作为核电的补充，它的推广应用有助于改善能源结构，减排温室气体和改善城市环境。核能供热与常规化石能源供热最大的区别在于清洁环保，一座热功率 200MW 的核能供热站，相比燃煤热电厂，一年可减排烟尘 3600t、减排二氧化碳 46 万 t、减排二氧化硫 4000t、减排氮氧化物 1200t、减排灰渣 3.6 万 t；相比天然气锅炉房，一年可减排二氧化碳 20 万 t、减排氮氧化物 800t。

作为清洁低碳能源之一，综合考虑供热的建设成本、运行成本及服役年限，核能供热堆的经济性明显优于燃气供暖和地热供暖，与燃煤锅炉相当。随着核能供热技术的不断发展，未来将成为重要的供热能源，核能供热系统示意图如图 3-9 所示。

3.3.5　多能互补热源

供暖热源低碳化坚持形式多元化，实现供暖用能多样化，提高余热和可再生能源利用占比，提升供暖系统的韧性。采用多能互补热源，构建新能源和可再生能源、各种余热＋储能等多种热源方式与传统的热电厂、区域燃气锅炉房等热源耦合的供热体系是低碳热源发展方向。

因此，既有建筑集中供暖热源低碳化改造需要构建多能互补供热体系，其热源改造选择原则为：

（1）优先采用余热热源和可再生能源热源。

（2）不具备余热热源和可再生能源热源资源条件的区域，可考虑对现状集中供暖热源及系统进行低碳化改造。

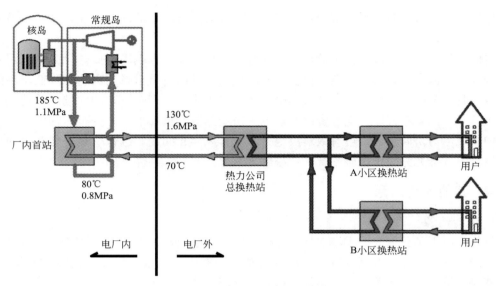

图 3-9　核能供热系统示意图

今后供暖热源将逐渐由常规能源（市政或区域热力、热电联产、燃气锅炉房为主的能源形式），转变为余热与可再生能源热源形式为主，绿色电力协同，探索绿色氢能和核能的供暖应用，构建以余热、可再生能源耦合常规清洁能源，绿色电力驱动，绿色氢能和核能补充的多能互补新能源低碳供暖系统。

禁止新建燃煤锅炉房，逐步关停燃煤热源，禁止新建和扩建燃气独立供暖系统，坚持余热和可再生能源供热优先原则，推动供热系统能源低碳转型替代，全面布局新能源和可再生能源供热。

在余热供暖形式中，数据中心余热、生活垃圾余热、生活污水（再生水）余热、变电站余热等需要结合区域资源情况优先发展利用，但是受资源条件制约，不能适用于所有区域；没有余热资源的区域，考虑可再生能源的供暖应用，如太阳能、地热能、空气能等形式的可再生能源利用技术相对成熟、经济适用、应用面广。图 3-10 所示为太阳能＋空气源热泵多能互补供热系统。

图 3-10　太阳能＋空气源热泵多能互补供热系统

储能技术可以解决可再生能源利用过程中的间歇性和不确定性问题，保障系统的安全稳定运行、提高系统削峰填谷的能力和减少放弃绿色能源的现象发生。在"双碳"目标下，就供暖而言，稳定的化石能源热源受到能源限制，利用储能技术使可再生能源成为高质量稳定的热源，弥补可再生能源的劣势。同时，利用储能技术开展分布式电热转换应用，可使风、光等可再生能源成为供热热源，解决绿色电力上网难的同时，减少风电、光电对热电联产热源的影响，拓展热电协同应用场景。地源热泵＋储热＋储电＋光伏耦合的多能互补系统如图 3-11 所示。

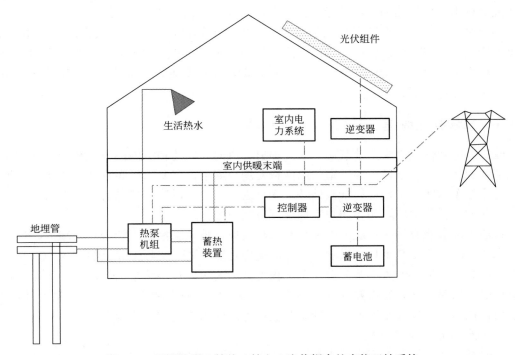

图 3-11　地源热泵＋储热＋储电＋光伏耦合的多能互补系统

　　储热技术主要分为显热、潜热和热化学储热 3 种热能储存方式，目前供热行业主要采用显热、潜热储热方式。

　　热源的低碳化改造需要可再生能源和新能源的推广应用，而可再生能源的规模化应用离不开储能技术的系统发展，应重点关注水储热和相变储热技术的应用。针对集中供暖热源来说，可以建设源端储能设施，构建储能协同热源，消纳可再生能源或协助消纳绿色电力。

3.4　热力站改造

　　热力站是集中供暖的重要组成部分，是用来改变供热介质参数并进行热量分配、控制及计量供给热用户热量的设施，是热网与热用户的连接枢纽。在集中供暖热力站中，核心设备是水泵和换热器，低碳改造的重要途径是减少能耗和电耗。

　　供暖期间由于室外温度的波动，室内温度也随之发生变化。在进行集中供暖时，对控制调节阶段进行了不同的划分，所采用的调节方式也相应不同。循环水量的多少根据室外的温度情况而定，如果室外温度低，为了满足居民的取暖需求，就需要加大循环水量来提高室内温度；相反，如果室外温度高，则减少循环水量，防止造成室内温度过高，这是变流量调节。在特定的时间段内，室外温度变化时，不改变管中的循环水量，调节室内温度只是通过控制水温来实现，这属于分阶段质调节。

采用供暖调节技术，通过在集中供暖系统的热源和热网上安装自动控制装置，使热源的供暖量随着室外温度和用户末端的需求而变化，实现适量供暖；供暖管网输送热量时采用变流量技术，降低热网的输送能耗。

热力站应安装监控系统实时控制和调节热用户供热量，当一、二次管网均为质调节、流量不变时，应根据二次管网的供回水温度控制一次管网的供水手动调节阀或自力式调节阀。供热系统采用定流量质调节运行方式时应安装自力式流量控制器，采用变流量调节系统应安装压差控制器。

3.4.1　气候补偿改造

建筑物的耗热量因受室外气温、太阳辐射、风向、风速和室内热源散热等因素的影响时刻都在变化，在此条件下维持室内温度符合用户需求，就要求供暖系统的流量或供回水温度应在整个供暖期根据室外气候条件的变化进行调节，以使用户散热设备的放热量与用户热负荷的变化相适应，防止用户室内温度过高或过低。

目前大部分既有供暖系统的控制相对比较简单，由人工控制，管理相对粗放，这样会造成末端供暖用户冷热不均，影响用户热舒适性且能耗高。实际上，日照强度与时长、室外温度的高低、风速的大小等都会在一定程度上影响居民对供热量的需求。要想保持室内相对稳定的供暖温度，就需要根据外界因素的参数变化相应调整供暖系统的温度及流量，实现按需供暖，气候补偿器就是一种设置在热力站处的自动控制节能产品。

1. 气候补偿器调节原理

气候补偿法是指在保证供暖质量的前提下实时调节供水温度与目标温度相一致，达到按需供暖、节约能源的效果。气候补偿器的供热调节原理如图3-12所示，当室外温度降低时，为了维持原有的室内温度，供暖热用户的供水温度应适当提高，此时气候补偿器会自动加大电动三通阀的开度，使室外管网进入换热器的热水流量多一些，通过换热器后，供暖热用户的供水温度会升高；当室外温度上升时，应适当用降低供暖热用户的供水温度以免产生室内过热现象，此时系统将适当减小电动三通阀的开度，使室外管网进入换热器的热水流量少一些，使直接从电动三通阀分水管线回热源的热水多一些，从而使热源的回水温度升高，降低热源的输出负荷，达到节能运行的目的。

在气候补偿器内，根据室外温度的变化情况及热用户设定的不同时间对室内温度的要求，系统自动计算出恰当的供、回水温度，绘制出不同时段、独立运行的室外温度补偿经验曲线（即室外温度—用户供、回水温度—室外管网流量关系曲线），按照设定的曲线自动控制外网系统流量，使供暖热用户系统的供热量满足要求。系统运行过程中，热用户还可根据实际运行情况进行实时修改，以更好地满足节能要求。

2. 安装要点

气候补偿器主要部件包括执行器、控制器、室外温度传感器、浸入式温度传感器等。

64

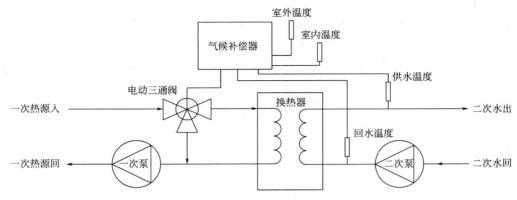

图 3-12　气候补偿器的供热调节原理

当室外气候发生变化时，布置在建筑室外的温度传感器将室外温度传递给控制器，控制器根据设定的调节曲线，通过执行器控制三通阀改变进入换热器的一次管网热水流量，从而调节二次管网供水温度，二次循环泵根据末端用户供回水压差信号调节转速。

气候补偿器的室外温度传感器应设置于通风遮阳、不受冷热源干扰的位置。室内温度传感器的安装位置宜能够真实反映热用户室内温度，控制器应安装在方便操作、安全可靠的位置。

3. 气候补偿器调节方式

（1）供暖期前进行冷态初调节。根据该年度最大热负荷和最大流量设定循环泵流量，设定二次管网各热力入口自力式压差控制阀的相对开度，使压差指示值达到设计资用压头，达到冷态水力平衡。

（2）供暖期间，采用气候补偿器使一次管网供回水温度符合设定的调节曲线。热源根据上传运行参数，合理调配热源输出热功率及运行数量，尽可能实现供需平衡。

（3）为保证用户的资用压头，选择比较典型的末端用户供回水压差为测点，当用户室内热负荷需求降低（如室外温度升高或家中无人的情况），用户调小热水流量时，压差信号大于设定值，二次循环泵降低转速。当用户调大热水流量时，压差信号小于设定值，二次循环泵提高转速，保证用户的负荷需求。

3.4.2　换热设备改造

对于一次侧水力工况良好的热力站，换热器换热效率低时，优先清洗换热流道，当设备老化，维护保养后不能达到评价标准时需要更换换热设备，水-水换热优先采用板式换热器。

对于一次侧水力工况较差，换热器换热效率达标时，可采用热水型大温差换热机组。大温差换热机组是基于吸收式换热的大温差供热技术，采用的是溴化锂吸收式热泵制热循环的原理，利用一次管网供水作为驱动，深度提取一次管网的热量，拉大一次侧供回水温差，提高热网供热能力。在用户换热站处安装大温差换热机组，代替传统的板式换热器，在不改变热力站二次管网供回水温度的前提下，将一次管网回水温度降低至 30℃ 以下。大温差换热机组主要由两部分组成：热水型吸收式换热机组和并联的板式换热器。热水型吸收式换热机组由发生器、冷凝器、吸收器、蒸发器构成。并联的板式换热器则作为发生器一次管网出水与蒸发器一次管网进水的衔接：板式换热器将发生器出水进一步降温，并加热二次管网循环水后，作为余热进入蒸发器，利用内部溴化锂吸收式循环，深度提取一次管网热量，将一次管网回水温度降至二次管网温度以下，输送回热源端进行下一个热力循环，如图 3-13 所示。

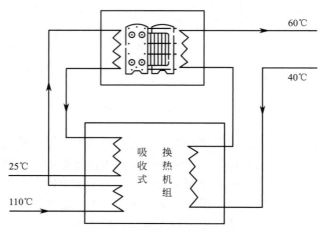

图 3-13　大温差换热机组原理

　　吸收式换热机组与原板式换热器并联使用，提高了整个供暖季热力站负荷调整的灵活性，同时也提高了热力站的供热能力和供热可靠性。为确保大温差换热机组的高效运行，需要保证一次管网供水温度在 85℃ 以上。当热源温度不能满足此要求时，将切换至原有板式换热器系统，以确保系统高效运行。

3.4.3　循环水泵改造

　　循环水泵是供暖系统主要耗能设备之一，其合理选型是供热系统节能的基本条件。循环水泵应与建筑热负荷相匹配，以保证水泵流量适应建筑热负荷的变化，当热用户为变流量系统时，循环水泵应设置变频调速装置；当热用户为定流量系统时，可以根据不同时间段的热负荷需求采用分阶段定流量的质调节。

　　循环水泵低碳改造时应对供暖系统进行实测，根据实测流量和阻力选择合适的循环水泵，水泵特性曲线应与运行调节工况相匹配，使循环水泵在整个供暖期内高效运行。

　　既有供暖系统循环水泵常见问题是原系统设计过于保守，造成大流量小温差的运行情况，水泵流量及扬程比实际需要大得多，致使电耗超过实际需求，甚至高出数倍。当然也有相关阀门设置过多，导致原系统水泵流量及扬程无法满足实际需求的情况。这都需要通过管网的水力计算来校核原循环水泵的流量及扬程，使得循环水泵处于高效区运行，达到设计条件下输送单位热量的耗电量节能要求。

　　1. 对原循环水泵变频改造

　　分户热计量系统的特点是用户可以按照自己的需要改变室内散热器温控阀的开度来调节室内温度，其实质是通过改变流过散热器的热媒流量，来增加或减少散热器的散热量，进而控制室内温度。为了避免用户自主调节对其他热用户的影响，减少温度调节引起的耦合，适应由于用户的调节引起系统热媒流量不断变化的特性，管网中的循环热媒流量也要相应改变。因此分户热计量供暖系统的循环水泵应采用变频水泵，以便根据用户散热器中热媒流量的变化来改变系统循环水泵转速，以此消除其对整个系统的影响，进而确保用户散热器的调节性不受其他用户温度调节带来的影响。当用户对水泵电动机的输出功率要求小于额定输出值时，变频器通过改变水泵电动机电源频率来降低水泵运行电流，实现水泵电动机的转速下降，相应水泵的输出额定功率下降，继而实现用户所需的水泵运行功率，同时降低了电能的无效消耗。

在既有供热系统的热力站中，有的水泵没有安装电控设备系统，不能使水泵的流量在系统的控制下进行自动调节，而是通过人工方式来改变水泵出口阀门开度。这种调节方式既不及时又不方便，还会对设备造成一定的损坏。因此，对热力站内的水泵进行变频改造，既可以延长设备的使用年限，又能够降低运行能耗。

2. 更换循环水泵

既有建筑围护结构节能改造后，建筑热负荷明显降低，需要的供暖热水循环水量明显减小。同时，换热站在设计时，水泵的选取功率会有一定余量，造成循环水泵与实际需求相差过大，即使通过变频调节也无法实现时，应更换循环水泵。

另外，对于扬程偏高，而流量合适或偏小的水泵，只能用更换水泵的方法，不能用增加变频器来实现节能。因为当采用变频器降低频率时，水泵的扬程和流量同时下降，使流量不满足要求。变频调节只能在原水泵特性曲线的范围内实现节能，对于原水泵型号与实际需求相差较大的水泵，必须重新选型才能达到节能目的。而且变频器价格并不低，应对更换水泵和增加变频器进行综合比较分析，确定采用哪种方式。

如果设计资料齐全，可在正确选择运行参数的基础上，进行详细的水力计算来确定循环水泵性能参数；如果设计资料缺失，可根据供热系统历年运行记录、各处压力表读数，必要时进行实测确定水力工况，校核循环水泵性能参数。

3. 附属设备改造

既有供暖系统的循环水泵大多在出口安装有止回阀，但止回阀阻力较大，应根据实际情况分析，对于无需设止回阀的系统应拆除止回阀，《城镇供热系统节能技术规范》CJJ/T 185—2012 提出"当 1 个系统只设 1 台循环泵时，循环泵出口不宜设止回阀。"

热力站的循环水泵使水在供热系统中循环流动，每一个供热系统都由一个或多个完全独立闭式循环系统组成，每一个闭式循环系统都由一套循环水泵提供循环动力，使水克服各种阻力损失而在整个系统中"首尾相接"地循环流动。当断掉循环水泵的电源或突然停电时，循环水泵就会停止运转，热网中正在流动的水因失去了循环动力也会在短时间内自动停下来，这时没有任何动力会使热网里的水作反向流动，因此循环水泵的出口处没有必要安装一个止回阀用来防止水泵倒转。在大多数情况下，热用户供暖系统的楼房高度都高于安装循环水泵的热力站，它们和循环水泵之间都有一个高度差，但由于供热系统是一个闭式系统，由水静力学可知，由这个高度差产生的静水压强会同时由循环水泵的出口管道和入口管道作用在水泵两侧，其静压值相等、方向均指向循环水泵。因此，水泵在断电的情况下不会倒转。在循环水泵出口安装止回阀只会在运行时增加无用的电耗，应该取消，如图 3-14 所示，循环水泵停止运行时，P_1、P_2 及系统静水压强相等。

如果循环水泵有备用泵，也不应用水泵出口安装止回阀的方式来代替变换运转水泵时

既有建筑低碳改造技术指南

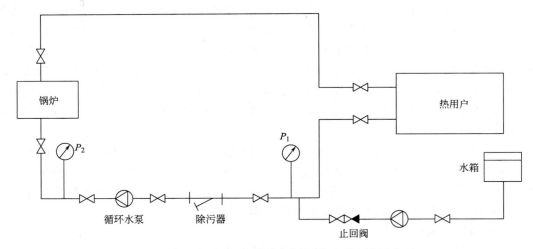

图 3-14　锅炉热水供暖系统循环水泵的安装方式示意图

关闭出口阀门的做法。这样做一方面违反了操作规程，另一方面还可能由于止回阀不严密而使水流在泵间短路循环。

3.4.4　设备保温改造

热力站内的设备热损失占整个供暖系统的 3% 左右，主要来自未保温的设备散热。热力站中需要保温的设备包括：直管、管件、罐体、阀门、法兰、板式换热器、除污器以及换热机组等。供暖设备中除泵体部分因需要散热，不需要保温外，其余设备都存在非良性的散热情况。对站内设备进行有效的保温处理，可最大限度地减小无效热损失，降低热力站内的温度，为热力站值守人员提供良好的工作环境，保证设备正常运行，减少热力站内的热能损失。

3.4.5　监控系统改造

集中供暖系统规模较大时，应选择集中控制的能源监控系统，实现热网运行的动态跟踪监视，达到供热系统安全、稳定、经济运行的目的，通过远程数据的自动获取，进行集中调节和控制。既有建筑集中供暖的热力站监控系统不完善，甚至有的热力站仍采用人工监控的方法，既浪费人力又难以发现事故隐患，而且热力站独立运行容易造成热力失衡，浪费能源。

能源监控系统的配置应能完成对热源、热力网关键节点、热力站等运行参数的集中监测、显示、控制，通过远程通信将数据上传存储，同时具备数据处理、历史数据存储、能耗分析，进而实现优化调度的功能。

由于区域热力站的二次管网运行方式不同，用户系统复杂，加之系统调控手段不完备，为保证最不利用户的用热，只能以牺牲能耗为代价，供热质量较低，热力站能耗较高。为了解决上述问题，引入按需供热的理念，通过以按热用户需求为控制目标的能源监控系统节能控制模块，来达到在保证供热需求和品质的前提下，进一步降低能耗的目的。

节能控制模块应能实现热力站的全面数据采集和自动控制，应对温度、压力、流量及用热量等参数进行测量，对热源流量、设备启停进行控制。并针对二次管网用户的不同需求，采取多种节能控制技术，以降低系统的电耗和热耗。

如图 3-15 所示，整个集中供热能源监控系统包括锅炉房集中控制系统、热力站控制系统、热电厂首站控制系统和中继泵站控制系统。能源监控系统分为三层：最下层为用户终端，即各数据采集系统，由远程测控终端和仪表及控制单元组成，主要功能是监控工艺设备的运行、采集现场数据并进行处理。中间层为数据通信网络，可采用公共市话网、宽带网、无线通信网等。最上层为监控调度中心，设有热力站监测系统的服务器、操作站和相应的通信网络设备，主要监测热网内各区域热力站数据，为管理人员提供一个热网信息管理平台。调度中心对热网有高于热力站一级的调度权，可远程控制各热力站的运行，包括启停循环泵电机及调节电动调节阀；可分别下发调度指令，如发现异常情况可及时处理数据。

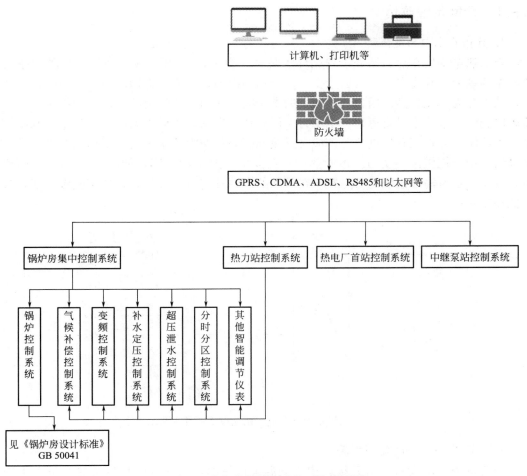

图 3-15　集中供热能源监控系统原理图

上述系统可以实现功能有：全面了解系统的运行状况，及时准确地对供热系统进行控制调节；能实现按需供热，改善供热质量、提高供热效率、减少热量浪费；供暖系统实行量化管理，可以大大提高系统的实际运行水平。

3.5　管网改造

　　既有供暖管网由于年久老化，"跑、冒、滴、漏"现象严重，一方面热量和水资源浪费的同时频繁停暖维修，导致供暖质量下降；另一方面随着供暖面积增加，老旧管网基本处于满负荷运行状态，水力平衡调节复杂、难度大，造成冷热不均现象，居住舒适性不高。要提高供暖不达标用户的室温，需增加供热量，必然导致原来室温正常的用户室温过高，供暖系统无热量控制调节装置，用户开窗散热造成热能的严重浪费。对老旧供暖管网系统改造，一方面更新老化腐蚀严重的管道，对保温层脱落或损坏的管道增加或修复保温层，减少管道热损失；另一方面在管路中加装水力平衡装置，提高供暖系统的水力平衡度，减少水力失衡产生的热损失。

3.5.1　管网系统改造

1. 分布式水泵节能降耗

　　当供热系统仅在热力站处设置循环水泵时（图3-16），循环水泵可以提供整个系统需要的循环动力，其优点是水泵数量少，便于集中控制，调节、管理简单，水泵的投资费用少；缺点是无效能耗高。因为管网前端的支干线及热用户的剩余压头需要用阀门节流，节流难以到位，系统不可避免地产生水力失调和热力失调，能耗损失严重。分布式水泵输配系统中热源循环水泵只提供热源侧或靠近热源部分管网内的循环动力；热用户入口的循环水泵给热用户提供循环动力，不同热用户需要的水泵扬程不同，如图3-17所示。简单来讲，分布式水泵输配系统的重点在于在管网的末端及支路以泵代阀，分布变频节能，分级降低输送能耗。

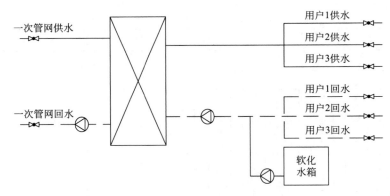

图3-16　供热系统仅在热力站处设置循环水泵示意图

2. 低温热网运行匹配新能源

　　结合室内末端设备改造升级，构建低温运行热网，为各种低品位余热和可再生能源并网供暖创造条件。低温热网的核心是利用市政热网大温差技术构建一个热力站作为支撑性能源站点，把用户端的各种余热和可再生能源等功能性热源纳入低温热网供暖系统。

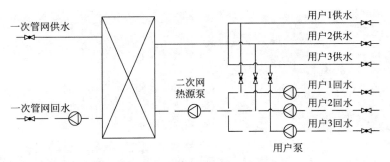

图 3-17　分布式水泵输配系统示意图

3.5.2　管道内壁改造

1. 管道防腐内衬改造

非开挖防腐内衬修复技术用于老旧供热管网改造，修复后可延长管道使用寿命，减少破路施工，变"开膛破肚"为"微创手术"，施工方式如图 3-18 所示。所用的软管内衬，由耐高温防腐层、加强织物层和保护层组成，通过专业的机械设备将软管内衬塞入原有的破损供热管道内部，随后对软管内衬进行空气打压，使其膨胀后与原来的管线内壁有效贴合，既不改变原来的管径，又达到了修复的目的。该技术使用的内衬材质具备耐热、耐压、耐腐蚀性能，修复好的防腐钢管道使用寿命为 50 年，整个施工过程对周边市民的出行影响、噪声污染大幅降低，效率也明显提高，防腐内衬修复施工现场如图 3-19 所示。

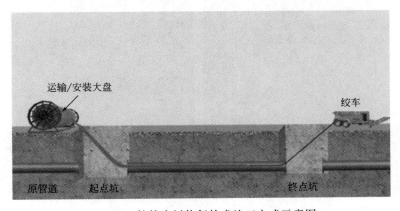

图 3-18　软管内衬修复技术施工方式示意图

2. 管道内减阻涂层改造

热水在管网内流动时，会与管壁摩擦，产生阻力，从而造成热水的流速下降。在管道内壁涂上耐腐蚀的涂层，可以减少热水在流动中的能量损失，提高供热能力，也可以提高管网的耐腐蚀能力，使管网能长久地安全运行。该技术目前已在大口径长输管网中使用，如图 3-20 所示。

3.5.3　管道保温改造

热量从热源输送到各热用户系统的过程中，由于管道内热媒的温度高于环境温度，热

图 3-19　软管内衬修复施工现场

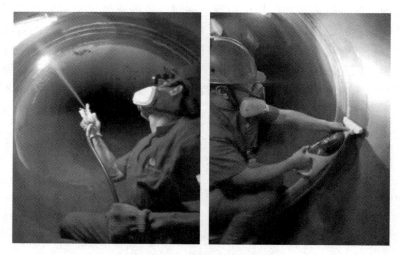

图 3-20　管道内减阻涂层施工现场

量将不断地散失到周围环境中，从而形成供暖管网的散热损失。管道保温的主要目的是减少热媒在输送过程中的热损失，节约能源，保证温度。热网运行经验表明，即使有良好的保温，热水管网的热损失仍占总输热量的5%～8%，而相应的保温结构费用占整个热网管道费用的25%～40%。

1. 保温结构

供暖管网的保温是减少供暖管网散热损失，提高供暖管网输送热效率的重要措施。既有供暖系统应根据诊断结果，对腐蚀严重及保温差的管道进行更换或维修，减少外网损失。理论上讲，采用导热系数小的保温材料和增加保温材料的厚度，都能提高供暖管网的保温效率，但是随着保温层厚度的增加，保温设施的费用也不断增加。如何确定合理的保温层厚度以达到最佳的效果，是供暖管网节能的重要内容。依据《设备及管道绝热设计导则》GB/T 8175—2008，为减少保温结构散热损失，保温材料厚度应按经济厚度的方法计算。经济厚度是指在考虑管道保温结构的基建投资和管道散热损失的年运行费用的因素后，折算得出在一定年限内其费用为最小值时的保温厚度。年总费用是保温结构年总投资与保温年运行费之和。保温层厚度增加时，年热损失费用减少，但保温结构的总供暖节能技术总投资分摊到每年的费用则相应地增加；反之，保温层厚度减小，年热损失费用增大，保温结构总投资分摊费用减少。年总费用最小时所对应的最佳保温厚度即为经济厚度。

2. 敷设方式

在相同保温结构时，供暖管网保温效率还与供暖管网的敷设方式有关。室外架空敷设方式由于管道直接暴露在大气中，保温管道的热损失较大、管网保温效率较低；而直埋敷设方式，保温管道的热损失小、管网保温效率高。对于原有管网为架空敷设和地沟敷设的方式，如可继续使用，应进行保温维护或更换；如不能继续使用，更换管道时应优先考虑直埋敷设，直埋管道及管件应采用整体保温结构，并采用无补偿敷设方式。室外供暖管网保温改造过程中，应及时更换损坏的管道阀门及部件，并对管道附件进行保温，减少管网上的附件及设备漏水而产生的补水损失。

保温材料推荐采用橡塑、聚氨酯硬质泡沫塑料、气凝胶等，敷设在室外和管沟内的保温管均应切实做好防水防潮层，避免因受潮增加散热损失，并应考虑管道保温厚度随管网面积增大而增加厚度等情况。

3.5.4　管道更换改造

由于钢管具有耐高温、耐高压的特点，在供热管网中得到普遍采用。但其耐腐蚀性差，在运行一段时间后，管道易产生腐蚀，且在温度较高的情况下会加速管道腐蚀。短时间内的腐蚀会造成管道堵塞，导致输送能耗增加、供暖效果降低；随着锈蚀的发展，管道的"跑、冒、滴、漏"等问题成为常态，严重影响供热安全。此外，管道锈蚀降低供热水质，堵塞仪表，影响仪表和计量装置的计量精度。

因此，为实现供热管网低碳运行，寻求耐腐蚀、低阻力、耗材少、施工方便的新型供热管道尤为迫切。近年来，在集中供热领域推广应用的管道有 PE-RTⅡ型塑料管、钢塑复合管、球墨铸铁管及锌镍合金管等。

1. PE-RTⅡ型塑料管

塑料管道自 20 世纪 80 年代进入我国以来发展迅速，广泛应用于市政、建筑给水排水、燃气输配等领域。其中，PE-RTⅡ型材料是目前可用于二次管网的一种较为理想的新型塑料管道材料。PE-RTⅡ型管道具有耐腐蚀、使用寿命长的特点。相同比摩阻值，相同内径的 PE-RTⅡ型管道流量约是钢管的 1.25 倍，选用较小的口径即可满足输送要求。且随着输送时间的增长，钢管由于腐蚀流量逐年递减，而 PE-RTⅡ型管道流量不会产生变化。PE-RTⅡ型供热管道构造与钢管相同，均采用工作管、保温层、外护管三位一体的保温结构，由于塑料材料为热的不良导体，PE-RTⅡ型管道的导热系数不足钢管的 1%，即管道本身就具有一定的保温性能，且 PE-RTⅡ型管道、保温层、外护管的热膨胀系数基本相同，三层之间会成为一个整体，不易产生脱层问题，管道保温效果优于钢管，在相同保温效果下可以节省保温材料的使用。图 3-21 为 PE-RTⅡ型塑料管、管件及施工现场图。

图 3-21　PE-RT Ⅱ型塑料管、管件及施工现场图

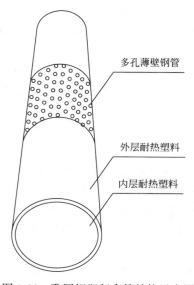

图 3-22　孔网钢塑复合管结构示意图

标注：多孔薄壁钢管　外层耐热塑料　内层耐热塑料

2. 孔网钢塑复合管

钢塑复合管是一种新型供热管材，它由孔网钢管与耐热聚乙烯两种异质、异性、异形的材料复合而成，其中孔网钢管为增强骨架，耐热聚乙烯为基体，如图 3-22 所示。在钢塑复合管中，孔网钢管主要承担管道运行中所产生的工作载荷；而耐热聚乙烯则是均匀对称地分布在孔网钢管两侧，起支撑、保护孔网钢管并在其间起分配和传递载荷的作用。在耐热聚乙烯管中引入了增强骨架，使得钢塑复合管与普通塑料管相比，耐压强度与耐热性能都得到显著提高。钢塑复合管既具备了金属管材的强度高、刚性好的优点，又具有非金属管材的防腐、不结垢、光滑低阻、质轻耐磨等优点。因此，新型钢塑复合管集金属管道和非金属管道的优点于一身，具有良好的综合性能，可在高温及高压的条件下长期安全工作。同样重量的钢材与塑料的体积相差 8.3 倍，故钢塑复合预制保温管道的运输及安装成本均低于钢制预制保温管道。在流量与内径相同时，钢塑复合管道单位管长的比摩阻均小于钢管，因而钢塑复合管较钢管最高可节能 50% 以上。钢塑复合预制保温管的设计使用寿命为 50 年，是钢管的两倍。另外，钢塑复合管的连接采用电熔连接管件，无论是安装费用还是维护费用都大幅降低。

3. 球墨铸铁管道

球墨铸铁的综合力学性能接近于钢，具备较强的耐腐蚀性。球墨铸铁管道采用承插式柔性连接，在安装难度、施工效率、抗震性能等方面具备独特的优势。球墨铸铁管本身力学性能可靠，特别是防腐性能优越。一方面可以有效降低在供热应用条件下工作管管壁的减薄速率，提高管道运行安全，可将管道寿命由 30 年提升至 50 年；另一方面，可有效克服管道内壁腐蚀造成管壁摩阻系数的增加，从而显著降低管道全寿命期运行阻力和循环水泵电耗。采用承插式柔性连接可靠、施工便捷，能够大幅提高施工效率和管道建设成本，同时能够显著降低供热管道失效概率，有效避免设置补偿器。通过设置优化固定墩、应用自锚接口等形式能有效克服峰值应力产生的合力；多段短管节的管线形式可显著降低位移堆积现象的发生概率，管线全寿命期运行的稳定性更好。球墨铸铁管与钢管相比，工程总成本相当甚至更低，但使用寿命显著提高，年费用与钢管相比降幅达 40％以上，大幅提升管道全寿命期的经济性。

4. 锌镍合金管

锌镍合金管凭借其优越的耐腐蚀性能以及便捷的安装方式，可应用于供暖、城市燃气、给水排水等领域。锌镍合金管的锌镍电镀层是一种新型环保材料，作为钢铁材料的耐蚀防护，用以取代镀锌层，其耐蚀性和耐磨性为冷镀锌的 5～10 倍。锌镍镀层能有效防止钢材料氢脆现象的发生。锌镍镀层产品表面硬度高，镀层不易剥落，更耐划伤。管道连接方式多样，施工简便快速，人工成本低。与镀锌钢管相比，全寿命期的经济性更优。

3.5.5 水力平衡改造

既有建筑围护结构低碳改造后，末端负荷显著减小，分户热计量改造在散热器上安装了温控阀门，进而使用户可以自主调节室温。由于用户对温度的调节，使得流经室内散热器内的热媒流量不断变化，从而致使供暖系统负荷侧处于变流量运行状态，维持管网水力平衡的难度增大。如果不采取相应的措施保证管网的水力平衡，实行分户热计量供暖后，难以保证用户室内舒适度和达到应有的节能预期。

1. 水力平衡的作用

供暖管网的水力平衡用水力平衡度来表示，即供暖管网运行时各管段的实际流量与设计流量的比值。使每个用户室温达到一致且满足要求，则失调度为 1，即热网无水力失调。若分配不当，出现冷、热不均现象时，说明有水力失调，失调度大于或小于 1。若大于 1，说明热用户室温过高，导致热量浪费；小于 1，则会使用户室温达不到要求，则供暖不达标。《居住建筑节能检测标准》JGJ/T 132—2009 规定，供暖系统室外管网热力入口处的水力平衡度应为 0.9～1.2。

水力失调将导致流量无法满足要求进而影响供暖质量，造成近端用户室温过热，浪费热能，而远端用户室温不达标。这种情况下，为解决远端不热现象，运行维护人员往往通过加大循环泵流量来解决，虽然可以提升末端用户的供暖质量，却造成能源的大量浪费。为保证供暖管网的水力平衡度，除了进行仔细的水力计算及平衡计算外，还需要在供暖系统中采取一定的措施。

2. 管网水力平衡措施

室外管网应进行严格的水力平衡计算，各并联环路之间的压力损失差值不应大于 15％。当室外管网水力平衡计算达不到上述要求时，首先应对管路进行优化调整，一般要求管路布置应均匀对称，环路半径不宜过大，负担的立管数不宜过多；优先调整管径，使并联环路之间压力损失差额的计算值达到最小，管道的流速应尽力控制在经济流速及经济比摩阻下。其次，当现有情况不允许更改室外管路系统布置时，应在换热站和建筑物热力入口处设置静态水力平衡阀，并根据建筑物内供暖系统所采用的调节方式，决定是否需要设置自力式流量控制阀、自力式压差阀或其他调节装置。

解决用户侧水力失调的办法一般可在管道系统中加装静态平衡阀来解决静态水力失

调；在管网系统中加装压差控制阀或动态流量控制阀来解决调节过程中的动态水力失调；对于室外管网来说，为克服水力失调，一般采用定供水压力和定供回水压差的运行方式，前者是选取管网上的某点并保持该点压力不变，后者是选取管网某段管路并保持该段管路供回水压差不变。

供暖运行中，以供暖管网某个单元的供回水压差作为控制点，保持该点的供回水压差不变，达到保证供暖质量和节约能源的目的。供暖管网升级改造后二次管网为变流量系统，为保证动态水力工况平衡，需要保证各个用户都有足够的资用压头，应在每个单元热力入口处设置自力式压差控制阀，既可消除每个单元内用户进行流量调节引起的干扰，也可消除外部管路压力波动对单元内用户的干扰，使整个单元的供暖系统在较稳定的工况下运行。

既有建筑供暖管网建造时间早，管线上的阀门多为不具备调节功能的蝶阀，应加装流量调节阀，合理分配系统流量，降低二次管网的水力失调度，建立二次管网系统的热平衡，在满足用户正常用热的前提下，实现二次管网的经济运行。

3. 平衡阀类型

平衡阀是在水力工况下，起到动态、静态平衡调节作用的阀门。平衡阀与普通阀门的不同之处在于有开度指示、开度锁定装置及阀体上有两个测压小孔。在管网平衡调试时，用软管将被调试的平衡阀测压小孔与专用智能仪表连接，仪表能显示流经阀门的流量及压降值，向仪表输入该平衡阀处要求的流量值后，仪表经计算分析，可显示出管路系统达到水力平衡时该阀门的开度值。供暖工程中常用的平衡阀类型有静态平衡阀和动态平衡阀。

（1）静态平衡阀

静态平衡阀亦称平衡阀、手动平衡阀、数字锁定平衡阀、双位调节阀等，它通过改变阀芯与阀座的间隙（开度），调整阀门的流通能力来改变流经阀门的流动阻力，以达到调节流量的目的。其作用对象是系统的阻力，消除系统中阻力不平衡的现象，从而能够将新的水量按照设计计算的比例平衡分配，各支路同时按比例增减。静态平衡阀在供暖系统中的应用很普遍，不仅能够高精度调控流量，还能够代替截止阀执行开关功能。

静态平衡阀的优点是阀门开度与流量几乎呈线性关系，因此系统运行时支线流量会随总流量的变化产生相同比例的变化，使管网处于水力平衡状态。其缺点是系统初次运行调节时，需要对各个支线反复多次调节。如果系统新增加用户，流量必须重新分配时，所有平衡阀需重新调试，重复工作量多，效率低。由于调节各个热力站流量时各支线的流量存在相互耦合作用，把一个庞大的供暖系统调节平衡是复杂又繁重的工程。由于阀门的开度需要根据阀门值和阀门曲线来确定，因此调节时即使有专业的技术人员也很难实现用户流量的精确平衡。

（2）动态平衡阀

动态流量平衡阀亦称限流阀、定流量阀、自动平衡阀等，它根据系统压差变动而自动变化阻力系数，在一定的压差范围内，可以使通过的流量保持一个常值，即当阀门前后的压差增大时，通过阀门的自动关小动作能够保持流量不增大，反之，当压差减小时，阀门自动开大，流量仍然保持恒定，但是当压差小于或大于阀门的正常工作范围时，它不能提供额外的压力，此时阀门在全关位置，流量仍然比设定流量低或高，从而使控制失效。动态平衡阀分为自力式流量平衡阀、自力式压差平衡阀。

自力式流量控制阀可以在产品的工作压差范围内有效控制通过的流量，又称作定流量阀或称作最大流量限制器。当阀门前后的压差改变时，阀门会自动调节。压差增大，阀门自动关小；压差减小时，阀门自动开大，流量保持不变。

自力式压差平衡阀用压差作用来调节阀门的开度，利用阀芯的压降变化来弥补管路阻力的变化，从而使在工况变化时能保持压差基本不变。它的工作原理是当管道中的流量变化时，阀芯会上下移动，在一个新的位置上达到新的平衡，这时阀门内的流量系数和流通截面积会发生改变，但压差值不变。自力式压差控制阀可以有效消除由于系统被动调节带来的压力变化量，即当控制阀前后压差突然增大且变化量达到设定范围时，阀门会执行关小命令，避免了由于这一支线的介质流量变化导致整个系统压差发生变化；同理，当控制阀前后压差减小且变化量达到设定范围时，阀门会执行开度增大命令，使系统压差保持不变。

4. 水力平衡阀设置原则

管网系统中所有需要保证设计流量的环路中都应安装平衡阀，每一环路中只需安装一个平衡阀（或设于供水管路，或设于回水管路），可代替环路中一个截止阀或闸阀。热源向若干热力站供热水，为使各热力站获得要求的水量，宜在各热力站的一次环路侧回水管上安装平衡阀。为保证各二次环路水量为设计流量，热力站的各二次环路侧也宜安装平衡阀。小区内由于每栋建筑距热源远近不同，为避免流量分配不均导致近端过热、远端过冷现象，每条干管及每栋建筑入口处宜安装平衡阀。在采用定流量水系统的各个热力入口处，应安装静态水力平衡阀或自力式流量控制阀；在采用变流量水系统的各个热力入口处，应设置压差控制阀。

为了合理选择平衡阀的型号，在系统设计时要进行管网水力计算及环路平衡计算，按管径选取平衡阀的型号。对于旧系统改造时，由于资料不全并为方便施工安装，可按管径尺寸配同样口径的平衡阀，直接以平衡阀取代原有的截止阀或闸阀。但应做压降校核计算，以避免原有管径过于富裕使流经平衡阀时产生的压降过小，引起调试时由于压降过小而造成较大的误差。

5. 平衡阀安装要点

（1）尽可能安装在直管段上

由于平衡阀具有流量计量功能，为使流经阀门前后的水流稳定，保证测量精度，应尽可能将平衡阀安装在直管段处。在没有特别说明的情况下，直管段长度应为阀门上游 5 倍管径、下游 2 倍管径。

（2）不应随意变动平衡阀开度

管网系统安装完毕，并具备测试条件后，使用专用智能仪表对全部平衡阀进行调试整定，并将各阀门开度锁定，使管网实现水力工况平衡，达到节能效果且实现良好的供暖品质。在管网系统正常运行过程中，不应随意变动平衡阀的开度，特别是不应变动开度锁定装置。

（3）不必再安装截止阀

在检修某一环路时，可将该环路上的平衡阀关闭到"0"位，此时平衡阀起到截止阀截断水流的作用，检修完毕后再恢复到原来锁定的位置。因此，安装了平衡阀就不必再安装截止阀。

（4）系统增减环路时应重新调试整定

在管网系统中增设或减少环路时，除应增加或关闭相应的平衡阀之外，原则上所有新设平衡阀及原有系统环路中的平衡阀均应重新调试整定，才能获得最佳供暖效果和节能效果。

3.5.6 热力入口改造

热力入口设置在进入每栋建筑物之前，以便人员操作和检修。热力入口应优先考虑设置在建筑地下室或管道夹层中单独的房间内，也可在室外设热力入口井或沿外墙设置室外热力阀组箱。

每栋建筑物热力入口处应安装热量表，根据室外供热管网的运行特点和室内供暖系统控制调节特点，热力入口所增设的平衡调节设备也应有所不同，具体如下：

（1）同一供热系统的建筑物内均为定流量系统时，宜设置静态平衡阀。

（2）同一供热系统的建筑物内均为变流量系统时，供暖入口宜设自力式压差控制阀。

（3）当供热管网为变流量调节，个别建筑物内为定流量系统时，除在该建筑供暖入口设自力式流量控制阀外，其余建筑供暖入口还应设自力式压差控制阀。

（4）当供热管网为定流量运行，只有个别建筑物内为变流量系统时，若该建筑物的供暖系统负荷在系统中只占很小比例，该建筑供暖入口可设静态平衡阀；若该建筑物的供暖热负荷所占比例较大影响全系统运行时，应在该供暖入口设自力式压差旁通阀。

（5）当系统压差变化量大于额定值的15%时，室外管网应通过设置变频措施或自力式压差控制阀，实现变流量方式运行，各建筑物热力入口可不再设自力式流量控制阀或自力式压差控制阀，改为设置静态平衡阀。

3.6 室内供暖系统改造

降低用户端热损失是提高能源利用率的重要方面。在既有建筑围护结构完成节能改造，保温性能提高的情况下，用户端节能的首要任务是实行按热量表计费，提高用户的节能意识。当用户家中无人时调低室温或关闭供暖阀门；白天采光条件好的用户室内温度升高较快，也应利用温控阀门控制供暖阀门流量，避免开窗散热的现象出现。

供热计量改造是在保证供热质量、改革收费制度的同时，实现节能降耗。热计量改造应以保证室内温度满足要求为前提，不能为了节能而降低室内热舒适度。就计量技术而言，对热量的计量可以达到较准确的程度，但对供暖系统而言，还应考虑经济因素，要求计量系统在满足必要精度的同时，还应有足够的运行稳定性和适应我国相关技术的发展水平。近年来，随着供热计量工作的推进，也不断有新的方法产生，比如平均温度热量分摊法、面积温度分摊法等。热量分摊是供热计量技术的关键环节，供热计量的主要目的不在于精确，而在于合理、公平，实现末端用户的降费和供热企业的节能降耗。

由于热量具备传递性，供热计量价格实行基本热价和计量热价相结合的两部制热价。基本热费是指热用户按基本热价和收费面积交纳的费用，不论是否用热均需交纳；计量热费是指热用户按计量热价和用热量交纳的费用。基本热价是制热、输热过程中发生的固定成本费用，以及在制热、输热过程中会发生热损失，如公共热损失、户间传热等的热耗费，这是供热过程中发生的固定损耗费，应由用户按供暖面积平均分摊，放在其基本热费中，全国多数城市采用 30％基本热价。计量热价是制热、输热过程中发生的变动成本费用，随用户的用热量发生变化，是计量热费的主要变动区域。

目前，我国大量的室内供暖系统仍为单管制，不能进行分户计量和自主调节，需要对其进行改造。室内供暖系统改造应采用合理可行、投资经济、简单易行的技术方案，根据既有室内供暖系统现状，合理选择改造形式，尽量减少对居民生活的干扰。改造后的室内供暖系统既要满足室温可调和分户计量的要求，又要满足运行和管理控制的要求。改造后进行必要的水力计算和水压图分析，给出准确的室内系统总阻力值，为整个管网系统水力平衡分析提供依据。

室内温度调控是热计量的重要前提条件，也是体现热计量节能效果的基本手段。而室内温度监测和控制是室内温度调控的两个重要方面，室内温度监测设备和温度控制阀是室内温度调控的主要设备，室内温度调控改造要结合系统需要选择合适的室内温度调控方式。

3.6.1 分户直接计量改造

户用热计量法是以住宅的户（套）为单位，用热量直接计量结算的方法，是目前普遍采用的方法。该方法的优点是比较直观、计量准确，促进了用户节能；缺点是改造成本高、维护维修麻烦。采用该方法时，户内应采用共用立管分户独立供暖系统形式，对于既有建筑室内散热器及供暖管道使用时间长、堵塞、锈蚀、漏水等现象严重，原有设备没有利用价值时适宜该方式。分户计量系统如图 3-23 所示。

户用热量表法的优点是不会受到散热器数量及人为开窗等因素的影响，能够准确测量热用户的用热量，直观且易于被用户接受，有利于调动热用户行为节能的积极性。户用热量表法的缺点是需将原有供暖系统管道、散热器、阀门进行部分拆除，改造成本高。同时，热量会因为被测量位置不同，周围相邻房间温度不同，而出现位于同一栋建筑，同类户型、相同室温条件下计量得到的热量数却不同的问题。

1. 常用户用热量表类型

流量传感器是热量表最主要的部件，也是最敏感的组件，热量表的分类实际上是指流量传感器的分类。根据流量传感器形式的不同，可将热量表分为机械式、超声波式和电磁式三种类型。供暖热计量普遍采用的热量表有机械式热量表和超声波式热量表，在同一个热量结算计量范围内，仪表的种类和型号应一致。

超声波式热量表将一对温度传感器分别安装在通过载热流体的上行管和下行管上，流量计安装在流体入口或回流管上，流量计发出与流量呈正比的脉冲信号，一对温度传感器给出表示温度高低的模拟信号，而计算仪采集来自流量和温度传感器的信号，利用计算公式算出热交换系统获得的热量。超声波式热量表测量的准确度不受被测流体温度、压力、密度等参数的影响，具有测量精度高、测量范围大、压损小、不易堵塞等优点。但是超声波式热量表的初投资相对较高，管壁锈蚀程度、水中杂质含量、管道振动等因素将影响流量计的精度。

机械式热量表的工作原理是通过测定叶轮的转速来测量热介质的流量。按内部构造分类，机械式流量表分为单流束和多流束两种。单流束表是水在表内从一个方向单股推动叶

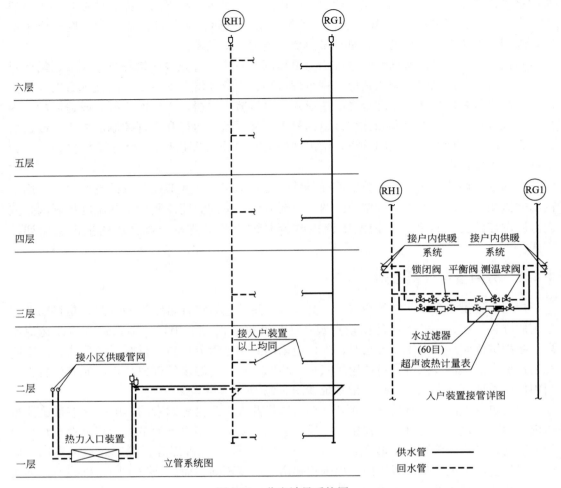

图 3-23 分户计量系统图

轮转动，多流束表是水在表内从多个方向推动叶轮转动。叶轮分为螺翼式和旋翼式两种形式，$DN15 \sim DN40$ 小口径户用表使用旋翼式，$DN50 \sim DN300$ 大口径的工艺表使用螺翼式。机械式热量表的初投资相对较低，但计量精度不稳定，并且对水质要求高，长期运转时会因为磨损造成较大误差。

电磁式热量表采用水流过电磁场产生感应电动势的原理来测量热介质的流量。与超声波式热量一样，其内部无可动部件，不同之处是它对热介质的电导率有要求（$>10\mu s/cm$），且通常要求 220V 交流供电。电磁式热量表的初投资相对机械式热量表要高，但流量测量精度是最高的，其压损也较小。电磁式热量表的流量计工作需要外部电源，而且必须水平安装，需要较长的直管段，安装、拆卸和维护较为不便。

所以在不同的运行条件下，包括流量范围、非均匀流场、电导率、介质温度、电磁干扰等，都会影响热量表选型。不同的热量表对上述因素的干扰或适用范围是不同的，通过分析各种因素下，三类热量表的反应程度和灵敏度影响，设计人员或者用户在热量表选型时，应考虑各种运行条件的影响，正确选择热量表的型号，提高热计量的准确程度。

2. 热量表安装要求

热量表可以水平或者竖直方向安装，且热量表标志箭头方向（包括过滤器）应与水流方向一致，如图 3-24 所示。热量表适用型号是依据系统流量而不是系统管径而定，安装位置不应选在管道走向的最高点，以防止管道内不凝性气体聚积影响测量精度。

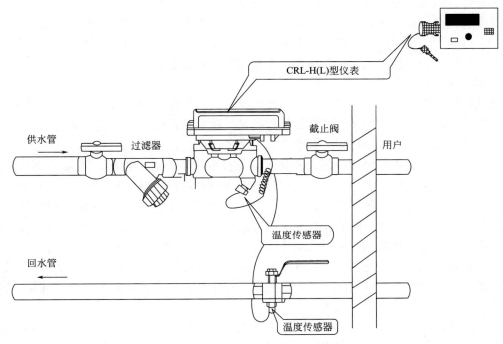

图 3-24　热量表安装示意图

热量表安装应符合下列规定：

（1）热量表的安装位置应便于维护、调试，积算仪显示屏便于观察记录；

（2）热量表进口直管段长度一般不应小于热量表直径的 10 倍，出口直管段长度不应小于热量表直径的 5 倍；

（3）在热量表进水口前应安装过滤器，过滤器应定期进行清洗和维护，以防止热量表被堵塞；

（4）流量传感器的前后应设置检修阀门，对于户内系统，可使用分户关断阀代替，并设置方便拆装的活接头；

（5）温度传感器的温度探头应处于管道中流速最大的位置；长型探头倾斜安装时，探头应向着水流的方向；探头必须安装在保护套内。

3.6.2　按户分摊改造

楼栋热计量按户分摊法是在楼栋热力入口处安装热量表计量总热量，再通过设置在用户内的测量记录装置，确定每个独立核算用户的用热量占总热量的比例，进而计算出用户的分摊热量，实现分户热计量。目前常用的按户分摊方法包括散热器热分配计分摊法、流量温度分摊法、通断时间面积法。上述三种方法各有特点，且适用条件和范围各不相同。

在实际选择时应根据技术经济分析及改造后的室内供暖系统形式来确定，在同一个热量结算计量范围内，热量分摊方式应统一。

既有垂直双管系统或垂直单管跨越式系统，无法采用户用热量表计量方式，管道和末端散热器能够正常工作，具有保留价值，且不影响计量仪表和恒温控制阀正常运行时，宜采用楼栋热计量按户分摊法。

既有建筑楼栋热量表安装应根据现场条件，选择地下室、楼梯间等符合环境要求，便于维护、读表的位置安装。对建筑类型相同、建设年代相近、围护结构构造相近、用户热分摊方式一致的若干栋建筑，也可确定一个共用的位置设置热量表。

1. 散热器热分配计法

散热器热分配计法在每个散热器安装热分配计，在楼栋热力入口处安装热量总表，利用散热器热分配计所测量的每组散热器的散热量比例关系，再根据总表计量的总热量求得各热用户实际耗热量。热分配表有蒸发式和电子式两种。

蒸发式热分配表主要包括导热板和蒸发液。蒸发液是一种带颜色、无毒的化学液体，装在细玻璃管内密闭的容器中，容器表面是防雾透明胶片，上面标有刻度，与导热板组成一体，紧贴散热器安装。散热器表面将热量传给导热板，导热板将热量传递到液体管中，由于散热器持续散热，管中的液体会逐渐蒸发而减少，可以读出与散热器热量有关的蒸发量，从而计量每组散热器的用热比例，再结合设于建筑物引入口热量总表的总用热量数据，就可以计算出各组散热器的散热分配量。这种热分配表结构简单、成本低廉，不管室内供暖系统为何种形式，只要在全部的散热器上安装热分配表，即能实现分户计量。这种热计量方式适用于传统的供暖系统。

电子式热分配表是在蒸发式热分配表的基础上发展起来的计量仪表，它需同时测量室内温度和散热器的表面温度，利用两者的温差确定其散热量。电子式热分配表具有数据存储功能，并可以将多组散热器的温度数据引至户外的存储器。这种热分配表计量方便准确，但价格高于蒸发式热分配表。

热量分配计法的优点是适用于各种供暖系统，不必将原有垂直系统改成按户分环的水平系统，不会破坏用户的室内装修，特别是老房子，因为热量分配计不与热介质接触，故障率小，从而具有使用经济、安装简单、使用寿命长的优点。热量分配计法的缺点是依靠安装于散热器上的热量分配计和楼栋热力入口处的热量表来计量各用热户的耗热量，影响因素多，可靠性不高；该方法不适用于地面辐射供暖系统。散热器热分配计法只是分摊计算用热量，室内温度调节需安装散热器恒温控制阀。

热分配计有蒸发式、电子式及电子远传式三种，采用散热器热分配计分摊法时，应满足以下技术要求：

（1）选用的热分配表应与选用的散热器相匹配，其修正方法和修正系数应已在实验室测算得出。

（2）采用蒸发式热分配表或单传感器电子式热分配表时，散热器平均热媒设计温度不应低于55℃；采用蒸发式热分配表时，相邻的供暖季节应使用不同的蒸发液体颜色。

（3）热分配计水平安装位置应选在散热器水平方向的中心或最接近中心的位置。

（4）对于热媒垂直流动的柱型、管型和板型等散热器，在上供下回的散热器上，蒸发式热分配表应选在散热器由下至上总高度75%的位置，电子式热分配表中心位置的安装高度应选在散热器由下至上总高度 66%～80%的位置,宜安装在 2/3 高度的位置。

(5) 宜选用双传感器电子式热分配表,安装位置应一致,偏差不应大于 10mm。

(6) 应向用户说明热分配表的使用和保护方法。入户读表时应尽量减少对用户的干扰,对于无法入户读表或者破坏分配表的用户,应事先准备好应对措施并告知用户。

(7) 热分配表方法的计量账单应保证用于计算的各参数有据可依、计算方法清楚易懂、计算结果公正合理。

2. 流量温度法

流量温度法是基于流量比例基本不变的原理,即对于垂直单管跨越式供暖系统,各个垂直单管与总立管的流量比例基本不变;对于在入户处有跨越管的共用立管分户循环供暖系统,每个入户和跨越管流量之和与共用立管流量比例基本不变;然后结合现场预先测出的流量比例系数和各分支三通前后温差,分摊建筑的总供热量。

流量温度法适用于垂直单管跨越式供暖系统和具有水平单管跨越式的共用立管分户循环供暖系统。由于该方法基于流量比例基本不变的原理,因此现场预先测出的流量比例系数的准确性非常重要,除应使用小型超声波流量计外,更要注意超声波流量计的现场正确安装与使用。该方法只是分摊计算用热量,室内温度调节需另安装调节装置。

3. 通断时间面积法

通断时间面积法是在被测热用户供暖回路中安装电动阀,通过阀口的通断来调节控制室内的温度,计算电动阀口的连通时间和被测用户的房间面积,与整栋或整个单元相比较,进而分摊出该热用户消耗的热量。选用该分摊方法时,需注意散热设备选型与设计负荷要匹配良好。不能改变散热末端设备容量,户与户之间不能出现明显水力失调,不能在户内散热末端调节室温,以免改变户内环路阻力而影响热量的公平合理分摊。

该方法适用于分户循环的水平串联式系统,也可用于水平单管跨越式和地板辐射供暖系统。这种方法同时具有热量分摊和分户室温调节的功能,即室温调节时对户内各个房间室温作为一个整体统一调节而不实施对每个房间单独调节。

采用通断时间面积法时,应满足以下技术要求:

(1) 采用的温度控制器和通断执行器等产品的质量和使用方法应符合国家相关产品标准的要求。

(2) 通断执行器应安装在每户的入户管道上,温度控制器宜放置在住户房间内不受日照和其他热源影响的位置。

(3) 通断执行器和中央处理器之间应实现网络连接控制。

(4) 在操作实施前,应进行户间的水力平衡调节,消除系统的垂直失调和水平失调;在实施过程中,用户不可自行改动或更换散热器。

3.6.3 室内末端改造

1. 垂直单管式系统

既有非节能住宅供暖系统应用较多的是垂直单管系统,每个单元是一个环路,如果某一用户停暖维修会导致所有下游用户都停暖,各用户间相互影响严重,也不利于收费管理工作。单管串联式供暖系统流经每组散热器的热介质温差较小,楼栋立管内的热介质全部流经用户的散热器,属于小温差大流量的运行工况,而且由于各用户的散热器内热媒温度是逐渐降低的，必然导致室内温度冷热不均。串联式系统的调节性也较差，只能调节热媒流量，上游用户的调节影响下游用户，这种调节方法也不节能。

对原供暖系统为垂直单管式系统改造，应在每组散热器供回水管之间加设跨越管，改为垂直单管加跨越管系统（对原系统为垂直单管跨越式系统的维持原系统形式不变），每组散热器入口安装恒温阀或手动调节阀、热量分配装置。改造时应合理确定跨越管管径，改造后散热器进流系数不应小于30%。垂直单管系统形式有单侧连接散热器同侧上进下出、异侧连接散热器上进下出、双侧连接散热器同侧上进下出三种形式，图3-25所示Ⅰ、Ⅱ、Ⅲ分别为三种改造模式示意图。

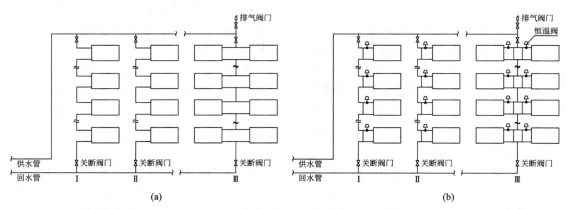

图3-25　垂直单管系统改造前后示意图
(a) 改造前；(b) 改造后

2. 水平单管系统

这种改造方案是针对不同房间中散热装置串联在一起的情况，改造时应在每组散热器供回水管之间加设跨越管，改为水平跨越管系统，如图3-26所示，每组散热器上安装恒温阀、热量分配装置。

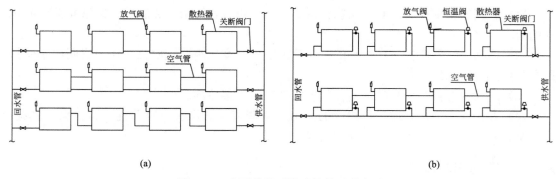

图3-26　水平单管系统改造前后示意图
(a) 改造前；(b) 改造后

3. 垂直单双管系统

改造时在散热系统水平支管的入口位置设置两通温控阀门，在每组散热器上安装恒温阀、热量分配装置，改造为垂直双管系统，如图3-27所示。

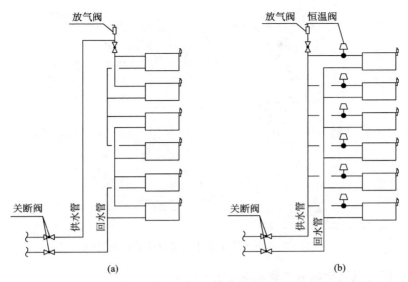

图 3-27　垂直单双管系统改造前后示意图

（a）改造前；（b）改造后

4. 垂直或水平双管系统

改造时维持原系统不变，在每组散热器上安装恒温阀、热量分配装置，如图 3-28 所示。

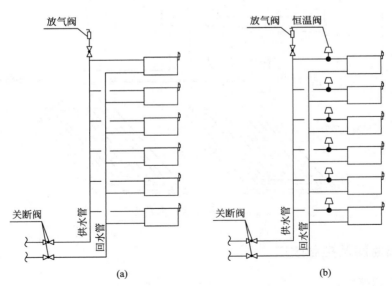

图 3-28　垂直或水平双管系统改造前后示意图

（a）改造前；（b）改造后

5. 分户直接计量散热器末端改造

对末端为散热器的形式，需将散热器全部拆除，采用按户分环形式重新安装散热器。在改造时，应充分考虑用户室内系统的美观性、方便性，尽量减少对用户已有室内设施、装修的损坏。小区供暖改造后室内管道系统图如图 3-29 所示。

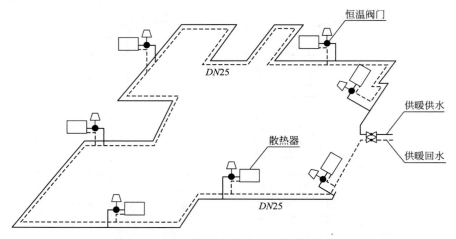

图 3-29 小区供暖改造后室内管道系统图

6. 分户直接计量地板辐射供暖末端改造

对于末端为低温热水地板辐射供暖形式，应在户内系统入口处设置热量表，实现分户集中温控，其户内分集水器上每支环路上应安装温控阀，见图 3-30。

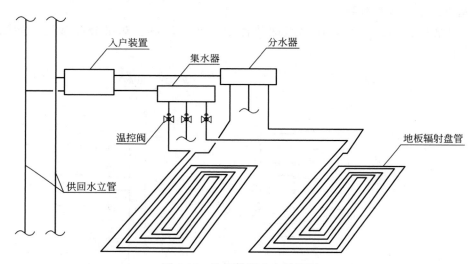

图 3-30 地板供暖户内系统图

3.6.4 室温监测及控制改造

1. 室温监测改造

室温监测是供暖系统实现智慧化的重要环节。获取准确、大量的室温信息是实现低碳供暖智慧化的基础，影响到其后传输、分析、决策等过程，该环节信息获取的全面、准确与否，直接决定着供暖建筑室内热环境的质量。因此，也就要求相应的感知层即传感器端对温度信息的获取精度、数据量以及信息处理有更高的要求，真正达到以用户体验为中心，改善室内热环境，实现建筑供暖智慧化。

目前的室温监测的手段主要是手持测温仪器测量用户温度并记录，以及在房间内设置温度采集装置。温度采集通过温度传感器实现。温度传感器按照工作原理可分为接触式和非接触式两种。接触式的温度传感器有热电偶（K 型、T 型等，可测的温度范围不同）、铂电阻、热敏电阻等。这些接触式传感器的优势在于可以测量温度的范围广、精度高，并且可以把测量到的温度以电压等电信号的形式输出，供温度采集器记录、分析。常见的非接触式的温度传感器有红外线温度传感器等，其优势在于干净卫生、非接触，劣势是精度往往不能很高，受测量距离、环境等的影响比较大。

　　室温传感器的类型按照使用方式可分为壁挂式和便携式。壁挂式传感器是常见的类型，该类型的传感器功能多样，近些年随着科技的发展，传感器功能有一体化的趋势，温度传感器可以和湿度传感器、红外、二氧化碳含量等功能同时置入同一个设备中，有的设备带有调控开关，和制冷或者供暖设备协同作用，可手动调节设置室内环境。由于采用壁挂式的安装方式，其位置通常不易改变。

　　便携式传感器能够根据需求改变位置，测量目标区域温度，使用更为灵活，通常用于手持即时测量，但由于需要电池供能以及使用过程中的环境变动性，其维护和与控制系统的协调相对困难。便携式空气温度传感器能够根据需求移动位置，测量目标区域的温度通常会和测量湿度和风速等功能整合，通过更换探头等方式形成功能复合型传感器。相比于壁挂式传感器，便携式传感器在功能配置上不完全一样，使用更加灵活，对于局部区域的温度测量更加方便准确。但是，便携式传感器由于没有布线，需要电池提供电量，要求定时更换电池以保证正常测量。因为其具有变动性，可随着家具等物品的移动而移动，容易造成设备移位、遗失等问题，对于使用期间的运行维护都有更高的要求，传感器位置的变动将使得控制系统和传感器的相互协调更为困难。

　　室温传感器从功能上主要分为五类：

　　1）单一温度传感器。

　　2）室内综合传感器。

　　3）带控制面板的温度传感器：带有控制面板的传感器通常是集多种测量功能于一体，方便用户查看整体的房间环境信息。

　　4）与插座一体化温度传感器：这种复合设计能够减少传感器布线，方便传感器的供电。但是由于插座在使用过程中可能散热，导致局部温度升高，造成传感器温度测量产生误差。

　　5）与烟雾报警器一体化温度传感器：和室内综合传感器类似，温度监测和烟雾报警监测功能复合设计，能够节省设备放置空间，使得室内传感器布置更为简洁。该类传感器一般放置于顶棚，根据房间大小均匀布置于房间中部，以能够覆盖整个空间，保证烟雾报警功能。

　　建筑室内温度传感器所反映的温度是其周边一定区域范围内的温度，其放置位置直接影响到传感器获得的温度值是否能准确反映房间的平均温度或目标区域的平均温度。

　　从可以放置的区域来看，温度测量和感温火灾探测器一体式传感器通常放置在顶棚，均匀分布，小于 30m² 的房间，设置一个传感器，且靠近中间位置，当房间内有中央空调等类似大面积设备时，传感器在其边上偏离中心放置。大于 60m² 的房间，传感器呈网格状均匀布置，间距为 1.5～3m。

插座一体化的温度传感器可放置的位置，根据建筑功能类型的不同有较大区别。宜布置在测温区域的中部，高度为 0.9～1.5m，周围没有设施遮挡的位置。由于人员活动、电器使用等原因，插座位置容易靠近家电和使用者，设备和人体的散热可能造成局部温度升高，使得该位置传感器出现较大测量误差。

带控制面板式温度传感器配有电子显示屏和控制开关，通常嵌入在靠近入口的内墙壁面上，在面积较大的开放房间中，也可以安置在室内的柱子上，距地面高度和其他控制开关（如灯光、空调开关）基本一致。

温度烟雾报警一体式传感器和带控制面板式温度传感器的位置相较于其他类型传感器更容易判断，且受周边环境影响较小，在建筑中更容易被推广使用。

2. 室温控制改造

北方地区供暖建筑通常使用散热器供暖或地板辐射供暖，在既有建筑中增加使用温控阀是改造切实有效的方法，并且与计量收费系统相结合，成为一项重要的节能措施。温控阀是一种静力式流量调节阀，通过对热水流量的调节，实现对室内空气温度的自动控制。使用温控阀，既能保证房间的舒适度，又能节省能量。温控阀主要由六部分组成，包括形状记忆弹簧、滑块、滑杆、阀体、阀盖和偏压弹簧。其中形状记忆弹簧具有感温和驱动两种功能，是主要的组成元件。

温控阀分为手动调节阀和自动恒温控制阀。手动调节阀通过手动调节实现室内温度的调控，不具备恒温功能和水力平衡功能，不能利用自由热，节能效果差，但价格低。自动恒温控制阀自动调节，调节灵敏，具有水力平衡功能，充分利用自由热，节能效果好，但价格高。

自动恒温控制阀是无需外加能量即可工作的比例式调节控制阀，它通过改变供暖热水流量来调节、控制室内温度。自动恒温控制阀由恒温控制器和阀体两部分组成，核心部件是传感器单元，即温包。根据温包位置，有温包内置和外置温包（远程式）两种形式，温度设定装置也有内置式和远程式两种形式，可以按照其窗口显示值来设置所要求的控制温度，并加以自动控制。根据温包内灌注感温介质的不同，常用的温包主要有蒸气压力式、液体膨胀式和固体膨胀式三类。

自动恒温控制阀的作用原理是用户将恒温控制器调整至所需设定温度，当室内温度超过设定温度时，恒温控制器内温包受热膨胀，体积增大，推动阀杆，使阀门关小，减小散热器进水流量，使室温达到设定温度。当室内温度低于设定温度时，温包受冷收缩，体积减小，阀芯内复位弹簧推回阀杆，使阀门开大，增大了散热器进水流量，直到室温达到设定值。

阀体安装在散热器的入口处，安装时需注意箭头所指方向。为了方便安装，在安装前应将手柄设置在最大开启位置，将调温器的锁紧螺母旋到阀体上。为了避免由焊渣及其他杂物引起功能故障，应对管道和散热器进行彻底清洗，并在散热器恒温阀前端安装过滤器。

第 4 章　中央空调系统低碳改造

据测算，空调能耗占到建筑总能耗的 30%～50%，预计在 2030 年"碳达峰"前空调能耗总量还将逐年攀升。因此，"双碳"目标对空调设备及系统能效提出了更高的要求。

2019 年 6 月，国家发展改革委等七部门联合发布《绿色高效制冷行动方案》，要求大幅提高制冷能效和绿色水平，实现制冷行业高质量发展、绿色发展，提出：到 2030 年大型公共建筑制冷能效提升 30%，制冷总体能效水平提升 25% 以上，绿色高效制冷产品市场占有率提高 40% 以上，实现年节电 4000 亿 kWh 左右的发展目标。在此背景下，开展中央空调系统低碳改造，特别是公共建筑中央空调系统低碳改造将成为未来建筑改造的重点。

中央空调系统低碳改造应以提高空调系统能源资源利用效率、降低能源资源消耗、减少非 CO_2 温室气体排放、改善室内环境为重点，以建设绿色高效空调系统、促进建筑节能降碳为目标，主要涉及中央空调系统低碳改造、制冷剂的回收利用和环保冷媒的替换等内容。

中央空调系统低碳改造包括空调冷热源改造、冷热水输配系统改造、末端用能改造、控制系统升级改造、制冷剂替换改造等。冷热源在工程上的主要问题是设备老化、主机负载率偏低、主机运行策略不合理、主机换热效率偏低等，一般常见的改造措施包括冷机清洗保养、变频改造、智能化升级、更换高效冷机等；输配系统作为空调系统的"血管"，风机水泵老化、设备选型偏大等是导致输配系统能耗高的主要原因，一般采取变频改造和更换设备的方法；通过中央空调末端更换变频器调温，风机电机交流变频调速技术等提高终端用能能效；控制系统升级改造，将空调系统自动控制在高效区运行，通过增加控制系统、机房机器人等措施实现机房群控。制冷剂的回收利用和环保冷媒的替换主要包括精准控制充注量、减少制冷剂的泄漏、制冷剂的回收与再生利用、低 GWP 制冷剂的替代等，通过以上措施减少非 CO_2 温室气体的排放。

中央空调系统低碳改造后主机房应能实现供冷、供热量的计量和主要用电设备的分项计量，末端用户应具备按实际需冷、需热量进行调节的功能，实现节能降碳的目的。

4.1　诊断评估

中央空调系统实施改造前，应对其用能设备现状、能耗现状、基准期能耗、室内热舒适性、制冷剂种类等内容进行节能诊断，分析中央空调系统能耗及碳排放现状，检测重点设备能效水平，评估改造的必要性和节能降碳潜力。

4.1.1　诊断内容

根据项目情况，收集、查阅下列资料：

（1）建筑概况、使用功能、空调系统冷热源形式、设备配置等基本信息；

（2）空调系统相关的竣工图等技术文件；

（3）相关设备技术参数和近1～3年运行记录、能源消费记录；

（4）空调系统及设备历年维修改造记录，现场查看空调系统设备运行记录，向物业管理人员详细了解设备运行策略、系统运行维护情况以及运行中存在的问题；

（5）冷水机组实际能效系数，包括冷水机组实际性能系数、实际能效比、综合制冷性能系数等；

（6）冷却塔运行性能，包括冷却塔实际运行效率、气水比、漏水情况；

（7）输配系统中水泵流量、扬程及效率，以及水系统"跑、冒、滴、漏"情况和管道保温情况；送、排风系统中通风机效率、单位风量耗功率，空气过滤器阻力情况，风管系统漏损情况，送风系统平衡度等；

（8）新风系统运行情况，包括新风量、新风通风机效率、风机单位风量耗功率、除湿或加湿能力及房间空气品质；

（9）末端系统，包括室内气流组织，风机盘管控制情况，空气调节系统分室温度调节控制情况。

针对中央空调系统低碳改造潜力的诊断，从空调系统的运行能效、室内热舒适性效果、制冷剂情况、空调监测与控制系统出发，主要诊断内容和指标如表4-1所示。

中央空调系统主要诊断内容和诊断指标汇总表 表4-1

诊断内容		一级指标	二级指标
运行能效调查	空调负荷	单位面积空调能耗	—
	冷热源效率		冷热源机组效率或性能系数
	冷却能力		冷却塔效率
	输配系统能效		风机单位风量耗功率
			空调冷（热）水系统耗电输冷（热）比（或冷水输送系数）
			冷却水输送系数
	空调末端系统		空调末端能效比/调节能力
			能量回收装置性能
			气流组织有效性
	管网漏损情况		水系统补水率
			风路漏损量
	保温保冷情况		风路/水路保温性能
室内环境质量	室内热湿环境	温度、湿度、风速	
	空调水系统		水力平衡度
	空调风系统		风量平衡度
	室内空气品质	新风量	是否满足日常功能需求
		CO_2 浓度	浓度监测和控制系统性能

续表

诊断内容		一级指标	二级指标
制冷剂	制冷剂种类	蒸发压力、蒸发温度	制冷剂 GWP 值
	制冷剂充注量		制冷剂充注量水平
	制冷剂泄漏情况		制冷剂泄漏量
空调监控系统	监测与控制系统	—	功能完整性
	传感器、调节器、执行器	—	工作状态完好性
	能源计量	—	位置合理性

4.1.2　评估方法

中央空调系统常见问题有四大类型：一是设计不合理，即由于先天设计不足，导致设备后期运行中出现一系列问题，这些问题可通过后期的调整进行优化和功能提升；二是设备系统硬件故障导致系统无法正常工作，需要更换相关硬件设备才能确保其运行正常，这类问题也是容易发现、迫切需要解决的问题；三是设备系统能正常运行，但未达到节能运行水平，可通过改善运行管理方式和系统调适等手段来提升其运行水平，即在现有基础上提升其正常功能；四是系统运行正常，但与现有的一些新设备、新技术相比，还有较大的提升空间。

根据诊断结果，分析中央空调系统能耗现状，评估改造的必要性和减碳潜力，因地制宜制定改造方案，从技术可靠性、可操作性、节能性、环保性和经济性等方面进行综合分析，选取合理可行的改造方案和技术措施。

中央空调系统节能评估宜采用整体能耗及碳排放诊断法和分项指标能效诊断法相结合的方式，优先采用整体能耗及碳排放诊断法进行快速诊断，确认系统是否有节能降碳空间，如存在，则应采用分项指标能效诊断法，进一步确认空调系统存在问题的具体部位。

整体能耗及碳排放诊断法通过收集空调系统能耗账单，计算空调系统碳排放量，对单位面积空调系统能耗及碳排放进行统计分析，并与现有的国家、行业或者地方能耗限值及碳排放标准进行比较，或利用软件，与现有设计参考建筑能耗及碳排放水平比较，并据此判定系统是否有节能空间和改造潜力。

当确认系统存在问题时，再采用单项能效指标诊断法深入诊断，必要时采用测试设备进行测试，以获取更准确的运行数据。基于运行记录和现场测试采集的数据，对空调系统设备的能效指标进行计算分析，并与现行的标准限值进行比较，如果其中的一项或者几项指标值超过限值要求，则说明与之关联的设备存在问题，需进一步明确问题产生的原因。

能效指标诊断法中，常用的指标有：

（1）单位面积空调能耗，指空调系统总能耗与空调面积之比，其计算公式如下：

$$ECA = \frac{\sum \alpha_i W_i}{A} \tag{4-1}$$

式中　ECA——单位面积空调能耗，kWh/m^2；

　　　α_i——能源 i 按能源品位折算成等效电的系数；

W_i——能源 i 的消耗量；

A——空调面积，m^2。

（2）冷水输送系数，指空调系统冷水输送的总冷量与冷水泵能耗之比，其计算公式如下：

$$WTF_{chw} = \frac{Q}{W_{chw}}$$ （4-2）

式中 WTF_{chw}——冷水输送系数；

Q——冷水输送冷量，kWh；

W_{chw}——冷水泵总能耗，kWh。

（3）冷却水输送系数，指冷却水输送的冷量与冷却水泵能耗之比，其计算公式如下：

$$WTF_{cw} = \frac{Q}{W_{cw}}$$ （4-3）

式中 WTF_{cw}——冷却水输送系数；

Q——冷却水输送冷量，kWh；

W_{cw}——冷却水泵总能耗，kWh。

（4）空调末端能效比，指空调系统制备的总冷量与空调末端能耗之比，其计算公式如下：

$$EER_t = \frac{Q}{\sum N_i}$$ （4-4）

式中 EER_t——空调末端能效比；

Q——空调系统制备的总冷量，kWh；

$\sum N_i$——各类空调末端，包括各类空调机组、新风机组、排风机组、风机盘管等的年电耗，kWh。

当系统采用多种末端时，可根据不同末端所服务的空调面积对系统末端能效比进行加权平均。

不同末端类型对应的空调末端能效比限值如表 4-2 所示。

不同末端类型对应的空调末端能效比限值　　　　　　　　表 4-2

空调末端类型	空调末端能效比限值 EER_t	
	全年累计工况	典型工况
全空气系统	6	8
新风＋风机盘管系统	9	12
风机盘管系统	24	32

（5）制冷剂充注量水平（RCL），指空调系统实际充注的制冷剂质量占额定制冷剂充注质量的百分比，其计算公式如下：

$$RCL = \frac{m_{real}}{m_{rated}} \times 100\%$$ （4-5）

式中 RCL——制冷剂充注量水平，%；

m_{real}——空调系统实际充注的制冷剂质量，kg；

m_{rated}——空调系统额定制冷剂充注量，kg。

制冷剂泄漏量（RLR）是指空调系统运行过程中制冷剂减少的质量，该值可以用空调额定制冷剂充注量与实际充注的制冷剂质量之差求得。

通过计算空调系统单位面积能耗、单位面积电耗、冷水泵输送系数、冷却水泵输送系数、制冷剂充注量及泄漏率等参数，与相关标准或同类建筑进行对比，如果在限值范围内，则说明空调系统运行正常，如果偏高，说明系统有待改进。需根据问题原因，提出合理的改进措施和建议，为后续改造工作提供依据。

4.1.3　评估原则

根据上述中央空调系统诊断指标和诊断内容，诊断步骤及评估原则如下文所述，当不满足要求时，应判定为不合格，并应进行低碳改造或更新。

1. 空调系统冷源

（1）运行 10 年以上的冷源机组，其额定性能系数（COP）低于现行国家标准《公共建筑节能设计标准》GB 50189 规定的性能系数限值；采用电机驱动的蒸气压缩循环冷水（热泵）机组的实际性能系数（COP），蒸汽、热水型溴化锂吸收式冷水机组、直燃型溴化锂吸收式冷（温）水机组实际性能系数（COP）低于现行国家标准《公共建筑节能设计标准》GB 50189 规定的性能系数限值。

（2）空调系统的电冷源综合制冷性能系数（SCOP）低于现行国家标准《公共建筑节能设计标准》GB 50189 规定的性能系数限值。

（3）运行 10 年以上的房间空气调节器；运行 10 年以上的多联式空调（热泵）机组，且制冷综合性能系数（IPLV（C））低于现行国家标准《公共建筑节能设计标准》GB 50189 规定的限值；运行 10 年以上的单元式空调机、风管送风式和屋顶式空调机组的额定性能系数（EER）低于现行国家标准《公共建筑节能设计标准》GB 50189 规定的限值。

（4）现有空调系统由于设计不合理、使用功能变化或者下班后个别房间有供冷需求等原因，造成单台制冷机组长时间在低于 50% 的负荷下运行。

（5）建筑存在较大内区，冬季或过渡季需要制冷时未利用天然冷源。

（6）单台冷却塔的实际冷却能力低于 80%。

2. 空调水系统

（1）水泵电机采用淘汰设备，或水泵电机能效等级低于《电动机能效限定值及能效等级》GB 18613—2020 规定的能效等级 3 级要求。

（2）空调系统循环水泵的实际水量超过原设计值的 20%；循环水泵的实际运行效率低于铭牌值的 80%；或空调水系统实际供回水温差小于设计值 40% 的时间，超过总运行时间的 15%；空调冷（热）水系统耗电输冷（热）比大于现行国家标准《公共建筑节能设计标准》GB 50189 规定的限值。

（3）空调系统冷水、冷却水系统的平衡度小于 0.9 或大于 1.1。

（4）空调冷水系统各主支管路回水温度最大差值大于 2℃。

（5）采用多级泵的空调冷水系统，末级泵未采用变速变流量调节方式。

（6）冷水管存在结露、腐蚀情况或绝热层严重损坏。

（7）冷水输送系数 WTF_{chw} 用于全年累计工况（全年工况测评的节能评估）的评价时，该指标的最低限值为 30，用于典型工况（单点工况测试的节能检测）的评价时，该指标的最低限制为 35；冷却水输送系数 WTF_{cw} 用于全年累计工况的评价，该指标的最低限制为 25，用于典型工况的评价，该指标的最低限制为 30，冷却水系统中的冷却水泵的实际运行效率低于铭牌值的 80%。

3. 空调风系统

（1）空调风系统的风量大于 $10000 \mathrm{m}^3 / \mathrm{h}$ 时，风道系统单位风量耗功率（W_s）大于现行国家标准《公共建筑节能设计标准》GB 50189 规定的限值，或风机采用淘汰的设备。

（2）全空气定风量空调系统的平衡度小于 0.9 或大于 1.1。

（3）全空气空调系统在过渡季建筑的外窗开启面积和通风系统均不能直接利用新风实现降温需求。

（4）集中排风空调系统未采取排风热量回收措施，且低碳改造或更新方案比较经济合理时。

4. 空调末端系统

（1）空调末端能效比低于表 4-2 的限值。

（2）末端设备不具备室温调控手段；室温控制阀门失灵，不能进行有效的室温调控。

（3）由于设计不合理，或者使用功能改变而造成的原有系统分区不合理，如存在同时加热和冷却过程。

（4）气流组织不合理，存在温度不满足设计要求的区域，或者存在无效冷（热）量浪费的空间。

（5）空调区域的环境质量不满足设计要求，表现有送风温度过低、吹风感明显造成人员不适；新风量不满足需求，如不能满足正压需求或者人员有憋闷感等。

5. 空调监测与控制系统

（1）冷源系统不具备集中监测与控制功能或无法正常工作。

（2）末端系统不具备分区域控制启停功能。

（3）用能、用水、供冷量等未计量。

（4）传感器、执行器、变频器等仪器仪表安装不符合要求或者精度不满足要求。

此外，当对空调系统低碳改造时，应对配套的供配电系统进行评估并进行低碳改造或更新，具体见后续章节建筑电气系统低碳改造介绍。除考虑技术因素外，还应考虑改造方案的经济性，一般情况下，当空调系统改造节能率为 15% 以下时，静态投资回收期不应超过 5 年；当空调系统节能率为 15% 以上时，静态投资回收期不应超过 8 年。

4.2　冷热源改造

目前的空调系统设计中，由于考虑各种各样的安全系数，冷水机组装机容量普遍偏大。一方面造成初投资偏大，另一方面影响部分负荷下的机组效率。从全年来看，建筑实际负荷处于峰值的时间很短，实际上冷水机组大多数时间在比较小的负荷率下运行。如果既有建筑进行了围护结构低碳改造，则空调负荷指标明显降低，在进行空调系统低碳改造时，应首先对建筑冷热负荷进行重新计算，根据负荷特点确定设备选型，制定适合的运行策略，避免"大马拉小车"现象。

既有建筑冷热源设备投资大，设备更换的难度和成本相对较高，因此冷热源低碳改造应以挖掘现有设备节能潜力为主。比如通过清洗换热器、更换过滤器、更换润滑油、保养维护压缩机等措施来提高机组运行效率。在充分挖掘现有设备节能潜力的基础上，仍不能满足需求时，考虑更换设备。

冷热源系统改造，应根据原有冷热源运行记录，进行整个供冷、供暖季负荷的分析和计算，确定改造方案。运行记录是反映空调系统负荷变化情况、系统运行状态、设备运行性能和空调实际使用效果的重要依据，是了解和分析目前空调系统实际用能情况的主要技术依据。改造设计应建立在系统实际需求的基础上，保证改造后的设备容量和配置满足使用要求，且冷热源设备在不同负荷工况下，保持高效运行。

4.2.1　主机运行策略

中央空调系统主机耗电占系统能耗的一半以上，因而主机的改造对于空调系统节能至关重要。冷热源进行低碳改造时，首先应充分挖掘现有设备的节能潜力，在现有设备不能满足需求时，再予以更换。并且应在原有供暖通风与空气调节系统的基础上，根据改造后建筑的规模、使用特征，结合机房、管道井、能源供应等条件综合确定冷热源的改造方案。

冷水（热泵）机组的容量与系统负荷不匹配时，在确保系统安全性、匹配性及经济性的前提下，宜在原有冷水（热泵）机组上，增设变频装置，以提高机组的实际运行效率。在对原有冷水（热泵）机组进行变频改造时，应充分考虑变频后冷水（热泵）机组运行的安全性问题。目前并不是所有冷水（热泵）机组均可通过增设变频装置来实现机组的变频运行。因此，建议在确定冷水（热泵）机组变频方案时，充分听取原设备厂家的意见。另外，变频冷水（热泵）机组的价格要高于普通机组，所以改造前应进行技术可行性和经济合理性分析。

1. 制冷机组高效运行

对于多数制冷机组来说，当负荷率从 40% 到 80% 变化时，COP 会比较高。当负荷率过低时，制冷机组的冷量调节装置会降低其效率，而当负荷率适合时，调节装置的效率会达到较高值，同时蒸发器和冷凝器的换热效率相对较高，所以制冷机组的整体效率也达到较高值。当制冷机组满负荷工作时，蒸发器和冷凝器的换热效率会有所降低，因此制冷机组效率不能达到最高。尽量让制冷机组在高效区运行，可以带来显著的节能收益，同时也提高了制冷机组的可靠性。

优化制冷机组的分阶段调节策略可以通过以下措施来实现：

（1）监测、统计或查阅各制冷机组的高效负荷率区间。这些数据可以通过制冷机组制造商获得，一般来说，制冷机组最高效的负荷在额定制冷量的 50%~70% 区间。同时，对于整个制冷系统来讲，冷水泵与冷却塔风扇的效率也不是满负荷运行时最高。

（2）调整制冷机组的开启台数，优先开启效率高的制冷机组，使每台制冷机组尽量在高效区内运行（假设旁通管上阀门为关闭状态）。如旁通阀不能关闭时，单台制冷机组的负荷率应控制在 50% 以上，这时开启过多的制冷机组会使一次泵的能耗增加，且影响制冷效率。优化制冷机组的分阶段调节策略，当制冷系统有多台不同型号的制冷机组时，应对不同时段各机组运行控制策略进行优化，以使主机时刻在较高能效下运行。

（3）如果冷水一次泵系统运行，在部分负荷下要同时考虑一次泵的电耗。有两台制冷机组的系统，当负荷率小于50%时，有时只开启一台制冷机组和水泵更节能。

2. 提高冷水温度，提升冷水机组 *COP*

提高冷水的供水温度可以降低制冷机组的电耗。制冷机组理论 *COP* 计算公式如下：

$$I_{cop} = \frac{T_L}{T_H - T_L}$$ (4-6)

式中　I_{cop}——理论 *COP*；

　　　T_L——蒸发温度，K 或℃；

　　　T_H——冷凝温度，K 或℃。

以常规中央空调设备冷水进/出水温度标准7℃/12℃设计，通常冷水机组在此工况下蒸发温度区间为2~5℃；冷却水标准运行工况为32℃/37℃，对应设备冷凝温度通常为40℃。取蒸发温度为2℃，冷凝温度按40℃计算，设备理论效率为：（273＋2）／（273＋40－273－2）＝7.24，制冷设备蒸发温度在蒸发器形式、换热面积已确定情况下，主要由冷水进/出水温度决定，同一设备若冷水进/出水温度提高到11℃/15℃，蒸发器不变情况下，综合考虑换热效率、换热量、传热对数温差等因素，系统蒸发温度应可提高到5℃左右。此时不考虑冷凝侧温度变化，则系统理论制冷效率为：（273＋5）／（273＋40－273－5）＝7.94。由上述理论效率变化可知，蒸发温度由2℃提高到5℃时，系统效率提高了9.7%，即理论上蒸发温度每提高1℃，机组制冷效率提高3%以上。

供水温度按照冷负荷或室外温度进行重新设定，可以采取楼宇自动化系统（BAS）来控制供水温度重设值，也可以根据每天的最高温度，手动重新设定每天的供水温度。

需要注意的是，对供水温度的重新设定可能会提高变流量系统的二次泵能耗，因此当二次泵流量小于设计值的60%时，可实施温度重新设定方式。另外，提高供水温度后，设备的除湿能力下降，因此，在室外空气含湿量较大时，不应重新设定供水温度。

与提高冷水供水温度相似，提高冷水的回水温度也可以明显地降低制冷机组的能耗。同时，由于增加了供回水温差，可以大大降低二次泵的能耗。提高冷水的回水温度往往比提高供水温度的节能收益更大。供水温度比设计值提高3℃左右往往很困难，但通过水力平衡、关闭三通等方法，回水温度一般能提高4℃左右。

3. 降低冷却水温度，提升冷水机组的 *COP*

降低冷却塔的回水温度也可以明显降低制冷机组的能耗，提升机组的 *COP*。根据式(4-6)，以常规中央空调设备冷水进/出水温度标准7℃/12℃设计，冷却水为32℃/37℃，按蒸发温度为2℃，冷凝温度为40℃计算，设备理论效率为：（273＋2）／（273＋40－273－2）＝7.24，当蒸发温度不变，降低冷却水温度以降低冷凝温度，假定冷凝温度降低1℃，即39℃，系统的理论制冷效率为：（273＋2）／（273＋39－273－2）＝7.43，系统效率提升了2.65%，即理论上冷凝/蒸发温度每降低/提高1℃，机组制冷效率提高约3%。

冷却塔的回水温度需要根据天气条件设定，以往冷却塔的回水温度与室外湿球温度之差最小不低于3℃，这样可以减少冷却塔的风机能耗。现有技术可以实现冷却水泵和冷却塔风机变频运行，系统运行时可在原有一对一的基础上加开冷却塔台数，冷却塔水量做到均布，冷却水泵和冷却塔风机根据水量变频运行，通过增大换热面积可有效降低冷却水温度，同时可通过监测比较不同模式下运行功耗，以功耗最低为目标寻找最优控制策略。

根据不同的制冷机组特性，冷却水回水温度不能过低。冷却水水温不稳定或过低，会造成压缩式制冷系统高低压差不够、运行不稳定、润滑系统运行不良等问题，造成吸收式冷（温）水机组出现结晶事故等，所以《民用建筑供暖通风与空气调节设计规范》GB 50736—2012 中对一般冷水机组冷却水最低温度加以限制，其中电动压缩式冷水机组不宜小于 15.5℃，溴化锂吸收式冷水机组不宜小于 24℃。但随着制冷机组技术的进步，相关研究表明，高性能磁悬浮离心机可在 5℃左右的冷却水温度工况下稳定运行，同时获得较高的制冷性能系数。冷却水回水温度的确定需要制造商提供相关特性参数数据，可以采用楼宇自动化控制系统来控制冷却塔回水温度重设值，也可以根据每天的最高湿球温度，手动重新设定。

4.2.2　主机机组更换

1. 燃气吸收式制冷机组

由于某些地区电力供应不足的原因，我国某些公共建筑配备了燃气型吸收式制冷机组。燃气属于化石能源，不仅直接排放二氧化碳，其运行费用也高于电制冷机组。目前天然气价格为 $3.5 \sim 5$ 元/m^3，即使按下限价格 3.5 元/m^3 计算，由于直燃型燃气吸收式制冷机的 COP 不超过 1.3，单位制冷量的燃气成本达到 0.269 元/kWh；而电驱动的冷水机组，商业用电价格在 0.8 元/kWh 左右，按一般机房系统能效比为 3.5 计算，单位制冷量的电费为 0.229 元/kWh。所以使用一定年限的燃气吸收式制冷机组应尽早更换为电制冷机组，不仅有效降低建筑碳排放，同时降低中央空调运行费用。

2. 变频机组

过去的机组不具备变频功能，机组的最佳效率点在负荷率 80% 左右，机组的负荷调节只能运用满载优先的加减机策略，原则上尽量减少开机台数，使得制冷机房整体应对负荷变化的能力弱，机组未在高效工况下运行，增加了能耗和碳排放。变频机组的电机在转速下降时，功耗会接近 3 次方下降，在全年制冷、蓄冰、热泵、热回收等工况变化较大的场合建议使用变频机组。另外，变频机组的高效区在 55% ~ 60% 负荷区间，推荐采用部分负荷优先的加减机策略。配以整个空调系统的全变频机组，可有效降低制冷系统能耗，减少碳排放。

3. 磁悬浮机组

磁悬浮机组采用磁悬浮轴承技术，让压缩机的驱动轴处于悬浮状态。目前多数磁悬浮机组将压缩机叶轮和电机的转子做成一体的，也就是无齿轮的直连结构，彻底消除了机械摩擦，整个机组可免去油路系统，从而使磁悬浮机组效率更高，压缩机生命周期内无性能退化。同时，磁悬浮机组拥有更宽广的变频适应性，相对于常规变频机组能适应更低的冷却水温度。常规离心机组不能在低于 10℃ 冷却水进水温度下运行，而高性能的磁悬浮离心机可在 5℃ 左右的冷却水温度下运行，并且有较高的制冷系数。因此，在高效机房改造中，可进行磁悬浮机组更换，使得系统拥有更高的能效，获得更好的节能降碳效果。

4.2.3　设备维护保养

冷却水系统因换热效率高，常采用开式系统，但是大气中的尘埃、水分、细菌、氧气及某些有害酸性气体不断地由冷却塔进入冷却水系统中，产生和积累大量水垢、污垢、微生物等，造成冷却水水质较差，使冷却塔和冷凝器的传热效率降低，水流阻力增加，卫生环境恶化，对设备造成腐蚀。

冷水系统虽较为封闭，但水中溶解氧对冷水管材也产生腐蚀作用，管路及设备产生的污垢、锈蚀、锈渣和微生物不断繁殖所产生的生物污泥，使制冷量下降。冷凝器的污垢每增加 0.1mm，热交换效率就降低 30%，耗电量则增加 5%~8%。既有建筑空调系统经过多年运行，冷凝器结垢现象普遍，如不及时清理，影响冷凝侧换热效果，从而影响冷水机组的 COP。尽量减少这一现象的办法是定期对冷却水、冷水管道排污，定期更换冷却水；定期在冷却水和冷水中添加化学制剂（除藻剂、除垢剂、缓蚀剂等），并进行水质化验，保证水质清洁，从而保证换热效果。

同样，压缩机运行磨损、管路脏堵、易损件损坏、制冷剂泄漏、换热器表面结垢及电气系统的损耗等都会导致机组运行效率降低。而不注意冷热源设备的日常维护保养是制冷机组效率衰减的主要原因，建议定期检查机组运行情况，至少每年进行一次保养，使制冷机组在最佳状态下运行。

4.3 冷却塔改造

冷却塔是以大气环境为冷源，驱动空气流经冷却塔内的换热填料表面，与冷却水进行热质交换，从而将制冷机组冷凝器排出的热量全部带走，使冷凝温度保持在合理水平。冷却塔本身能耗较小，但冷却塔散热效果直接影响冷凝温度，冷凝温度升高将导致制冷机组的 COP 下降、电耗增加。因此，冷却塔对于空调系统能耗的主要影响不仅在于其本身的能耗，更在于间接影响制冷机组能耗。

常用的冷却塔有间冷开式系统和直冷开式系统。因后者换热效率高，工程中常用直冷开式系统。衡量冷却塔冷却能力的两个重要参数是：冷幅和冷却塔效率。

冷却塔出水温度与室外湿球温度的差值，称为冷幅或逼近度。室外湿球温度是水冷却所能达到的最低温度，也称为极限水温。冷却塔的冷幅越小，代表在这特定环境里能带走的热量越大，冷却效率越高。在室外湿球温度、建筑负荷特定的条件下，冷却塔逼近度随冷却塔填料尺寸的增大而减小。

冷却塔效率即冷却塔的完善程度，表示冷却塔进出水温差（实际冷幅宽）与冷却塔进水水温和当地湿球温度差值（极限冷幅宽）的比值，其计算公式如下：

$$\eta_{cr} = \frac{t_{in} - t_{out}}{t_{in} - t_{wb}} \tag{4-7}$$

式中　η_{cr}——冷却塔效率；

t_{in}、t_{out}——冷却水进、出冷却塔温度，℃；

t_{wb}——室外湿球温度，℃。

由式（4-7）可知，对冷却塔的节能改造主要是充分利用冷却塔的换热面积，根据室外气象条件和所需排走的热量，通过调节冷却塔风机转速维持离开冷却塔、进入制冷机组的冷却水温度尽量低，即加大冷幅宽或减小冷幅，从而使制冷机组可以工作在相对较低的冷凝温度下，达到较高的 COP，降低制冷机组运行电耗。

4.3.1　冷却塔运行节能策略

提高冷却塔运行能力和降低冷却塔能耗的具体改造技术有：

（1）均匀布水。要平衡各冷却塔的流量分配，各冷却塔流量相差较大时，会使冷却塔的出水温度偏高。按生产厂家提供的热力特性曲线，设计循环水量不宜超过冷却塔的额定水量；一般当循环水量达不到额定水量的80%时，应对冷却塔的配水系统进行校核，并采取措施。①当循环冷却水系统设有冷却塔集水池时，水泵吸水口所需最小淹没深度应根据相关规范执行。②当循环冷却水系统不设冷却塔集水池，多台冷却塔并联使用时，各冷却塔的集水盘宜设连通管；当无法设置连通管时，回水横干管的管径应放大一级。连通管、回水管与各冷却塔出水管的连接应为管顶平接。

（2）加大冷却水量。增设冷却塔，将冷却水量提高到设计计算冷却水量的20%或在部分负荷时开启所有的冷却塔。例如3台制冷机组只开一台时，只开启了一台冷却水泵，开启3台冷却塔，这时所有冷却塔风机可能全部关闭就能满足要求，这时冷却水泵能耗不变。

（3）风机变频。中央空调系统满负荷运行占全年运行的时长一般不足5%，冷却塔在绝大多数时段均处于部分负荷运行，存在富余散热风量，为节约风机能耗，有必要对塔风机进行变频改造。对冷却塔风机变频改造后，可采用冷却塔的出水温度与室外湿球温度的差值（逼近度）作为风机变频的控制点。通过不断比较该温度差值与设定值，来控制风机变频运行。也可采用气水比进行控制，对于冷却塔和冷却水泵一对一设置的形式，冷却塔风机最简单的控制方法是与冷却水泵同频变化。

（4）合理控制风—水比。在室外湿球温度和冷却塔有效换热面积一定的情况下，影响冷却塔效率的主要因素是风—水比，即流经冷却塔的风量与水量的质量比。冷却塔效率与风—水比的关系如图4-1所示。在一定的室外湿球温度下，风—水比越大，冷却塔效率越高，但当冷却塔效率达到80%左右时，进一步提高风—水比，效率已很难有所提高，因此在正常情况下，应把风—水比调到这一状态。通常情况下这一状态的风—水比在1.0～1.5之间。

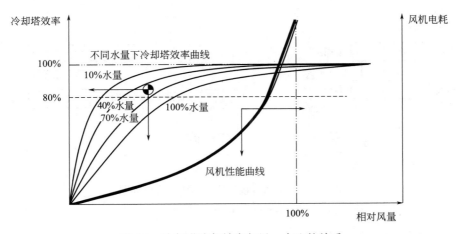

图 4-1　冷却塔冷却效率与风—水比的关系

实际运行中风—水比偏低的主要原因是风量过小或水量过大。风量过小主要是由于冷却塔风机传动受损。水量过大可能是因为冷却侧整体水量偏大或多塔并联时冷却水分配不均衡：①单台冷却塔由于布水不均匀的问题导致自身的水力不平衡，冷却塔内部填料面积拥有过大的流量，而另一些填料则几乎没有水流经过，这既是对冷却塔换热面积的浪费，又会造成过流的水量未经充分冷却便进入冷却水回水。②多塔并联时，如果冷却塔的进水或出水出现较为严重的不平衡，就会导致一些冷却塔处于大流量，另一些冷却塔水量不足的情况。对于那些流量过大的冷却塔，部分冷却水未得到充分冷却便回到制冷机组中，造成制冷机组冷凝温度偏高，COP 降低。水量不足的冷却塔有可能变得布水不均匀，不能完全利用填料，散热能力降低，也同样会导致回水温度偏高。

（5）保障冷却水系统水质。具体措施有：①设置保证冷却水系统水质的水处理装置，包括传统的化学加药处理以及其他的物理处理方式。②水泵或冷水机组的入口管道上设置过滤器或除污器，避免异物进入冷凝器或蒸发器。③采用水冷管壳式冷凝器的冷水机组，设置自动在线清洗装置，可以有效降低冷凝器的污垢热阻，保持冷凝器换热管内壁的洁净度，从而降低冷凝端温差（制冷剂冷凝温度与冷却水的离开温度差）和冷凝温度。从运行费用来说，冷凝温度越低，制冷机组的制冷系数越大，可减少压缩机的耗电量。④对冷却水系统及其水质进行维护保养。

4.3.2 冷却水直接供冷改造

冷却塔直接供冷技术是指在过渡季节或冬季空调区仍需要冷源，且当室外空气湿球温度达到一定条件时，关闭制冷机组，由流经冷却塔的冷却水直接或间接向空调末端供冷的技术。这种供冷方式减少了电耗，降低了运行费用，是一种经济、节能的空调方式。按冷却水热交换方式不同，分为直接供冷和间接供冷，如图 4-2 所示。

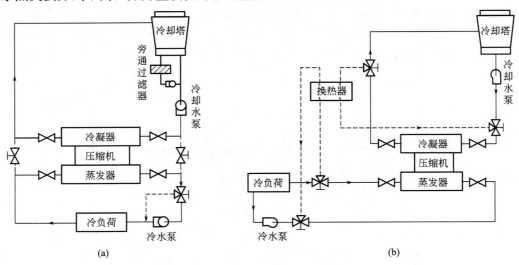

图 4-2 冷却塔直接供冷和间接供冷原理图

（a）直接供冷；（b）间接供冷

1. 直接供冷和间接供冷系统

直接供冷系统是指在原有空调水系统中设置旁通管道，将冷水环路与冷却水环路连接在一起的系统。夏季按常规空调水系统运行，转入冷却塔供冷时，将制冷机组关闭，打开旁通阀门，从冷却塔出来的冷水通过冷水机组两侧的旁通管直接进入用户末端空调区域承担负荷。热交换后，冷水温度升高，回到冷却塔，在冷却塔中与室外空气进行热质交换，将热量散发到大气中，水温降低后重新进入空调区域进行循环。直接供冷系统中冷却塔采用开式、闭式均可。

间接供冷系统是指在空调区域的管路和冷却塔管路之间加装一台间接式热交换器，从冷却塔出来的冷水进入间接式换热器，通过热交换后，冷水温度升高，回到冷却塔，在冷却塔中与室外空气进行热质交换，将热量散发到大气中，水温降低后重新进行循环，空调区域的水经过热交换器后温度降低，承担空调区域的负荷。

2. 技术特点

在直接供冷系统中采用开式冷却塔时，冷却水与外界空气直接接触易被污染，污物易随冷却水进入室内空调水管路，从而造成盘管被污物阻塞，故应用较少。采用闭式冷却塔虽可满足卫生要求，但由于其靠间接蒸发冷却原理降温，传热效果受到影响，加上闭式冷却塔应用较少，且造价相对间接供冷较高，故也很少采用。

间接供冷系统中，冷却水环路与冷水环路相互独立，能量传递主要依靠中间换热设备来进行。其最大的优点是保证了冷水系统环路的完整性及卫生条件，缺点是由于存在中间换热损失，供冷效果有所下降。

3. 注意事项

（1）室外转换温度点的选择直接关系到冷却塔供冷系统的供冷时长。何时启动冷却塔供冷是非常关键的问题，温度选择过高，使得冷却水的温度降不下来，达不到冷却的目的。温度选择过低，则使得制冷机组开启时间过长，无形中增加了能耗。应结合空调系统监测统计数据，进行合理的温度设定。

（2）在直接供冷系统设计中应重视冷却水的除菌过滤，以防锈蚀、结垢、阻塞末端盘管，缩短盘管的使用寿命。

（3）由于冷却塔供冷主要在过渡季节和冬季运行，冬季给大型建筑的内区供冷，当室外温度低于 0℃时，暴露在室外的冷却水管道与冷却塔集水箱会发生结冰。一般情况下，需要对外管路辅助电加热保护，冷却塔集水箱内置电加热器及温度自动控制装置。

（4）制冷机组也可以作为冷却塔供冷的辅助供冷。冷却塔供冷有其局限性。当内区的面积过大，内区的发热量过大时，制冷机组可以适当开启，以弥补冷却塔供冷系统的不足。

4.3.3 冷凝热回收技术

在供冷的同时会产生大量"低品位"冷凝热，对于兼有供热需求的建筑物，采取适当的冷凝热回收措施，可以有效减少全年供热热源需求，实现低碳改造目标。改造对象可以是电机驱动的蒸气压缩循环冷水（热泵）机组和风冷热泵机组，或者中央空调系统。空调冷凝热回收系统改造，是直接选择带热回收功能的机组，进入热回收装置的冷水通过换热器吸收压缩机排出的高温高压制冷剂释放的热量，降低制冷剂温度的同时制出 45～60℃的热水。

1. 冷水机组加装冷凝热回收改造

带热回收功能的冷水机组的工作原理：在原有冷凝器前增加一个热交换器，即热回收器。压缩机吸入低温低压的气态制冷剂，通过压缩机做功将制冷剂压缩成为高温高压气体，气体进入冷水机组的热回收器后，通过热交换将部分热量释放给回收循环水，然后制冷剂气体再进入冷凝器，被彻底冷却成液态制冷剂并通过干燥过滤器等部件，低温低压的制冷剂液体在膨胀阀的调节下进入蒸发器，吸收冷却介质的热量并再次转化为低温低压的气态制冷剂，然后进入下一次的压缩循环过程，由此周而复始地进行制冷。

考虑到使用方面的因素，热回收功能通常应用在中型以上的冷水机组上，如螺杆式冷水机组或离心式冷水机组等，如图 4-3 所示。将冷水机组冷凝器分成上下两套独立的箱体，即分别为热回收器与原冷凝器，保证冷却塔的冷却水不间断，且在冷却塔冷却水环路中安装了旁通控制阀的情况下，可在一定范围内按需调节热回收部分的热量来控制其出水温度。当热回收出水温度高于或低于设定值时，回收的热量降低或提高，通过增加或减少冷却水旁通水量来提高或降低冷却塔部分冷却量，从而保证主机稳定运行所需冷却效果。

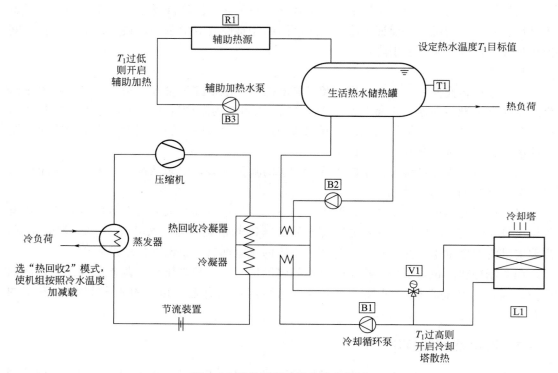

图 4-3　带热回收功能的冷水机组

空调模式下，以冷水温度为目标进行加减载，采集冷凝器进出水温度；部分热回收模式下，热回收装置与冷却塔联合运行，以冷水温度为目标进行加减载，采集冷凝器进出水温度；全部热回收模式时，热回收装置单独运行，以冷水温度为目标进行加减载，采集热回收冷凝器进出水温度。

冷水机组通过加装热回收装置，一般可以获得 45～65℃的回收热水。

2. 空调系统改造冷凝热回收

工程上冷却塔通常是开式的，为了不让制取的生活热水受到污染，一般采用板式换热器进行间接换热。采用板式换热器时，换热需要温差，因此通常而言，冷水机组的选型工况便不会是 30℃/35℃ 或者 32℃/37℃，通常会达到 35℃/40℃，甚至更高，这取决于板式换热器的换热能力。采用热泵机组时，使从冷凝器出来的冷却水流经热泵机组的蒸发器侧，冷凝器提升低品位能源制备热水，如图 4-4 所示。

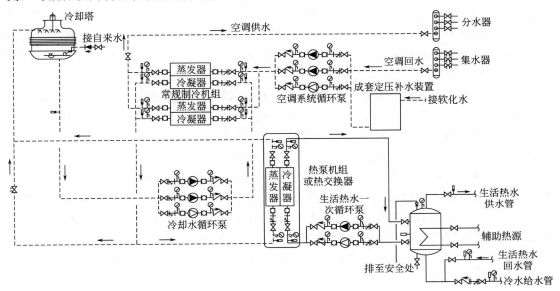

图 4-4 加装热泵机组回收制冷机组冷凝热制备生活热水系统

图 4-4 为加装热泵机组回收制冷剂冷凝热制备生活热水直接换热的闭式循环系统，即在常规制冷机组冷却水管路上加装热泵机组，将冷水机组的冷却水作为生活热水热泵机组的低温热源，生活热水一次循环泵的流量按照热泵机组的制热量及进出、口温差确定。由热水罐的水温来控制热泵机组、生活热水一次循环泵的启停。当无冷却水可利用时，系统中应考虑设置辅助热源。

在采用热回收措施时，应考虑冷、热负荷的匹配问题。例如：当生活热水热负荷的需求不连续时，必须同时考虑设置冷却塔散热的措施，以保证冷水机组的供冷工况；反之，当生活热水热负荷是全天供应时，应同时考虑其他热源进行辅助加热，保证热水连续供应。

此外，热回收机组的冷却水温度一般不宜过高，离心式机组低于 45℃，螺杆式机组低于 55℃，否则将导致机组运行不稳定、机组能效衰减、供热量衰减等问题，反而有可能在整体上多耗费能源。

4.4 输配系统改造

4.4.1 水系统改造

1. 水系统变流量改造

空调水系统包括空调冷水系统和冷却水系统，是空调管路系统中的重要组成部分，并且由于管路众多、复杂，造成空调循环水泵运行能耗占中央空调系统总能耗的 20％～30％，是空调系统节能改造的重要环节。对于系统较大、阻力较高、各环路负荷特性或压力损失相差较大的一级泵系统，在确保具有较大的节能潜力和经济性的前提下，可将其改造为二级泵系统，二级泵应采用变流量的控制方式。

中央空调系统应根据全年负荷的变化合理选择冷水机组和对应水泵的台数，并通过设置台数控制，保证系统在过渡季和部分负荷时高效运行。对于一级泵系统而言，水泵的变流量应考虑冷水机组性能能否适应水泵变流量的要求；而对于多级泵系统而言，其间接供热系统负荷侧水泵不受冷水机组对流量变化的限制，因此应采用变流量调速控制。空调冷水系统和热水系统的设计流量、管网阻力特性差异较大时，两管制空调水系统应分别设置冷水和热水循环泵。

中央空调系统是按照当地的气象资料和建筑的空调负荷而设计的，冷水机组负荷受环境气温高低和室内负荷变化的影响，全年最大负荷运行的时间不到 10％，冷水机组应能根据负荷变化进行调节，而常规定流量控制方式能量消耗在阀门上，存在很大的节能空间。控制系统通过变频器改变转速进行调节，使空调的水流量与空调实际负荷合理匹配。

对于冷热负荷随季节或使用情况变化较大的系统，在确保系统运行安全可靠的前提下，可通过增设变速控制系统，将定水量系统改造为变水量系统。空调水系统在设计阶段由于各种原因导致水泵选型过大，其空调水系统大部分时间运行在小温差、大流量的工况下，造成水系统的耗电输冷（热）比过高。此时，水系统的主要改造手段为水泵变频技术，即通过对定流量系统加装变频控制系统来实现水流量对末端负荷的实时匹配调节，以达到水泵节能运行的目的。

空调泵的实耗功率 W 等于泵的流量 L 与扬程 H 的乘积除以效率 η，即 $W = L \cdot H / \eta$。因此，减少空调水泵能耗的途径有三个：降低管道系统非正常阻力 H、适当减少系统的过剩流量 L、设法提高水泵的实际运行效率 η。

相关研究表明，不同负荷率下水泵变频改造的综合节能效果不同。当负荷率为 70％～100％，综合效率均在 0.5 以上；当负荷率为 50％～70％时，综合效率为 0.4～0.5；当负荷率为 20％～50％时，综合效率均在 0.4 以下。当转速降低到额定值的 30％～40％时，即频率处于 1～20Hz 时，继续降低转速已不再有节能效果。结合研究分析认为，当负荷率下降到 50％以下时，由于综合效率急剧下降，各设备严重偏离高效率运行状态，会造成能源的浪费。因而变频水泵频率不宜低于 25Hz。当负荷率低于 50％时，使用变频水泵并非是最合理的技术，此时选择"大泵换小泵"或者切削水泵叶轮的技术会是较好的选择。

变频水泵的节能性与其系统的控制方式相关，系统的运行不可避免地受到其控制方式的影响，不同的控制方式对变频水泵的性能、能耗的影响程度各不相同。空调冷水系统变流量运行时，被控参数主要有两种，即温度与压力，对应两种控制方式，即温差控制与压差控制。

（1）温差控制

温差控制是指采用供、回水干管的温差作为控制器信号，与设定的供、回水温差（一般为5℃）进行比较，为使温差保持在设定范围内，通过变频控制使水泵的转速发生改变，以达到改变流量的目的。

该控制方式主要由供水或回水温度传感器、变频控制器、冷水泵及其所在管路等构成，工作原理如图 4-5 所示。

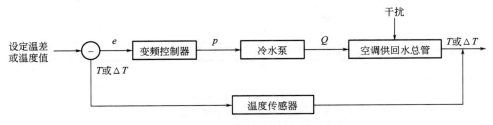

图 4-5　温差控制的变频器工作原理

当系统处于部分负荷时，温差传感器将温差变化信号传至控制器，控制器输出信号使水泵电动机的频率降低，流量下降，温差上升至设定值。该控制方式适用于用户端不设调节阀门，且用户负荷同步变化的情形，比如商场、展览馆等以全空气系统为主的空调系统。

温差控制的方式由于没有末端阀门的能源消耗，是最节能的控制方式。但在实际应用中，温差控制仍然存在一定的问题。由于温差控制的采样点位置离负荷实时变化的位置有一定距离，会使温度变化的信号传递具有很大的延迟性，且温度参数容易受到外界的干扰，造成控制的不准确性。

温差控制点的位置选择也很关键。当温差控制点的位置设置在总供回水总干管处时，由于检测到的温差是整个管网的供回水温差，以此为依据进行水量调节可能会导致部分末端不能满足需求；当温差控制点布置于高层建筑的每一层用户端时，用来监测每一层末端的负荷变化，当较高楼层用户端负荷变化值等于较低楼层用户端负荷变化值时，冷水的温差是不发生变化的，但是针对不同楼层，冷水的扬程是不同的，若仅根据温差的变化调节水泵，也会造成楼层较高处或最不利环路处出现供水不足的情况。故单纯使用温差控制的方式存在很多问题，需配合其他监控技术，并要求检测点的温差随负荷有明显的变化。

（2）压差控制

压差控制是指以冷水系统中某处的压差作为控制器信号，与设定的压差值进行比较，为使压差保持在设定范围内，通过变频调节使水泵的转速发生改变，以达到改变流量的目的。

压差控制的控制点位置一般有两种选择：一种是取二次水泵环路中各个远端支管上有代表性的压差信号，若有一个压差信号未能达到设定要求，则提高二次泵的转速，直到满足要求为止，反之，若所有的压差信号都超过设定值，则降低转速；另一种是取冷水供、回水总管处的压差信号，这种方式信号点的距离近，易于实施。显然，按前一种方式所得到的供、回水压差更接近空调末端设备的使用要求，因此在保证使用效果的前提下，它的节能效果比第二种更好，但信号传输距离远，要有可靠的技术保证。

当技术可靠时，也可采用变压差方式，根据空调机组或其他末端设备的水阀开度情况，对控制压差进行再设定，尽可能在满足要求的情况下降低二次泵的转速，以达到节能的目的。

压差控制主要由压差传感器、变频控制器、冷水泵及其所在管路等构成，工作原理如图 4-6 所示。当系统处于部分负荷时，压差传感器将压差变化信号传至变频控制器，控制

既有建筑低碳改造技术指南

器输出信号使水泵电动机的频率降低，流量下降，压差恢复至设定值或者设定的范围。

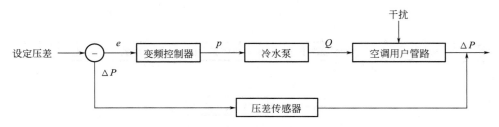

图 4-6　压差控制的变频器工作原理

在压差控制中，压差控制值的选取非常重要，结合水泵系统的输入功率、综合效率、系统阻力，得出压差控制上下限的选取原则。若压差控制值的选取过大，当其大于系统的最大阻力时，即使负荷率降低到最低限时，变频器也不会产生变频效果，所以压差控制值的上限选取原则是控制值小于系统的最大阻力；若压差控制值的选取过小，当其小于系统的最小阻力时，管路中略微增大的阻力就会使水泵降低转速，由于水泵转速存在下限，当负荷率降低到较小值时，水泵将会停机自动保护，使系统无法正常运行，所以压差控制值的下限选取原则是控制值大于系统的最小阻力。因此，在实际系统中进行压差控制值的选取时，应首先在上述选取原则范围中选取 3～5 个数值，再设置周期性的实际设定测试，综合对比分析耗电量与效率等参数，最终选择出最佳的控制值。

综上所述，水系统变流量改造前需通过负荷率统计确定是否适用变流量改造，当确定适用后再根据项目实际情况选定适宜的控制方式，并确定具体的参数设置，方能获得较好的节能效果。

2. 水系统的水力平衡

空调水系统的水力失调现象普遍存在，造成此现象的原因较多：设计时受管内流速限制，阻力损失很难在设计流量分配下达到平衡；施工时因现场条件限制，无法按施工图施工，增加或减少了部分管道的阻力，破坏了原来的平衡；运行时末端阀门开度改变引起流量变化，系统的压力也会产生波动，其他末端装置的流量也随之改变而偏离其要求的流量，引起水力失调等。水力不平衡造成管路中的实际流量与规定流量之间的不一致，可能导致用户的室内环境冷热不均、达不到设计要求，同时系统和设备效率降低，能耗增加。

为了取得空调系统的节能效果和室内的舒适性，应全面解决空调水系统的水力平衡问题。实践证明，平衡阀是实现空调水系统水力平衡的基本而有效的平衡元件。平衡阀的正确设计与合理使用，不仅可以提高空调水系统的水力稳定性，也能使系统在最短时间、最小能耗下达到用户所需的舒适环境，并能够大大降低系统的能耗。平衡阀能优化空调水系统的平衡性，使水泵运行能耗降到最低。

3. 冷水系统的大温差运行

目前实际工程中空调冷水系统的供回水温差较难达到 5℃，一般为 2～3℃，甚至更小，这大大增加了空调系统的输配能耗。"大温差、小流量"是相对冷水供回水温差取 5℃（7℃/12℃）而言的，显然冷水系统供回水温差采用大温差设计时，冷水循环量将减少，冷水泵的电耗也减小，可以减小设计管径，节省初投资。既有建筑空调系统节能改造中，采用"大温差、小流量"改造技术，温差由 5℃提高为 6～10℃，此时由于原有系统的管径不变，系统流量与温差的一次方成反比，系统阻力损失与温差的二次方成反比，若忽略改造后水泵效率和电机效率的变化，冷水泵耗功率与温差的三次方成反比，因此无论是更换水泵还是变频控制，均能获得显著的节能效果。

冷水温差的增大会使风机盘管的冷量和除湿能力下降，可采取降低冷水供水温度抵消增大供回水温差的影响，但需要权衡比较降低冷水供水温度引起蒸发温度降低带来的冷水机组能耗的增加，和增大温差降低输配能耗幅度的大小，选择合理的冷水初温和温差，以确定控制策略。

4. 减少冷水旁通

冷水不合理旁通会导致冷水机组运行效率低下，在部分负荷运行工况下，只需开启部分机组即可满足需求。此时如果管路中部分冷水仍旁通至不运行的冷水机组，对于运行的冷水机组冷水量不足，导致运行机组的效率下降。所以对此类多台冷水机组和冷水泵之间通过共用集管的连接方式，可通过在每台冷水机组进水或出水管道上设置与对应的冷水机组和水泵连锁开关的电动两通阀的方式进行改造，尽量减少或避免出现冷水的旁通现象。

4.4.2　风系统改造

1. 风系统变流量改造

对于全空气空调系统，当各空调区域的冷、热负荷差异和变化大、低负荷运行时间长，且需要分别控制各空调区温度时，经技术论证可行，宜通过增设风机变速控制装置的方式，将定风量系统改造为变风量系统。

空调风系统运行主要存在的问题有：①设计选型偏大，风机长期低效率运行，能量浪费严重；②大部分建筑空调风系统仍然采用传统的定流量运行模式，致使部分负荷工况下风机等设备长期满荷载运行，造成能量浪费且对设备寿命不利。

末端风系统的改造主要针对商场建筑中的末端大风量风柜与风机，根据室内空气参数进行风机变频调节。应用于空调机组或末端的风机产品按工作原理主要分为离心通风机、轴流通风机、横流通风机，其中空调机组与风机盘管常用的风机为离心通风机，其与离心式水泵的工作原理相同，因而性能上也有共通之处，也存在底限风速，对应底限频率。因而应用风系统变流量改造技术之前也应当进行负荷率统计，以确定是否适用该项技术。当确定可使用变流量改造后，应当根据项目具体情况挑选适宜的控制策略。

变风量是风系统各节能控制方法中首要的调节方法，主要包括静压控制、新风量控制、总风量控制等。其中，以送风静压为控制参考量的变风量控制是主要的调节方法。

现有主流送风静压控制方法是阀位控制法。根据末端风阀全开的数量来确定组合式空调机组的送风静压，当风阀全开的数量低于某个设定值时，系统通过减小静压设定值使阀门开度增大，从而满足风量的要求；反之则增大静压设定值。这一方法并没有考虑气流是否满足负荷和新风量的要求，可能导致风量不足。现有控制策略单纯为了保持风阀全开的数量不断增大或减小静压设定值，可能出现部分区域过冷或过热的现象。

定静压的关键在于静压点的选择，原则上静压点应设计在风道中压力最低的位置。也有文献指出，静压点应设计在距离末端 1/3 处。实际工程中现场复杂，如果管道距离过长，静压点仍选择在距离末端 1/3 处，压力达到最大值，依然不能满足末端所需风量。为了解决这个问题,变静压控制方法应运而生。与定静压控制相比,变静压控制在部分负荷下使末端装置内的风阀处于最大开启状态,同时使管路系统维持一个较低的静压设定值,从而使风机在运行时风压降低,能耗减少。变静压就是不断地改变静压值来满足末端风量和房间负荷需求,如图4-7所示。变静压控制的理论成熟,但其应用范围较小,主要原因包括两点:①变静压控制需要在末端增加风阀,增加了硬件投资;②变静压控制调节时间很长,很难达到稳定,需要不断调整,工程现场调试是变静压控制的关键;同时,末端送风量随风管静压波动而变化,室内温度也不稳定。

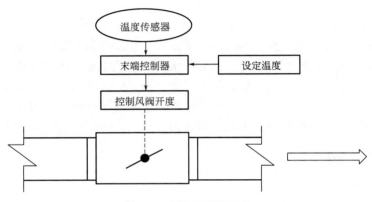

图 4-7　变静压风量调节

静压控制需要配套的电动两通阀,实际改造中由于种种原因并不能满足要求,因而使控制效果大打折扣。另外一种总风量控制法,根据压力无关型变风量系统(VAV)末端装置的设定风量确定系统总风量,计算出风机转速,从而进行风机调节。如图4-8所示,压力无关型末端增设风量检测装置,由室温传感器测出室温后计算与设定温度的差值,得出需求送风量,再按其与检测风量之差计算出风阀开度调节量,主风管内静压波动引起的风量变化将立即被检测到并反馈到末端控制器,末端控制器通过调节风阀开度来补偿风量的变化。因此,压力无关型末端的送风量与主风管内静压无关,室内温度比较稳定。总风量控制法的节能效果不如变静压控制法,且压力无关型末端需要增设风量检测装置,对控制要求较高,另外普通传感器不能检测较低风速,因此该控制方法应用不多。

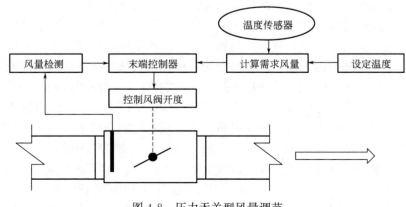

图 4-8　压力无关型风量调节

总体而言，不同的控制策略有不同的适用范围和场景，应当根据工程实际判断，以达到最佳的节能效果。

2. 合理布置风管，减少系统阻力

风管的布置要考虑系统的造价、运行效果、建筑结构与功能、防火等要求，但风管布置不合理可能会导致风量不平衡、阻力较大等，从而使能耗较高。在既有建筑改造时应尽量做到对称布置，多路并联布置，以减少风管长度，减少局部阻力大的管路附件，以使风系统更好地保持水力平衡和减少阻力损失。对风量不平衡的定风量系统的风量应进行平衡调试。

尽量采用表面光滑的材料，减少或避免风管转弯及风管断面突然变化，降低风管内的风速，并及时做好风管内的清扫，以减小壁面的粗糙度。同时，应减小空调系统中设备阻力，定期清洗或更换空气过滤器，定期清扫换热器、风机盘管等设备外表面的积灰。

3. 做好风管保温，减少冷热量损失

风管保温可降低风管能量损失和防止风管表面结露，但空调系统运行多年后，渗入保温材料内部的水汽不断积累，导致保温效果差。既有建筑改造时应重视风管保温，选用吸水率小的保温材料，同时做好保护层，防止保温层受到机械碰撞损坏，以防止水分侵入保温层降低其保温性能。

4. 减少风管漏风量

风管漏风也会造成冷量损失、风量不平衡等问题，风管漏风的多少与风管长短、风管气密性、安装质量、管内正负压大小等因素有关，风管的接缝与接头是主要的泄漏位置，应选择好的接头，接缝处应做好密封，风管安装时应按照工作压力大小做漏风量测试，风管及附件安装完毕后，应按系统进行严密性检验。

4.5　末端改造

空调末端系统的主要任务是在建筑内对空气进行处理和分配，典型的末端系统包括：加热盘管、冷却盘管、送风风机、回风风机、过滤器、加湿器、风阀、风管、控制设备等。当建筑负荷发生变化时，末端系统通过改变下列一个或多个参数来保持建筑内环境的舒适性：新风量、总风量、静压、送风温度、送风湿度。末端系统的初状态设定和运行中的调节对能耗和舒适性都有很大的影响。

4.5.1　定风量系统改造

由于设计时的富裕量过大，实际运行中的风量常常明显高于实际需求量。在一些较大的系统中，风机过大常导致一系列的噪声问题，除了增加风机能耗，还可能导致实际输送的冷、热量加大，同时产生温湿度的控制问题。因此，对于定风量系统而言，首先要使总风量调整到合适状态。通常由于设计富裕量和负荷多样性的原因，绝大部分系统可以在设计风量的 80% 以下正常工作。风机转速可以通过加装变频器或调节皮带等方法调节。加装变频器允许对转速进行精确的调整，一般推荐采用；调节皮带的优点是没有变频的功率损失，改造成本低。

4.5.2 新风系统改造

由于缺乏精确的测量、不正确的设计计算、风系统不平衡以及运行和维护等问题，既有系统的新风量往往大于设计值。新风过量使空调系统消耗了额外的新风处理冷、热量。当新风过量明显时，空调系统控制室内温湿度的能力也会减弱。新风是否过量可通过下列方法测得：

（1）测量回风的二氧化碳浓度。一般办公建筑，室内有人员的情况下，回风的二氧化碳浓度比新风高出 $500\sim600ppm$ 是正常的。如果小于 500ppm，可能是新风过量的原因。

（2）测量新风量，与设计值对比。

（3）通过温度间接测量。

合理的新风比可以通过安装二氧化碳传感器，测量回风的二氧化碳浓度，控制新风电动阀开度，使二氧化碳浓度在设定值进行控制。也可考虑对新风机进行变频改造，改造后的新风系统在节能的情况下，可以满足过渡季节和冬夏季不同新风量的需求。

新风系统管路改造应尽量采用大管道、减少弯头、合理布置风管走向，提高新风引入效果的同时，避免局部阻力过大，降低风管阻力损耗。新风管道也可考虑增加局部保温提升管道保温效果。另外，还应尽量减少排风冷热损失，增加热回收装置（将在下节详述）。

过渡季节能运行：对于风机盘管加新风系统，处理后的新风宜直接送入各空调区域。由于大进深建筑的内区、商场等室内负荷占比较大，部分区域需要全年供冷，在过渡季节和冬季充分利用新风自然降温，对建筑节能和提高室内舒适性意义重大。

4.5.3 排风热回收技术

当进行新、排风系统改造时，应对可回收能量进行分析，并合理设置排风热回收装置。热回收系统是回收建筑物内、外的余热（冷）或废热（冷），并把回收的热（冷）量作为供热（冷）或其他加热设备的热源而加以利用的系统。如图 4-9 所示，从空调房间出来的空气经过热交换器与室外新风进行热交换，对新风进行预处理，换热后的排风排到室外，经过预处理的新风和回风混合后再经辅助加热/冷却盘管处理后送入室内，热回收装置的新风管和排风管均设有一个旁通通道，以便在过渡季节等不需要进行排风热回收时打开，直接通入新风，可降低风机能耗。空调工程中处理新风的能耗占总能耗的 $25\%\sim30\%$，而空调房间排风中所含的能量更是相当可观，若加以回收利用可以取得很好的节能效益和环境效益，尤其是冬季，效益更为明显。

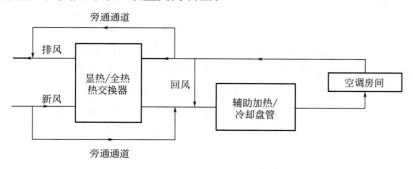

图 4-9　排风热回收装置原理图

采用全热回收装置回收排风中的冷、热量，用来对新风进行预冷和预热，是降低新风负荷的重要措施。热回收装置按空气热交换器的种类可分为转轮式、板翅式、热管式、溶液热回收型等几种，按回收热量的性质分为显热回收与全热回收。

由于热回收装置自身要消耗能量，因此应本着回收能量高于其自身消耗能量的原则进行选型计算，只有热回收装置的效率高于限定值时，排风热回收系统才能实现节能。

4.6　智能化控制系统改造

空调系统采用先进的自控策略，不仅可以保证空调房间温、湿度控制精度的要求，而且可以防止空调系统的能量损失，降低能耗，满足无人值守的同时实现节能运行。随着电子技术、计算机和网络技术的发展，空调系统的控制技术在软、硬件方面都有了迅猛发展。通过采用先进软件体系的空调中央监控系统，可以实现系统的实时监控及长时间的统计分析，如绘制运行趋势图、编制并完善故障库等，保证系统的节能运行。人工智能的发展进一步使中央空调控制系统实现机器学习，同时可以依据室外气象条件与室内热湿负荷，在满足使用要求的前提下，确定最佳节能温、湿度控制方案和最节能的空气处理过程，使空调系统自动运行在最节能的工况下。

4.6.1　空调系统的监测控制改造

1. 冷热源机房的监控改造

集中式空调系统冷热源机房的检测与控制改造，应注意保留和优化系统中各相关设备的运行关系。改造后的系统应具备连锁控制功能和单独设备启停的逻辑关联控制；系统应具备根据实时（或预期）负荷适时调整系统中的冷热水机组、与机组相关的循环水泵及冷却塔设备的运行或退出的控制功能；可具备根据室外实时气象条件调整空调系统介质的工作温度、流量等参数，具备巡优控制功能。

2. 空调风机的电压和频率节能控制

空调风机节能改造时，变频器的合理设计和选择，对空调风机的电压和频率展开节能控制，是降低空调系统能耗的一项重要节能改造措施。变频器能够迅速调节电机转速，降低轴承冲击力，提高设备的使用寿命，从而提升风机的性能，而且控制操作简便。对于变频器的选取和控制，除了要根据风机的流量和转速的比例关系外，还要考虑变频器与其他工作环节之间的关系和内部逻辑，以及空调系统中其他设备的工作状况，从而对空调风机电压和频率进行有效控制，达到节能改造的目标。

3. 空调变风量的节能控制

将变频器与供电系统相结合，从而达到对空调变风量的节能控制，利用变频的效果，使变风量的自动调节和电压实现双向控制，相互借用能量，从而实现高效运行。同时，利用空调变风量的控制，能够对冷却水与冷水系统进行良好的控制，使水能、风能、电能等能量系统都处于相对稳定的工作状态。

4. 供暖空调输配系统

（1）采用平衡措施，解决水力平衡问题，可节能 15% 左右。

（2）采用变频控制技术，空调水系统节能率可达到 10%～50%。

既有建筑低碳改造技术指南

　　根据项目经验，若系统运维不佳，长期运行后，会有部分房间的风机盘管水管上的电磁阀发生故障，这就导致当关闭风机盘管后，冷水还会在房间里的空调盘管中循环，从而增加了能耗。所以在空调系统运行中，应定期检查组合式空气处理机组、风机盘管水系统的电动阀、电磁阀，以确保设备处于良好的运行状态。

　　5. 末端及现场设备的监测与控制

　　加强末端调控，易执行且费效比最优。应根据建筑物的使用功能、应用需求、应遵循的技术标准以及原始系统的工艺类型等因素，进行经济技术比选后确定方案。

　　（1）集中式空调系统宜实现温度区间设定控制和集中控制功能。

　　（2）控制装置宜具备按预设的时控逻辑、服务区域是否有服务对象、环境温度是否在设定区间等模式控制设备启停的功能。

　　（3）宜能限制室内温度设定值调整范围。

　　（4）风机盘管应做到"人走风机关"的感应控制。

4.6.2　制冷机房智能化改造

　　1. 制冷机房性能监测及高效智能化控制方法

　　如图 4-10 所示，制冷机房性能监测及高效智能化控制方法包括：根据机组特性制定初级运行策略；采集制冷机房实时运行数据；根据所述数据计算制冷机房实时制冷量、负荷率、耗功率、能效比 EER；设定一定的程序，调整冷却塔风机、冷却水泵、冷水泵等的转速；制冷机房根据李雅普诺夫函数（Lyapunov function）达到系统均衡；将实时室外环境、运行配置、运行效果等参数储存为元胞，进而得到不同环境参数及建筑负荷下的元胞数据库。

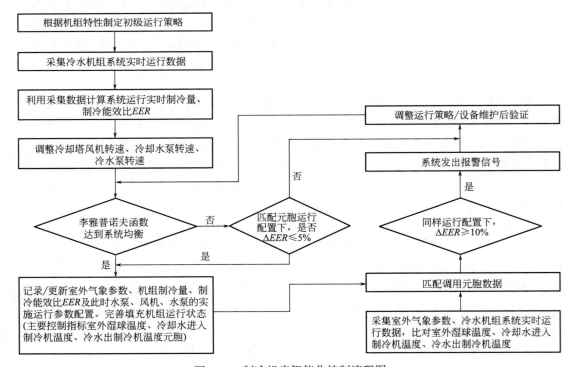

图 4-10　制冷机房智能化控制流程图

根据元胞数据控制制冷机房运行及优化程序包括：采集室外气象参数及制冷机房系统实时运行数据；比对室外湿球温度、冷却水进入制冷机温度、供冷负荷等参数，室外湿球温度和供冷负荷两个参数可以确定机组的运行台数和负荷率，而冷却水进入制冷机组温度的不同对应的不同负荷率下的能效不同，其决定制冷机组初期的运行策略，同样影响着元胞数据对应的制冷机组运行能效。与元胞数据库进行比对，当存在能够匹配的元胞数据时，即调用该元胞数据下记录的制冷机房各设备配置，并进一步对运行能效进行比对，当 $\Delta EER \geqslant 10\%$（较原 EER 低）时，发出报警信号，可通过调整运行策略或设备维护后重新达到李雅普诺夫函数的系统均衡，新的能效比对 $\Delta EER \leqslant 5\%$ 时满足要求，更新数据建立新的元胞数据；当不存在能够匹配的元胞数据时，按照设定程序使系统的李雅普诺夫函数的系统均衡，并储存新的元胞数据，完善数据库。

制定初级运行策略的依据是制冷机组厂家提供的不同冷却水温度下的不同负荷率的能效比等性能参数。

运行数据包括室外环境温度、相对湿度、湿球温度，室内空气温度、相对湿度，冷水机组的进出水温度、运行台数、耗功率，冷水泵和冷却水泵的运行台数、频率、流量、耗功率，冷却塔的进出水温度，冷却塔风机的运行台数、频率、风量、耗功率，用户侧供、回水压差。制冷机房在运行过程中，安装在系统中的传感器（图 4-11），采集的参数有室外环境参数包括温度、相对湿度、湿球温度；制冷机房系统运行数据包括冷水机组主机的进出水温度、机组功耗及运行台数，冷却水泵和冷水泵的流量、频率、功耗及运行台数，冷却塔的进出水温度及冷却塔风机的风量、频率、功耗及运行台数，用户侧供回水压差，用户侧室内环境的温度、相对湿度等参数，采集时间间隔为 5min，并将所采集的运行数据传递给下一步进行处理。

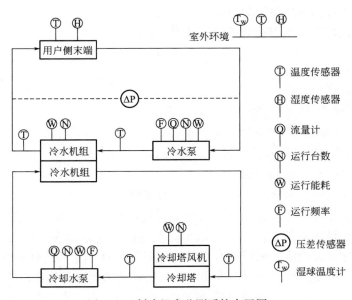

图 4-11　制冷机房监测系统布置图

处理数据包括制冷机房制冷量、供冷负荷率、输入功率、制冷能效比 EER、冷却塔气水比，计算公式如下：

$$Q_c = C_p G_{chw} \rho_{chw} (t_{chwr} - t_{chws})\tag{4-8}$$

式中　Q_c——制冷机房的制冷量（供冷负荷），kW；

　　　C_p——冷水定压质量比热容，kJ/（kg·℃）；

　　　ρ_{chw}——冷水密度，kg/m³；

　　　G_{chw}——冷水体积流量，m³/s；

　　　t_{chwr}——冷水回水温度，℃；

　　　t_{chws}——冷水供水温度，℃。

$$PLR = \frac{Q_c}{Q_e}\tag{4-9}$$

式中　PLR——供冷负荷率；

　　　Q_c——制冷机房的制冷量（供冷负荷），kW；

　　　Q_e——冷水机组额定制冷量，kW。

$$P = \sum W = \sum (W_1 + W_2 + W_3 + W_4)\tag{4-10}$$

式中　P——制冷机房所有设备的输入功率，kW；

　　　W_1——制冷机房主机输入功率，kW；

　　　W_2——制冷机房冷水泵输入功率，kW；

　　　W_3——制冷机房冷却水泵输入功率，kW；

　　　W_4——制冷机房冷却塔风机输入功率，kW。

$$EER = \frac{Q_c}{P}\tag{4-11}$$

式中　EER——制冷机房制冷能效比；

　　　Q_c——制冷机房的制冷量（供冷负荷），kW；

　　　P——制冷机房所有设备的输入功率，kW。

$$\lambda = \frac{G_{空}\rho_{空}}{G_{cw}\rho_{cw}}\tag{4-12}$$

式中　λ——冷却塔气水比；

　　　$G_{空}$——进入冷却塔的空气体积流量，m³/h；

　　　$\rho_{空}$——进入冷却塔的空气密度，kg/m³；

　　　G_{cw}——进入冷却塔冷却水体积流量，m³/h；

　　　ρ_{cw}——进入冷却塔冷却水密度，kg/m³。

制冷机房的控制可分为冷却侧调控和冷水侧调控。

冷却侧调控又分为冷却水泵调频和冷却塔风机调频（图 4-12），调整参数时，先调整冷却水泵频率，水泵频率变化会影响水泵的流量、扬程，当频率调小时水泵流量、扬程均减小，流量的变化会影响冷却水供回水温差，流量变小换热量不变的情况下温差会增大，即使冷却水温度与环境湿球温度逼近度比较小，较大的温差也会使制冷机组冷凝温度较高（图 4-13），冷凝温度较高使制冷机组耗功较大，所以冷却水泵流量的变化导致水泵耗功降低和制冷机组能耗之间存在博弈；考虑无论几台冷水机组运行，所有冷却塔均运行，并使冷却水均布，调整冷却塔风机频率使每座冷却塔都达到设定气水比，可以降低冷却水出水温度，使制冷机组冷凝温度降低，从而降低制冷机组的能耗，但同时增加了冷却塔风机的能耗，二者之间也需要权衡比较。

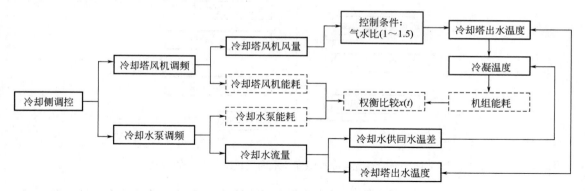

图 4-12　制冷机房冷却侧调控及影响示意图

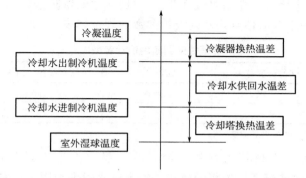

图 4-13　制冷机组冷凝温度与冷却水温度及室外湿球温度的关系图

　　设定时使冷却水流量一定，再调整冷却塔风机频率，控制冷却水泵在最低频率（35Hz），即冷却水流量最小为额定流量的 70%，每 5min 离散变频幅度为 5Hz，同时调整冷却塔风机频率，调频幅度为 5Hz，最终使冷却塔气水比控制在 1～1.5 范围内。相关研究表明，气水比达到 1～1.5 时，冷却塔换热效能基本处于稳定状态，接近极限。

　　冷水侧调控可分为提高用户侧冷水供水温度和降低冷水供水温度两种模式（图 4-14），提高冷水供水温度，即冷水出制冷机温度（图 4-15），可以提高制冷机组蒸发温度，从而降低制冷机组能耗。

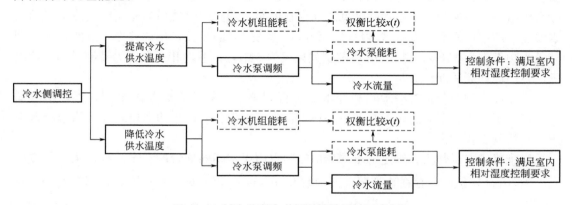

图 4-14　制冷机房冷水侧调控及影响示意图

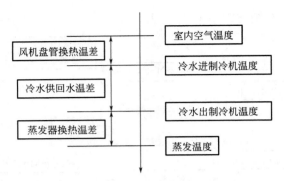

图 4-15　蒸发温度与冷水温度及室内送风空气温度的关系图

提高冷水供水温度，在用户侧末端出风温度相同的情况下，会降低风机盘管的除湿能力，空气的含湿量相应增大，即相对湿度变大。《民用建筑供暖通风与空气调节设计规范》GB 50736—2012 中关于舒适性空调室内设计参数的规定如表 4-3 所示。

舒适性空调室内设计参数　　　　　　　　　　　　　　　表 4-3

类别	热舒适度等级	温度（℃）	相对湿度（%）	风速（m/s）
供冷工况	Ⅰ级	24~26	40~60	≤0.25
	Ⅱ级	26~28	≤70	≤0.3

注：Ⅰ级热舒适度较高，Ⅱ级热舒适度一般。

当建筑物设计为Ⅰ级热舒适性等级时，冷水供水温度上限是使室内侧相对湿度≤60%；对设计为Ⅱ级热舒适性等级的建筑，冷水供水温度上限是使相对湿度≤70%。制冷机组出水温度设定后，冷水泵根据室内侧负荷需求变频。相关研究表明，同一末端产品要取得相同的热交换效果，9℃进水温度比 7℃进水温度下的冷水流量要增加 35% 左右，用户侧供水温度升高，所需的冷水流量较原来要大，此时水泵功耗较原来要高，所以提高制冷机组出水温度（蒸发温度）与水泵功耗之间存在博弈。降低冷水供水温度（即降低冷水出制冷机组温度，如图 4-14 所示），需降低蒸发温度，导致制冷机组的压比增大、功耗增加，但其可以增大供回水温差从而使冷水泵输送能耗降低。相关研究表明，风机盘管冷水供/回水温度为 5℃/13℃ 时的供冷能力，与 7℃/12℃ 的供冷能力基本相同，而降低供水温度，会导致相对湿度降低，根据表 4-3，确定控制条件为室内侧相对湿度≥40%，此时冷水机组功耗增加与冷水泵功耗降低之间存在博弈。调整的模式均为先设定制冷机组的出水温度（即用户侧供水温度），可设定每 5min 修改 1℃ 的步长，再调整冷水泵的频率，调整最小频率也为 35Hz，每 5min 离散变频幅度为 5Hz，以室内相对湿度为控制目标，使之满足室内设计舒适度；

程序设定时应分别对冷却侧和冷水侧进行调整，一般可先调整冷水侧，再调整冷却侧。将设定的所有不同运行参数调整完毕，得到所有设备的最小功率模式才认为李雅普诺夫函数达到系统均衡。

李雅普诺夫函数为在给定的不同离散时间点内设定不同配置的动态系统，当时间按照 $x_{t+1} = G(x_t)$ 转移时，存在李雅普诺夫函数 $P(x_t) = \sum W$，对于所有的 x_t，都有 $P(x_t) \geqslant \min\{\sum W\}$；如果 $x_{t+1} = G(x_t)$ 时，存在一个 $\Delta W > 0$，使 $P(x_{t+1}) \leqslant P(x_t) - \Delta W$，那么

对于 G，P 是一个李雅普诺夫函数，从 x_0 开始，必定存在一个 t^*，即 $x_{t^*} = G(x_{t^*})$ 时，使 $P(x_{t^*}) \geqslant \min\{\sum W\}$，即 $G(x_{t^*})$ 对应的运行参数可使制冷机房所有设备的运行功耗最小。所述的李雅普诺夫函数达到系统均衡为设定的系统函数，为各相关设备耗功率之和与时间的关系，不同时间的配置按照一定的逻辑设定，若按照设定的配置运行较前一配置存在 △W 减少，则更新配置记录，最终李雅普诺夫函数达到系统均衡即达到设定配置中的最小耗功率。

记录/更新室外气象参数、制冷机组制冷量、制冷能效比 EER 及此时水泵、风机的实时运行参数；完善填充制冷机组运行状态（主要控制指标为室外湿球温度、冷却水进入制冷机组温度、冷水出制冷机组温度）。将达到系统均衡的数据存储为元胞时，依据室外湿球温度作为标尺，储存不同湿球温度下的运行参数及运行效果参数，对同一湿球温度、不同建筑负荷下运行参数进行二维储存。

2. 制冷机房性能监测及高效智能化优化控制装置

监测及控制装置包括：数据采集处理模块，用于采集并处理室外环境及制冷机房实时运行数据；对比模块，用于根据采集的室外气象参数及制冷机房实时运行数据，与元胞数据库进行比对，并匹配确定制冷机房的运行模式；元胞数据储存模块，即为云端远程服务器，用于记录或更新达到系统均衡的运行配置及效果数据；调整控制模块，其为远程服务器提供云计算，用于在一定控制范围内调整制冷机房的运行参数，并通过李雅普诺夫函数的系统均衡；系统优化模块，用于匹配及优化系统运行，调用元胞数据下记录设备配置进行运行，对运行能效比进行比对，通过调整运行策略或设备维护后重新达到李雅普诺夫函数的系统均衡，更新数据建立新的元胞数据，或储存新的元胞数据完善数据库。比对参数为室外湿球温度、冷却水进入制冷机组温度、制冷负荷等。

记录或更新数据包括室外气象参数、制冷机组制冷量、供冷负荷率、制冷能效比 EER，以及此时水泵、风机、水泵的运行参数，并记录制冷机组主要运行参数作为元胞识别参数，主要包括室外湿球温度、冷却水进入制冷机组温度、制冷负荷，形成数据库元胞，储存在云端。

运行参数主要为冷却塔风机、冷却水泵、冷水泵的参数；李雅普诺夫函数为以时间为变量的不同配置下的设备耗功率函数；系统均衡，是指系统在设定的所有配置中，认为所有设备的功耗最小时的配置达到系统均衡。

结果输出模块用于输出制冷机房实时制冷量、制冷机组负荷率、输入功率、制冷能效比 EER；具体地，数据采集模块包括温度传感器、湿度传感器、压力传感器、湿球温度计、流量计和电能表。温度传感器用来监测室内外环境温度、冷水机组进出水温度、冷却塔进出水温度；湿度传感器用来监测室内外环境相对湿度；压力传感器用来监测用户侧供回水压力差；湿球温度计用来监测室外环境湿球温度；电能表用来监测和计量制冷机房内冷水机组、冷水泵、冷却水泵、冷却塔风机等的耗电量，电能表可为三相多功能电表。将监测到的数据按时间轴处理，包括室外的湿球温度，计算制冷机组制冷量、供冷负荷率、输入功率、制冷能效比 EER；同时，将制冷机房内制冷机组的运行台数、负荷率，冷水泵、冷却水泵、冷却塔风机的运行台数及频率等参数，记录上传并储存在云端。

显示模块用于显示制冷机房实时运行数据、实时制冷能效比 EER，是用户了解系统运行状态的窗口，用户可以通过显示装置来确定系统内各传感器反馈的参数以及处理过的系统运行数据，并可在后台调出云端储存的运行配置参数等。显示装置可以为显示器、打印机等输出设备。

4.6.3　无人值守技术

机房无人值守机器人（简称 EcR）是控制与管理制冷机房设备的智能装置，其以无中心技术、预测控制技术、自适应优化技术为依托，通过自学习与自进化机制不断迭代，确保制冷机房设备安全、可靠、高效运行。机房无人值守机器人系统由空调设备智慧管理平台、智慧冷热源控制系统、管网控制系统及末端控制系统四个子系统组成，通过对既有中央空调系统的冷水机组、冷水泵、冷却水泵、冷却塔风机、阀门等的控制（图 4-16），可实现节能 20% 以上。

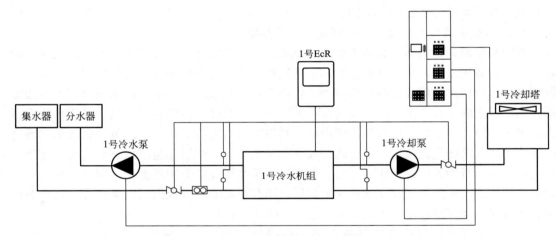

图 4-16　机房无人值守机器人系统控制原理图

机房无人值守机器人系统可实现功能有：①中央空调冷热源系统的运行状态监视与设备启停，并依据环境温度进行系统运行管理；②通过功率柜的选配，实现中央空调冷热源系统设备的配电与计量；依据控制系统输出的频率调节信号，完成对水量和风量的调节；③根据湿球温度和负荷需求，对制冷机组出口温度进行设置；④自动调节冷水泵频率，满足冷负荷需求，自动调节冷却水泵和冷却塔风机频率，满足制冷系统散热需求；⑤运行参数超越安全边界时，系统自动进行保护，当设备故障、传感器故障及参数越界时进行告警；⑥在 EcR-AI 的触摸屏上由操作人员发出抄表指令，对制冷机组、水泵及冷却塔等设备累计电量进行自动记录；⑦采集并记录各项运行数据，通过采集的信息来计算系统的运行能效；⑧根据给定的加密算法，将各运行参数加密发送给云端使用。

4.7　制冷剂替换

根据《京都议定书》，除二氧化碳外，温室气体还包括甲烷（CH_4）、氧化亚氮（N_2O）、氢氟碳化物（HFCs）、全氟化碳（PFCs）、六氟化硫（SF_6）。联合国政府间气候变化专门委员会（IPCC）第五次报告指出，工业革命以来，约有 35% 的温室气体辐射强迫源自非二氧化碳温室气体排放。非二氧化碳温室气体是与二氧化碳同样重要的影响气候变化的问题。

除二氧化碳外，建筑中空调、热泵产品所使用的制冷剂也是导致全球变暖的温室气体。因此，空调、热泵等产品的制冷剂泄漏带来的非二氧化碳温室气体排放也是建筑碳排放的重要组成部分。

我国建筑领域非二氧化碳气体排放主要来自家用空调器、冷/热水机组、多联机和单元式空调中含氟制冷剂的排放。现阶段我国常用含氟制冷剂主要包括 HCFCs 和 HFCs，主要是 R22、R134a、R32 和 R410A 等（表 4-4）。HFCs 类制冷剂广泛应用于汽车空调、家用制冷、工商制冷、消防泡沫、气雾剂等行业，由于其臭氧损耗潜值 ODP 为零的特点，曾被认为是理想的臭氧层损耗物质替代品，被广泛用作冷媒，但其全球变暖潜值 GWP 是二氧化碳的几十倍甚至上千倍（表 4-5）。根据 ASHRAE 228-2023，不同设备的制冷剂典型年泄漏率如表 4-6 所示，制冷剂的泄漏也是建筑领域非二氧化碳温室气体排放的主要来源。

我国现阶段常用制冷剂　　　　　　　　　　　　表 4-4

暖通空调领域	HCFCs	HFCs	其他
房间空调器	HCFC-22	R410A，R32	
单元/多联式空调机	HCFC-22	R410A，R32，R407C	
冷水机组/热泵	HCFC-22	R410A，R134a，R407C	
热泵热水机	HCFC-22	R410A，R134a，R407C，R417A，R404A	CO_2
工业/商业制冷	HCFC-22	HFC-134a，R410A，R507A	NH_3、CO_2
运输空调	HCFC-22	HFC-134a，R410A，R407C	
运输制冷	HCFC-22	HFC-134a，R404A，R407C	

几种常见制冷剂的 GWP 值　　　　　　　　　　表 4-5

制冷剂类型	制冷剂名称	《蒙特利尔议定书》标准 GWP
HFCs 氢氟碳化物	HFC-134a	1430
	HFC-32	675
HFC 氢氟烃混合物	R404A	3922
	R410A	2088
	R407C	1774
HCFCs 含氢氯氟烃	HCFC-22	1810
	HCFC-123	79

不同设备的制冷剂典型年泄漏率　　　　　　　　表 4-6

序号	设备类型	制冷剂充注量的典型年泄漏率
1	超市制冷	30%
2	商用冷凝机组	15%

续表

序号	设备类型	制冷剂充注量的典型年泄漏率
3	冷水机组	5%
4	密封装置,没有现场安装制冷剂管路	1%
5	屋顶机组空调	6%
6	住宅用热泵和空调	2%
7	变制冷剂流量空调	10%
8	其他制冷	2%
9	其他空调	2%

2016 年《蒙特利尔议定书》缔约方达成《基加利修正案》,旨在限控温室气体氢氟碳化物(HFCs),开启了协同应对臭氧层耗损和气候变化的历史新篇章。根据世界气象组织和联合国环境署发布的 2018 年臭氧耗损科学评估报告,履行《基加利修正案》管控要求可使 HFCs 排放量在 21 世纪末降至每年 10 亿 t CO_2 当量以下,每年避免 56~87 亿 t CO_2 当量排放,最多可避免全球平均升温 0.4℃。《基加利修正案》管控 18 种 HFCs,包括 HFC-32、HFC-125、HFC-134a、HFC-143a、HFC-152a、HFC-227ea、HFC-245fa 和 HFC-23 等,并列明了各物质的 GWP_{100},见表 4-7。

《基加利修正案》管控制冷剂清单

表 4-7

组别	制冷剂	GWP_{100}
第一组		
CHF_2CHF_2	HFC-134	1100
CH_2FCF_3	HFC-134a	1430
CH_2FCHF_2	HFC-143	353
$CHF_2CH_2CF_3$	HFC-245fa	1030
$CF_3CH_2CF_2CH_3$	HFC-365mfc	794
CF_3CHFCF_3	HFC-227ea	3220
$CH_2FCF_2CF_3$	HFC-236cb	1340
CHF_2CHFCF_3	HFC-236ea	1370
$CF_3CH_2CF_3$	HFC-236fa	9810
$CH_2FCF_2CHF_2$	HFC-245ca	693
$CF_3CHFCHFCF_2CF_3$	HFC-43-10mee	1640
CH_2F_2	HFC-32	675
CHF_2CF_3	HFC-125	3500
CH_3CF_3	HFC-143a	4470
CH_3F	HFC-41	92

续表

组别	制冷剂	GWP_{100}
CH_2FCH_2F	HFC-152	53
CH_3CHF_2	HFC-152a	124
第二组		
CHF_3	HFC-23	14800

注：GWP_{100} 是基于 100 年以上的时间跨度内脉动排放的全球变暖潜能值。

2021 年 9 月 15 日，《基加利修正案》正式对我国生效，修正案规定了 HFCs 削减时间表，包括我国在内的第一组发展中国家应从 2024 年起将受控用途 HFCs 生产和使用冻结在基线水平，2029 年起 HFCs 生产和使用不超过基线的 90%，2035 年起不超过基线的 70%，2040 年起不超过基线的 50%，2045 年不超过基线的 20%。

4.7.1　替代制冷剂遴选

我国未来制冷设备的总拥有量还将有一个快速增长期，这使得建筑领域的非二氧化碳温室气体减排面临巨大挑战。据北京大学测算，如果我国不对 HFCs 进行管控，到 2060 年我国 HFCs 年排放量将超过 10 亿 t CO_2 当量，占我国温室气体年排放总量的比例将显著增加，通过实施《基加利修正案》，我国可于 2060 年将 HFCs 年排放量控制在 2 亿 t CO_2 当量以下，每年可直接减排 8 亿 t CO_2 当量。

从《基加利修正案》的计算方法和限制要求可以看出，与之前控制 CFCs 和 HCFCs 的 ODP 问题不一样，对于 HFCs 的筛选不是"一票否决"，也不是以制冷剂本身的绝对量进行测算，而是考虑基于其 GWP 的 CO_2 当量来计算的。以一个 8 冷吨（约 28kW）的多联机系统为例，在标准测试工况下获得相同的 EER 条件下，需要充注制冷剂 R410A 为 10.8kg，而选用替代制冷剂 R32 直接充注只需 8.98kg（数据测算标准基于 AHRI 的测试报告）。因此，如果在这台设备上使用 R32 替代 R410A，则可实现 16488.9kg 的 CO_2 当量减排，减排率为 73%。所以，从直接减排的角度来看，选择低 GWP 值且充注量小的 HFCs 替代物可以实现较大程度的 HFCs 制冷剂当量削减。

当前替代制冷剂的筛选与评价需要考虑安全、环保、性能和经济性等多重因素，而已开发正在验证的备选替代制冷剂，包括 HFOs 和 CO_2 及 HCs 等天然制冷剂，由于其固有的物性特征，无法在多项指标约束下表现出全局最优，如图 4-17 所示。因此，如何在多项指标的博弈下寻求最优的替代制冷剂，如何在技术、安全法规上解决这些问题，是未来制冷剂替代发展的主要问题之一。

因此，有学者基于分子设计的方法评估了 1 亿种化合物作为制冷剂的可能性，经过 GWP、毒性、可燃性、稳定性及基础热物性等关键参数的筛选对比后发现，仅有 62 种化合物值得进一步研究分析。其中可应用于空调、热泵的低 GWP、热稳定性较好的 HFOs 物质只有表 4-8 中的 17 种。

经过进一步理论分析可知，相比 HFCs 类工质，在相同临界温度和正常沸点范围内，大部分 HFOs 工质的容积制冷量和效率相对于被替代的 HFCs 和 HCFCs 都有一定程度的降低，且由于存在多种同分异构体，其合成成本普遍较高。此外，美国供暖、制冷与空调

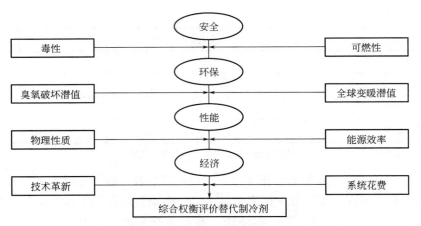

图 4-17　制冷剂选取需要考虑的因素

分子模拟筛选出的可用作空调、热泵制冷剂的低 GWP 值 HFOs 物质　表 4-8

制冷剂名称	摩尔质量 (kg/kmol)	正常沸点 (℃)	临界温度 (℃)	临界压力 (kPa)	GWP_{100}
R1141	46.04	209.71	327.20	5162.2	1
R1123	82.03	215.07	331.70	4546.0	3
R1132(E)	64.03	237.49	370.51	5089.3	1
R1234yf	114.04	243.70	367.85	3382.2	1
R1243zf	96.05	247.70	376.93	3517.1	1
R1225zc	132.03	251.35	376.6	3312	N. A.
R1234ye(E)	114.04	252.39	382.66	3731.0	2.3
R1234ze(E)	114.04	254.18	382.51	3634.9	6
R1225ye(Z)	132.03	255.44	383.97	3407.1	2.9
R1132(Z)	64.03	259.80	405.77	5221.4	1
R1225ye(E)	164.03	259.89	390.83	3423.3	2.9
R1234ze(Z)	114.04	282.90	423.27	3533.0	1.4
R1336mzz(E)	164.05	280.58	403.37	2766.4	N. A.
R1354mzy(E)	128.07	289	N. A.	N. A.	N. A.
R1233zd(E)	130.50	291.41	439.60	3623.7	7
R1354myf(E)	128.07	N. A.	N. A.	N. A.	N. A.
R1336mzz(Z)	164.05	306.60	444.50	2895	2

工程师协会（ASHRAE）在 2013—2017 年组织全球 21 家测试机构（包括生产企业、学校和国家实验室），开展了一项低 GWP 替代制冷剂评估项目（AREP），如图 4-18 所示。第一阶段测试评价了 38 种替代制冷剂，如表 4-9 所示（列举部分），并发布了 40 份测试报告，第二阶段又评测了 19 种，并发布了 41 份测试报告。

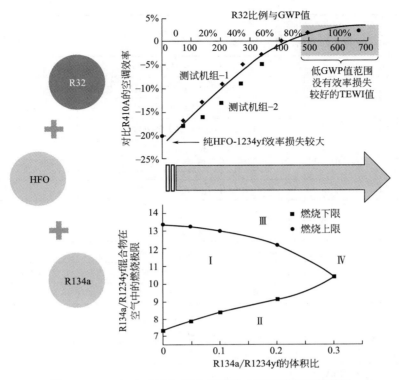

图 4-18　HFOs 与 HFCs 混合工质的 AREP 项目测评结果

HFOs 与 HFCs 混合工质制冷剂的组分及比例　　　　　　表 4-9

各公司临时 分配代号	ASHRAE 分配名称	组分	质量比（%）
AC5	R-444A	R-32/R-152a/R-1234ze(E)	(12/5/83)
AC5X		R-32/R-152a/R-1234ze(E)	(7/40/53)
ARM-30a		R-32/R-1234yf	(29/71)
ARM-31a		R-32/R-134a/R-1234yf	(28/21/51)
ARM-32a		R-32/R125/R-134a/R-1234yf	(25/30/25/20)
ARM-41a		R-32/R-134a/R-1234yf	(6/63/31)
ARM-42a		R-32/R-152a/R-1234yf	(7/11/82)
ARM-70a		R-32/R-134a/R-1234yf	(50/10/40)
D2Y-60		R-32/R-1234yf	(40/60)
D2Y-65		R-32/R-1234yf	(35/65)
D4Y		R-134a/R-1234yf	(40/60)
D52Y		R-32/R-125/R-1234yf	(15/25/60)
DR-33	R-449A	R-32/R-125/R-134a/R-1234yf	(24/25/26/25)
DR-5		R-32/R-1234yf	(72.5/27.5)
DR-7	R-454A	R-32/R-1234yf	(36/64)

各公司临时 分配代号	ASHRAE 分配名称	组分	质量比（%）
HPRID		R-32/R-744/R-1234ze(E)	(60/6/34)
L-20		R-32/R-152a/R-1234ze(E)	(45/20/35)
L-40		R-32/R-152a/R-1234yf/R-1234ze(E)	(40/10/20/30)
L-41a		R-32/R-1234yf/R-1234ze(E)	(73/15/12)
L-41b		R-32/R-1234ze(E)	(73/27)
LTR4X		R-32/R-125/R-134a/R-1234ze(E)	(28/25/16/31)
LTR6A		R-32/R-744/R-1234ze(E)	(30/7/63)
N-13a		R-134a/R-1234yf/R-1234ze(E)	(42/18/40)
N-13b	R-450A	R-134a/R-1234ze(E)	(42/58)
N-20		R-32/R-125/R-134a/R-1234yf/R-1234ze(E)	(12.5/12.5/31.5/13.5/30)
N-40a		R-32/R-125/R-134a/R-1234yf/R-1234ze(E)	(25/25/21/9/20)
N-40b		R-32/R-125/R-134a/R-1234yf	(25/25/20/30)
R-32/R-134a		R-32/R-134a	(50/50)
R-32/R-134a		R-32/R-134a	(95/5)
R-32/R-152a		R-32/R-152a	95/5
XP-10	R-513A	R-134a/R-1234yf	(44/56)

从测试结果可以看出：大多数候选制冷剂可通过简单改进直接充注在被替代制冷剂系统中使用，因此候选制冷剂表现出较好的兼容性；制冷剂性能实验测试结果与理论分析基本一致，因此后期对于新开发的制冷剂的评测，可先通过理论仿真分析遴选后，再进行针对性的实验验证优化。同时，从评测报告来看，相比之下新开发纯 HFOs 制冷剂的容积制冷量和效率等热工性能都略低，大多数新提出的混合制冷剂的设计思路均是在 HFOs 物质的基础上添加 R32 以增强其热力学性能，添加 R134a 以降低其可燃性。因此，测试的混合工质中 80% 都包含 R32 物质，如图 4-18 所示。未来应当重视混合工质的作用。

总结分析以上各方面因素可以得出：目前找不到一种低 GWP、不可燃、热物性好、价格低廉的"完美"制冷剂可以应用在不同领域；由于对于制冷剂的限定要求越来越多，当前不可能有较多的候选替代制冷剂可供选择，大多数情况需要折中考虑，因此，当前很多候选评测的制冷剂都是混合工质，且获得低 GWP 的同时也兼具了弱可燃性；尽管目前基于 HFOs 制冷剂开发了很多低 GWP 混合工质，但未发现优选工质，行业共识的替代方案尚未形成。所以，在较好的替代方案还不明确、关键技术还没有完全掌握、低 GWP 制冷剂专利限制的前提下，目前我国还不具备加速削减的替代技术能力。

4.7.2 制冷剂替代技术

《蒙特利尔议定书》规定各代氟代烃类物质的生产及销售均被逐步限制、削减、停产，促使全球氟制冷剂逐步升级换代，以保护臭氧层免受破坏。本书借鉴 R22 的替换（侧重 ODP）技术以及 R32 替换 R410A（侧重 GWP）的技术进行介绍。

1. R22 制冷剂替换

虽然 R22 作为制冷剂有较好的热力学特性以及较高的安全性，但是由于其对大气臭氧的破坏作用，使得很多已有系统面临制冷剂改造升级的问题。根据《蒙特利尔议定书》，发达国家到 2030 年全面禁用 HCFCs，发展中国家到 2040 年全面禁用 HCFCs，发展中国家已进入减产阶段。选择一种合适的制冷剂对已有的 R22 进行替换显得尤为重要。在尽量不改动原有系统硬件匹配的前提下，应尽量选择制冷量、能效与 R22 相似的制冷剂，同时还要考虑润滑油的互溶性，以及压缩机、膨胀阀以及换热器在更改制冷剂之后的影响。从而在原系统配置不变或对原系统配置进行微调的前提下，完成 R22 制冷剂的替换工作。

在对 R22 制冷系统进行制冷剂替换时，不仅要考虑替换制冷剂的低 ODP 和低 GWP 等因素。同时，由于原制冷系统各个部件已经确定，就需要综合考虑替换制冷剂的热力学性能，包括制冷量、质量流量、排气温度、饱和压力等参数。选择最近似 R22 参数特性的制冷剂，这样可以尽量小幅度地更改原系统的各个部件。同时还要考虑润滑油、非共沸制冷剂的温度滑移、排气温度即压比对压缩机的影响，制冷量的增加或减小对膨胀阀和换热器的影响，以及各部件是否能长期稳定运行等因素。甚至需要考虑压力水平的变化对管路振动和噪声的影响。通过全方位的考虑使得替换之后的系统在保证制冷效果的同时，延长制冷系统的使用寿命。

对于常见改造情况，替换制冷剂应该具有与 R22 相近的物理特性，主要指单位容积制冷量、质量流量、蒸汽密度、压力水平、垫片、橡胶、电机绕组、轴封（指开启压缩机）的材料兼容性以及制冷剂和润滑油与驱动装置材料的匹配性。

表 4-10 所示为目前部分可以替代 R22 的制冷剂，但是这些替代制冷剂并不是可以完全直接替换的，根据系统设计以及所选制冷剂的种类需要对系统作相关确认和适当修正。

中低温应用替代制冷剂与 R22 的对比 　　　　　　　　　　　　　表 4-10

制冷剂	与 R22 制冷量对比（%）		与 R22 质量流量对比（%）[1]		2.6MPa 冷凝温度（℃）	温度滑移（K）	MT 工况与 R22 排气温度比较（K）	润滑油类型
	MT[2]	LT[3]	MT	LT				
HFC 和碳氢化合物的混合物								
R417B	95	95	150	145	58	3.4	−37	MO，AB，(POE)
R422A	100	116	160	178	56	2.5	−39	MO，AB，(POE)
R422D	90	92	125	125	62	4.5	−36	MO，AB，(POE)
R438A	88	86	102	98	63	6.6	−27	POE
HFC 混合物								
R404A	105	127	145	168	55	0.7	−34	POE
R507A	107	133	153	182	54	0	−34	POE
R407A	98	100	104	104	56	6.6	−19	POE
R407F	104	99	94	101	57	6.4	−11	POE
R427A	90	88	94	90	64	7.1	−20	POE

① 根据 EN12900 参考工况（t_0 和 t_c 为露点温度），单级压缩机。
② 中温工况与 R22 相比较。
③ 低温工况与 R22 相比较。

需要注意的是：由于实际应用系统的工作压力，以及制冷剂过热、过冷和管路压降的不同，实际数据可能会出现偏差。质量流量指与 R22 相同制冷量时的数据对比。关于 R404A、R407A、R507A 的运行参数参考 BITZER 选型软件。通过软件也可以获得其他制冷剂（R448A、R449A、R450A、R455A、R454C 等）参数。一般压缩机使用的材料可与 HFC 和碳氢化合物混合制冷剂兼容。与矿物油（MO）、烷基苯油（AB）、和聚酯油（POE）也具有兼容性。因此，对于不同的应用可以选择最适合的制冷剂和润滑油。

由于替代制冷剂多种多样，即便有些制冷剂具有相似的单位容积制冷量，但是往往质量流量和蒸汽密度也有很大的区别。例如：R125 具有较高的质量流量，因此含有 R125 的制冷剂（例如：R442A、R404A、R507A）比较适合低温制冷应用。如果将系统中的换热器面积增大，可以提高其制冷量和能效。与 R22 相比，其缺点是吸气和排气管路压降比较大，而且具有较高的 GWP。如果将 R22 替换成上述制冷剂，需要更换膨胀阀，必要时也需要更换相关控制设备和阀件。另外，由于蒸汽密度较高会导致较高的排气脉冲（排气振动），所以进行系统改造之后需要认真对其进行相关检查。

制冷剂 R407A、R407F、R422D、R427A 和 R438A 在质量流量方面与 R22 非常相似，与 R22 的压力水平也偏差甚小。因此在对 R22 系统进行以上制冷剂替换时，可以视情况保持原系统的膨胀阀和其他控制部件，压力容器也可以使用原来的设计。

（1）压缩机的应用极限

由于各种制冷剂的物理和热力学性能的不同，即使使用相同排气量的压缩机，受到排气温度、质量流量等因素的影响，压缩机的运行极限工况范围也会有所不同，图 4-19 所示为比泽尔活塞式压缩机使用不同制冷剂的运行极限框图。对比图 4-19（a）和（b）可以看到，使用 R404A 之后最低蒸发温度可以从 R22 的－30℃，降低至－45℃。

根据表 4-10 所示制冷剂进行转换，有些制冷剂排气温度和油温要比 R22 低。在大多数的应用下，除 R407F 外，原有系统可能会有缸头风扇和喷液冷却等降低排气温度的方式，可根据实际情况拆除冷却系统。但是对于一些原系统使用热回收的应用，则要考虑更低排气温度对于热回收的负面影响，如降低热回收负荷或温度等。

（2）润滑油的更换

制冷剂不同，替代制冷剂所使用的润滑油也有所不同。对于 HFC 和碳氢化合物，这些替换制冷剂在一定前提下可以使用 R22 系统常用的矿物油（MO）和烷基苯油（AB）。由于 HFC 混合物制冷剂有较高极性，必须使用聚酯油（POE），如果使用 MO 和 AB 则不能保证制冷剂和润滑油的溶解度。

一些 HFC 制冷剂中会添加少量的碳氢化合物（例如丁烷、异丁烷）来提高系统回油的效果。这些系统可以继续使用原 R22 系统中的 MO 和 AB。碳氢化合物与润滑油互溶，并使得润滑油在系统中的循环过程黏度降低，这种方法的替换最为简单。虽然添加了碳氢化合物，但是制冷剂无法实现与润滑油的完全互溶。根据润滑油的循环率，制冷剂的充注量以及流速可导致润滑油的迁移，最后导致压缩机缺油。储液器或低压循环桶中液体状态下的制冷剂与润滑油的互溶性非常重要。当油的浓度过大时会导致分层，没有被溶解的润滑油会漂在制冷剂液体上层。如果该现象发生在有油分离器的制冷系统中，则需要对油分离器进行校核和选型。同时，考虑替代制冷剂的质量流量如果高于 R22 会削弱油分离器的分油效率，有必要时需要更换油分离器。同时也可以考虑添加 POE 或完全使用 POE 进行替代。

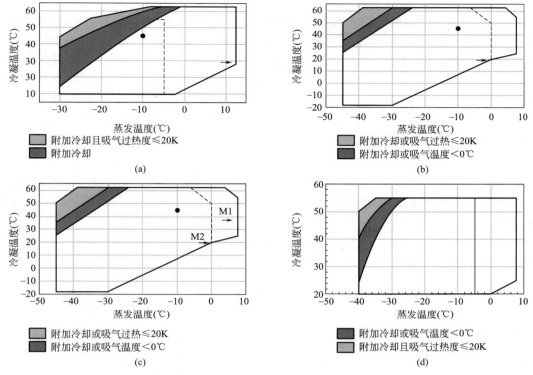

图 4-19　比泽尔活塞式压缩机使用不同制冷剂的运行极限框图

(a) R22 运行极限图；(b) R404 运行极限图；(c) R507 运行极限图；(d) R422D 运行极限图

对于 HFC 混合物类制冷剂，当使用 POE 时，由于润滑油的吸湿性及系统中不可避免地存在氯元素，湿度控制对制冷系统至关重要（化学稳定性）。因此抽真空需要彻底（清空系统中的氯和水分），同时使用干燥过滤器（分子筛结构）并在润滑油作业时格外小心，尽量一次性加注润滑油。

（3）替换制冷剂的温度滑移

对于非共沸制冷剂，需要注意的是温度滑移的影响。温度滑移是指制冷剂混合物在某一恒定压力下发生相变时相变温度的变化值。非共沸混合制冷剂相变温度会随着相变过程而发生较大变化。温度滑移会对换热器的换热效果造成一定的影响。因此如果使用非共沸制冷剂替换 R22 需要考虑温度滑移的影响。例如 R422A 的温度滑移为 2.5K，由于温度滑移较小，可以不计其对换热器的影响。但是诸如 R427A、R448A 和 R449A 等温度滑移达到 7K 或以上的制冷剂，需要考虑其对蒸发器和冷凝器的影响。

对于冷凝器，过热蒸汽冷凝时首先将达到露点（在压焓图上即为等温线与饱和液线的交点），此时制冷剂仅仅达到了露点，温度继续降低至泡点时才会全部变为饱和液体。因此如果以露点温度作为冷凝温度，无法使全部的过热蒸汽冷凝为饱和液体。更合适的方法是以泡点温度作为冷凝温度，进而对压缩机和换热器的制冷量进行计算校核，否则会导致换热面积不足的情况。对于蒸发器，过冷液体最先达到泡点，然后变成气液混合状态，最后蒸发到露点变为饱和蒸汽。因此计算校核蒸发器换热面积时，需要将蒸发压力下的露点温度定义为蒸发温度，这样才能保证结果的准确性。

2. R32 对 R410A 的替换

R410A 是由 R32 和 R125 按照 50：50 的质量百分比组成的二元准共沸混合制冷剂。R410A 虽然对臭氧层没有危害，但在很大程度上会引发温室效应，加剧全球变暖。1kg R410A 排放到大气中所造成的温室效应相当于排放 2088kg CO_2，而 1kg R32 相当于排放 675kgCO_2，不到前者的 1/3。这样的背景下，R32 作为新一代节能环保无毒制冷剂，成为一个上佳选择。在替代方案中，R32 以及 R32 和 HFC 类（氢氟烃类）制冷剂组成的混合制冷剂成为业界研究的重点。在中国、日本以及东南亚地区，R32 的低成本、高能效特性使其成为中小型空调机组的开发重点。

（1）R32 与 R410A 的性能对比

R32 与 R410A 的区别主要在热力性质、GWP、CO_2 排放、可燃性和循环性能方面。表 4-11 是 R32 和 R410A 的物理性质对比，从中可以看出 R32 是 R410A 的优秀环保替代品之一。

R32 和 R410A 的物理性质对比

表 4-11

制冷剂	R410A	R32
化学分子式	CH_2F_2/CHF_2CF_3（50%/50%）	CH_2F_2
摩尔质量（g/mol）	72.58	52.02
常温工况密度（kg/m³）	2.97	2.13
标准沸点（℃）	−51.4	−51.7
临界温度（℃）	70.5	78.1
临界压力（MPa）	4.81	5.78
相对充注量	1	0.71
ODP	0	0
GWP	2088	675
安全等级	A1（无毒难燃）	A2（无毒可燃）

热物性：R32 充注量可减少，仅为 R410A 的 0.71 倍，R32 可以使用较小排量的压缩机和系统部件，相比 R410A 系统节约成本；R32 系统工作压力较 R410A 高，但最大升高不超过 4%，与 R410A 系统的承压要求相当。

环保特性：R32 的 ODP（消耗臭氧潜能值）均为 0，但其 GWP 值适中，与 R22 相比 CO_2 减排比例可达 77.6%，而 R410A 与 R22 相比 CO_2 减排比例仅为 2.5%，R32 在 CO_2 减排方面明显优于 R410A。

安全性：R32 与 R410A 均无毒，R32 具有可燃性。在 R22 的几种替代物（R32、R290）中，R32 的 LFL（燃烧下限）浓度最高。R290 虽然最为环保，但它高度易燃，安全等级为 A3，所以要求只能用于 2 匹以内的空调，在大功率空调中的使用受到限制。

理论循环性能：R32 与 R410A 理论循环特性比较如表 4-12 所示。

表 4-12 是 ARI Standard 520 的空调工况（蒸发温 7.2℃、冷凝温度 54.4℃、过热度 11.1℃、过冷度 8.3℃、压缩机等熵效率 0.75）下制冷剂理论循环特性。从表中看出：R32 的热工性能优于 R410A，R32 系统单位容积制冷量比 R410A 要高 12.7%，COP 约高 5.3%，但是排气温度高 25℃，排气压力高 0.03MPa。

R32 与 R410A 理论循环特性比较　　　　　　　　　　　表 4-12

制冷剂	R410A	R32
蒸发压力（MPa）	1.04	1.03
冷凝压力（MPa）	3.49	3.52
排气温度（℃）	97.55	122.23
COP	2.99	3.15
单位质量制冷量（kJ/kg）	142.40	231.49
单位容积制冷量（kJ/m³）	5212.58	5876.06

　　综上所述，在环保性能方面，R32 的 GWP 比 R410A 低，同样不破坏臭氧层，所以 R32 在 CO_2 减排方面表现出色。在安全性能方面，R32 无毒，但具有低可燃性。在使用 R32 时，采取相关的安全措施就能提高安全性能，提高设备使用 R32 时的可靠性。

　　（2）R32 与 R410A 实验运行性能对比

　　使用 R32 和 R410A 在低温空气源热泵机组实验台上进行测试，试验工况如表 4-13 所示。

R32 和 R410A 低温空气源热泵机组实验运行工况　　　　　表 4-13

项目	用户侧		热源侧	
	水流量（m³/h）	出口水温（℃）	干球温度（℃）	湿球温度（℃）
名义制冷		7	35	—
名义制热		41	−12	−14
低温制热		41	−20	—
$IPLV(H)100\%$	4.3	41	−12	−14
$IPLV(H)75\%$		41	−6	−8
$IPLV(H)50\%$		41	0	−3
$IPLV(H)25\%$		41	7	6

　　表 4-14 为不同工况下 R32 和 R410A 低温空气源热泵机组实验运行性能对比。从表中的对比数据看出，R32 机组的实测名义制冷量比 R410A 机组提高了 4.8%，能效提高了 9.7%。R410A 机组的压缩机频率需要 50Hz 才满足 25kW 的能力，而使用 R32 机组的压缩机只需到 46Hz 即可满足 25kW 的能力。这样，R32 机组相比 R410A 机组压缩机频率降低了 4Hz，系统功率降低了 400W，从而 R32 机组的能效更高。名义制冷工况下，使用 R32 机组的排气温度为 86℃，虽然比 R410A 机组高了 13℃，但仍在可控范围内。

　　由表 4-14 中名义制热特性对比数据看出，使用 R32 的空气源热泵机组的制热量比 R410A 机组降低了 0.9%，但都满足名义制热量的性能要求，能效提升 3%。R410A 机组的压缩机频率需要 66Hz 才满足 25kW 的能力，而 R32 机组的压缩机只需到 64Hz 即可满足 25kW 的能力。这样，R32 机组相比 R410A 机组的压缩机频率降低了 2Hz，系统功率降低了 600W，从而 R32 机组能效更高。名义制热工况下，R32 机组的排气温度比 R410A 机组高了 9℃，在可控范围内。

R32 和 R410A 低温空气源热泵机组实验运行性能对比 表 4-14

制冷剂	R410A	R32
名义制冷性能对比		
制冷量(kW)	24.75	25.94
功率(kW)	8.55	8.15
EER(W/W)	2.90	3.18
排气温度(℃)	73	86
压缩机频率(Hz)	50	46
冷凝压力(MPa)	2.813	2.943
蒸发压力(MPa)	0.984	1.055
名义制热性能对比		
制冷量(kW)	25.31	25.07
功率(kW)	10.96	10.33
COP(W/W)	2.31	2.38
排气温度(℃)	75	84
压缩机频率(Hz)	66	64
冷凝压力(MPa)	2.65	2.55
蒸发压力(MPa)	0.40	0.40
低温制热性能对比		
制冷量(kW)	21.15	21.61
功率(kW)	10.82	10.53
COP(W/W)	1.96	2.05
制热 IPLV(H)对比		
IPLV(H)	3.10	3.25

由表 4-14 中低温制热性能的对比数据可以看出，R32 机组的低温制热量比 R410A 机组提升 2.2%，能效提升 4.6%。即在－20℃环温下，使用 R32 的系统制热效果也优于 R410A。

由表 4-14 中制热 IPLV 的对比数据可以看出，R32 机组的 IPLV（H）比 R410A 机组提升 4.8%。R410A 机组的能效等级为 2 级，R32 机组能效等级为 1 级。

3. 制冷剂替代方案选择

根据上述推荐替代制冷剂实际应用比较分析，替代路线或替代方案的推进不仅要考虑削减任务的时间节点，也要充分考虑替代产品成熟度和企业技术水平和规模的范围维度，环保指标、安全指标和能效指标的指标维度，以及是采用跟随发展还是自己独立创新引领的发展维度。因此，需要根据不同的替代对象、应用领域、约束要求和发展策略建立可选的满足多维度要求替代方案的优化路径。在一些替代技术比较成熟的产品领域，优先开展HFCs 削减工作，也不必在所有产品领域追求一步到位。例如：对于单元式空调和小型冷水热泵机组，可推行低成本、较低当量减排率、能效较优、安全可控的 R32 替代制冷剂，如延用 R410A 或激进地推广 CO_2 都不适宜；对于冷冻冷藏机组，目前没有很好的替代方案，而天然工质的技术只有部分厂家掌握，可以稳步推进。

第 5 章　给水排水系统低碳改造

给水排水系统低碳改造是在满足用水需求的前提下，通过提高水源的利用效率，减少水资源消耗；通过给水排水输配系统改造，降低输送能耗；合理开发利用非传统水源和可再生能源热水，降低给水排水系统的碳排放强度。

自来水是把从自然界中取的水经过净化、消毒处理后，再输送至用水点。取水、净化、消毒、输送等环节都需要消耗能源，消耗能源就产生碳排放，因此节水也是降碳。在建筑给水排水系统中，导致能源过度消耗的原因主要包括以下几个方面：

（1）系统漏损导致的水资源浪费，包括水箱或者水池自身出现泄漏点；管道锈蚀或者阀门出现破损而在输送水过程中出现水量漏损；水龙头在使用完后不能关严或者由于浮球阀的损坏而导致水箱中的水溢流等。

（2）超压出流，指在输送水的过程中，给水配件的阀前压力远大于流出水头而造成出水量高于额定流量。超压出流不仅严重影响给水系统的正常运行，还会造成大量水资源的浪费和不必要的能源消耗。

（3）未设热水循环管网或循环管网不合理导致热水资源浪费。如热水支路过长，从加热器到卫生间用水点管道长达十几米到几十米，如不设回水循环系统，则既不方便使用，也会造成水资源的浪费。另外，在集中供热系统中，未实现有效回水循环或者并联支路压力不平衡等，打开放水水嘴要放数十秒钟或更长时间的冷水后才出热水，循环效果差。

（4）运行能耗过高。主要包括二次加压供水动力消耗、循环水动力消耗、热水供应热能消耗等以及用水环节本身附加的能量消耗。

（5）可再生能源热水系统缺乏维护。如太阳能集热系统集热板被遮挡，或者安装角不符合设计要求等，导致太阳能热效率下降；另外，因为太阳能热源的季节差异特性，往往设计有辅助热源或者协同热源，由于运行控制复杂或者一味求简单管理等问题，导致太阳能热源系统利用率低。

（6）非传统水源应用效率低下。如雨水收集和回用，因为缺乏管理经验和维护能动性，导致未充分发挥作用；中水利用系统存在经济性低、水质未达标、系统维护繁琐等问题。

对于建筑给水排水系统的低碳改造，将围绕给水排水系统存在或可能存在的问题进行诊断评估，挖掘既有建筑给水排水系统的节能降碳潜力，通过选用节水节能产品及优质阀件，配置必要的计量、监测和自动控制智能技术，制定水资源利用方案，开发非传统水源，应用可再生能源热水系统等切实可行的节能措施，实现给水排水系统的低碳改造。

5.1 诊断评估

给水排水系统进行节能低碳改造前，应实地查勘各系统的配置、运行情况及节能节水检测和控制设施等，对系统进行节能诊断和评估。

5.1.1 诊断内容

根据项目情况，收集、查阅下列资料：

(1) 建筑概况、使用功能、给水排水专业竣工图纸及设计文件。

(2) 有无生活热水及其热源形式，有无中水处理及其水源和用途，有无雨水回用系统及设备配置等基本信息。

(3) 相关设备技术参数和近1～3年运行记录，市政用水、中水利用、雨水利用和能源消费记录。

(4) 各系统及设备历年维修改造记录，现场查看泵站、处理设备等运行记录，以及设备运行策略，系统运行维护情况以及运行中存在的问题。

(5) 生活热水热源设备实际产热水效率，热泵热水机组的实际性能系数，燃气热水器的热效率，太阳能热水系统及辅助能源使用情况等。

(6) 输配系统水泵流量、扬程及效率，水系统"跑、冒、滴、漏"情况，热水管道保温情况。

(7) 末端配水点的阀件选择和管材使用，卫生器具的用水效率等级。

(8) 检查现有非传统水源设备安装和使用情况，是否存在荒废状态；检查中水或者雨水的处理水质状况及监测系统，用水安全以及是否存在污染市政水源风险等。

(9) 检查绿化用水和灌溉系统，灌溉使用的水源和水耗，节水灌溉技术的使用情况，灌溉控制等。

针对给水排水系统节水、低碳改造潜力的诊断，从给水系统、热水系统、节水灌溉、非传统水源利用以及用水安全等出发，具体诊断内容和诊断指标如表5-1所示。

给水排水系统诊断内容和诊断指标汇总表   表 5-1

诊断内容		诊断指标	
		一级指标	二级指标
给水系统	单位面积水耗或人均水耗	用水能耗	—
		年或日用水量	—
		用水点供水压力	—
		管网漏损	用水漏损量
		用水器具	用水器具效率
		用水管理	分项计量措施是否落实
	水质监测	《生活饮用水卫生标准》GB 5749—2022 规定的指标监测	
灌溉设施	绿化单位面积水耗	系统形式	节水技术应用情况
		水源种类	非传统水源利用情况
		管网漏损	管网及阀件完善度

诊断内容		诊断指标	
		一级指标	二级指标
热水系统	用户侧热水系统	出水温度	—
		出水压力	—
		热水循环效果	水温不低于设计温度下的出水时间
		管网漏损	用水漏损量
		用水管理	分项计量措施是否落实
		供热水能耗	—
		回水循环能耗	—
		水质监测	《生活热水水质标准》CJ/T 521—2018 规定的指标监测
	常规热源制热水系统	燃气或燃油锅炉	热效率
		家用户式燃气热水器或户式电热水器	热效率
	空气源热泵热水系统	出水温度	—
		系统性能系数	—
		机组及其附件安装	
	太阳能热水系统	出水温度	—
		集热效率	
		储能效率	
		集热板及其附件安装	
非传统水源利用	中水/雨水利用	中水/雨水利用率	设计文件和实际利用率
		水质	用水系统要求的各指标
		系统安装或使用情况	—

5.1.2 评估原则

根据上述给水排水系统诊断指标和诊断内容，诊断步骤及评估原则如下，当不满足要求时，应判定为不合格，并应进行低碳改造或更新。

1. 给水系统评估

（1）根据年用水量或日用水量与实际用水人数计算的年用水量或最高日用水量比较，偏高时，应首先查看给水系统是否存在严重渗漏，必要时进行现场检测；如果不存在漏损，应查找其他原因，如下述（2）、（3）、（5）、（6）等情况。

（2）查看用水点供水压力是否偏高；用水点的供水压力不应超过现行国家标准《民用建筑节水设计标准》GB 50555、《建筑给水排水设计标准》GB 50015 中的要求。如竖向分区给水系统，各分区最低卫生器具配水点处的静水压力不大于 0.45MPa；生活给水系统各用水点处供水压力不大于 0.2MPa。

（3）各卫生器具、器材，应符合现行行业标准《节水型生活用水器具》CJ/T 164 和现行国家标准《节水型产品通用技术条件》GB/T 18870 的规定。

（4）查看给水系统各分项计量、分级计量水表安装是否到位、合理，是否满足用水分项计量要求。

（5）检查水泵运行情况，比对水泵工况曲线查看水泵效率处在高效区统计时间，给水泵的效率不应低于现行国家标准《清水离心泵能效限定值及节能评价值》GB 19762 规定的水泵节能评价值。

（6）查看生活给水水池（箱）是否设置水位控制和溢流报警装置，且是否正常工作。

（7）查看水质监测是否正常运行，当水质不满足现行国家标准《生活饮用水卫生标准》GB 5749 规定的指标时，应能及时报警。设置水质在线监测系统，监测生活饮用水水质，记录并保存水质监测结果，且能随时供用户查询。此外，当设置有管道直饮水、游泳池水、非传统水源、空调冷却水系统时，宜设置水质在线监测系统。

（8）灌溉系统：绿化浇洒系统应采用高效节水灌溉方式。对现有节水灌溉系统，当统计计算的用水定额超过相关节水规范要求时，应查找原因并进行整改。

2. 用户侧热水系统评估

（1）查看热水出水水温是否正常，出水水温应满足现行国家标准《建筑给水排水设计标准》GB 50015 的要求。如出水水温低，首先应核查热水水箱以及热水输送管道保温是否完整。保温层完好则蓄热水箱以及沿程热损失小，对出水水温影响不大；如果保温层损坏严重，则蓄热水箱以及沿程热损失加大，对出水水温降低有一定的影响。

（2）查看热水出水水压是否满足配水点水压限值（同冷水系统要求）；检查系统分区内最高层、最低层及其他层末端配水件处冷、热水供水压力是否平衡，用水点处冷、热水供水压力差不大于 0.02MPa。

（3）查看热水循环效果，主要是测量水温不低于设计温度下的出水时间。全日制集中供应热水的循环系统，应保证配水点出水温度不低于 45℃ 的时间满足要求。对于居住建筑，满足出水温度要求下的出水时间不得大于 15s，医院和旅馆等公共建筑不得大于 10s。

（4）查看热水系统是否存在严重渗漏情况，必要时进行现场检测。

（5）查看热水系统各分项计量水表安装是否到位、合理，是否满足用水分项计量要求。

（6）查看供热水能耗和回水循环能耗。供热水能耗同前述的建筑生活给水系统供水水耗诊断。回水循环能耗是指热水供应系统在回水干管上设置的循环泵产生的能耗，也有系统利用供水水泵实现热水循环。一般而言，循环泵扬程主要消耗于管网阻力损失，循环泵扬程偏大时，多余的扬程只是用于承担因管网流量增加而导致管网水头损失的增加。因此，诊断目的一：实际循环水量和扬程是否偏大；诊断方法：用测量仪表分别测出实际循环流量 Q 和扬程 H，并记录水泵一段时间（如 1 天）耗电量，并与设计循环流量和扬程进行比较，进行后续调节和整改。诊断目的二：判断回水循环泵运行是否有效，并采取措施尽可能减少无效运行时间；诊断方法：可在用水低峰循环泵稳定运行时，测出配水干管多点水温（可采用红外测温仪多人多点同时测温）和前述多个配水点出水时间 t，分析比较是否存在无效运行，根据无效占比评判是否改造。

（7）查看水质监测是否正常运行，当不满足现行国家标准《建筑给水排水与节水通用规范》GB 55020 和现行行业标准《生活热水水质标准》CJ/T 521 规定的指标限值时，应能及时报警。有条件时宜设置水质在线监测系统，记录并保存水质监测结果，且能随时供用户查询。

3. 常规热源制热水系统

常规热源制热水系统包括锅炉热水系统、家用户式燃气热水器或供暖炉、户式电热水器制热水系统。

锅炉热水系统性能诊断宜按照下列步骤进行：

（1）核查锅炉供水温度是否在正常范围内。由于锅炉系统一般有水温监控系统，因此可直接查看控制系统设定的温度是否合理以及显示的锅炉出水温度是否正常。如水温不在合理值范围内，则应检查自控系统中温度传感器是否损坏以及自控系统控制是否失灵等。

（2）如果锅炉出水水温正常，则应检查板式换热器是否正常。首先检测板式换热器低温侧供水温度是否正常，如正常，则说明板式换热器无问题；如不正常，进一步检测高温侧水温变化情况以及进出水温差，若温差小，说明板式换热器存在堵塞或者结垢严重，影响换热效果。

（3）在锅炉出水温度正常的情况下，应进一步检查锅炉运行的热效率，如果锅炉热效率低于设计值的 90％，则说明锅炉热效率不达标。进一步核查烟气温度、锅炉保温情况以及锅炉燃烧时的过量空气系数。

家用户式燃气热水器或供暖炉大多由业主自行选择购买，装修单位进行系统安装，应对用户大力宣传节水低碳政策，选用符合现行国家标准《建筑节能与可再生能源利用通用规范》GB 55015 要求的能效产品，且当配水点满足出水温度时的出水时间大于 15s 或热水支管长度超过 12m 时，应进行整改。

4. 空气源热泵热水系统

（1）首先查看末端热水出水水温是否正常，正常水温一般在 40～60℃。

（2）如果出水水温低，则应核查水箱以及沿程管道保温状况；如果保温层有破坏或者潮湿现象，则说明储热水箱以及管道热损失大，降低了最终的出水温度。

（3）如果保温层良好，则应进一步核实空气源热泵机组侧热水出水温度是否正常，如出水温度低于设定值，则说明空气源热泵制热效果差，可能原因是室外气温低，导致其制热能效急剧下降；也可能是由于空气源热泵冷凝侧风扇运行不正常，导致换热效果差。

（4）进一步核查空气源热泵机组的能效，必要时进行现场检测。如果空气源热泵机组能效低于设计工况要求的 90％，则应进一步确认用水量是否与机组额定供水量相匹配，排除由于冷水不断进入水箱导致整体温度下降时机组不停机现象。再查看机组运行时室外环境温度是否低于 0℃，排除由于环境温度的降低导致机组能效急剧下降。最后查看电气系统及传感器是否正常工作，排除冷媒携热能力低下和设定温度过高等原因。

5. 太阳能热水系统

对于未采用太阳能热水的建筑，评估其利用太阳能热水的经济性和可行性，包括当地太阳能资源是否丰富、太阳能热水设备是否有布置位置、结构荷载是否允许等。对于已采用太阳能热水的建筑，应评估其现有系统运行状况的好坏。

（1）首先核查热水供水温度是否正常。

（2）如果热水供水温度不正常，应先查看集热器是否有爆管、损坏，集热板位置是否存在遮挡、是否积尘严重，集热器（板）安装角度是否合理，储热水箱保温是否完好。

（3）若不存在上述问题，则应进一步核算集热器（板）安装面积是否满足要求。

（4）检测太阳能集热器的集热效率，分析是否有明显下降。

（5）核算太阳能热水系统的经济性，包括单位热水耗电量、整体维护运行年费用等。

6. 非传统水源系统诊断步骤及评估原则

（1）对于未采用非传统水源的建筑，应评估其利用非传统水源的经济性，包括中水、雨水系统前期的投入，每年节省的水费以及投资回收期等。

（2）对于采用非传统水源的建筑，应重点评估现有系统运行水平的高低，包括非传统水源水质的达标问题以及该系统运行的经济性问题。系统运行的经济性问题应采用计算核算的方式，包括收集总的用水量数据、非传统水源用水量数据以及逐月的运行费用账单等，以此计算非传统水源利用率和单位体积非传统水源的运行维护费用等指标。中水系统中，检测原水收集率是否低于回收排水项目给水量的75%，中水利用率是否不足10%，中水系统是否满足水量平衡等。雨水回用系统中，结合海绵城市要求，应满足年径流总量控制率、雨水资源利用率等当地建设项目控制指标。

（3）中水供水水质和雨水回用水质要求及评估标准见5.3节。如果出现水质不达标情况，应核查整套水质处理系统运行是否正常，如是否按时加药、是否按时清理部分沉淀物、易老化部件是否按时更换等。

（4）若出现非传统水源利用率不满足设计的情况，应核实当地的降雨量是否满足要求、非传统水源每月是否正常开启等。

（5）若出现非传统水源运行不经济的情况，应与物业管理人员进一步沟通，详细了解运行过程中哪些环节产生的费用较高，是否有进一步降低的可能。

5.2 给水排水系统改造

5.2.1 节水器具和器材

节水器具是指满足相同的饮用、厨用、洁厕、洗浴、洗衣等用水功能，较同类常规产品能减少用水量的器具，且满足现行行业标准《节水型生活用水器具》CJ/T 164及现行国家标准《节水型产品通用技术条件》GB/T 18870的要求。既有建筑给水排水系统低碳改造时应根据用水场合的不同，合理选用节水水龙头、节水便器、节水淋浴装置等。节水器具主要包括：

（1）节水水龙头：加气节水水龙头、陶瓷阀芯水龙头、停水自动关闭水龙头等。

（2）公共场所的卫生间洗手盆水嘴：采用感应式或延时自闭式水嘴等，如图5-1（a）所示。各水嘴用水效率等级指标详见现行国家标准《水嘴水效限定值及水效等级》GB 25501。

（3）坐便器：1次冲水量不大于6L的冲洗水箱，或设有大、小便分档的冲洗水箱。节水型坐便器有压力流防臭、压力流冲击式6L直排便器，3L/6L两挡节水型虹吸式排水坐便器，6L以下直排式节水型坐便器或感应式节水型坐便器。缺水地区可选用带洗手水龙头的水箱坐便器。具体水效等级指标可查阅现行国家标准《坐便器水效限定值及水效等级》GB 25502和《智能坐便器能效水效限定值及等级》GB 38448。

（4）小便器、蹲式大便器：冲洗阀采用延时自闭式冲洗阀、感应式冲洗阀、脚踏冲洗阀，如图 5-1（b）所示；水效等级指标可查阅现行国家标准《小便器水效限定值及水效等级》GB 28377、《蹲便器水效限定值及水效等级》GB 30717、《智能坐便器能效水效限定值及等级》GB 38448。

（5）节水淋浴器：具备水温调节和流量限制功能，如采用水温调节器、节水型淋浴喷嘴等，其水效等级指标可查阅现行国家标准《淋浴器水效限定值及水效等级》GB 28378。

（6）节水型电器：节水洗衣机、洗碗机等。

（7）营业性公共浴室淋浴器：采用带恒温控制与温度显示功能的冷热水混合淋浴器，配套出水阀有脚踏式、感应式、IC 卡式等，如图 5-1（c）所示；学校、学生公寓、集体宿舍公共浴室等集中用水部位宜采用智能流量控制装置。

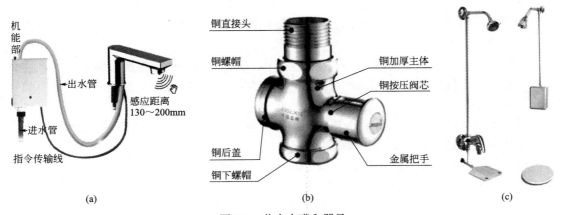

图 5-1　节水水嘴和器具
（a）感应式水嘴；（b）延时自闭式冲洗阀；（c）脚踏式淋浴器

5.2.2　阀件、管材及储水设施

给水排水管网改造时，应采用优质的阀件和管材，主要指其具备的耐腐蚀、抗老化、耐久等性能，并在管线系统铺设安装过程中采取严格的防漏措施，杜绝和减少管网的漏水量，降低输送能耗。

储水设施，包括生活饮用水水池、水箱、水罐、水塔，中水、雨水调节池等，根据用途不同应进行相应的改造。

1. 阀件和管材的选用及连接

给水排水系统采用的管材和管件及连接方式，应符合现行标准的有关规定。管材和管件的工作压力不得大于现行标准材料的公称压力或相关产品标准标称的允许工作压力。

室内给水管道应选用耐腐蚀和安装方便、可靠的管材，可采用不锈钢管、铜管、塑料给水管和金属塑料复合管及经防腐处理的钢管。高层建筑给水立管不宜采用塑料管。热水系统和热媒系统采用的管材、管件、阀件、附件等均应能承受相应系统的工作压力和工作温度。如冷热给水干管采用 GL 型给水钢塑复合管，丝扣连接。

建筑室外埋地给水管道管材应具有耐腐蚀和能承受相应地面荷载的能力，可采用塑料给水管、有衬里的铸铁给水管、经可靠防腐处理的钢管等。如室外给水管采用钢塑网骨架 PE 复合管，电熔连接。

室内排水管材应耐腐蚀，具有承受不低于 40℃ 排水温度且连续排水的耐温能力，采用金属排水管或耐热塑料排水管及相应的连接管件；压力排水管道可采用耐压塑料管、金属管或钢塑复合管。如污水立管采用 PVC-U 内螺旋消声管、柔性接口机制排水铸铁管等。

建筑雨水排水管材：重力流雨水排水系统采用外排水时，可选用建筑排水塑料管，常采用 UPVC 塑料排水管；当采用内排水雨水系统时，宜采用承压塑料管、金属管或涂塑钢管等；满管压力流雨水排水系统宜采用承压塑料管、金属管、涂塑钢管、内壁较光滑的带内衬的承压排水铸铁管等，用于满管压力流排水的塑料管，其管材抗负压力应大于 −80kPa，推荐采用雨水专用承压高密度聚乙烯塑料排水管。

小区室外生活排水、雨水管道系统宜采用埋地排水塑料管和塑料污水排水检查井。如采用埋地高密度聚乙烯双壁波纹管，宜采用热缩套管连接。

中水供水管道宜采用塑料给水管、钢塑复合管或其他具有可靠防腐性能的给水管材，不得采用非镀锌钢管。

管道阀门更换时材质应根据耐腐蚀性、管径、压力等级、使用温度等因素确定，且必须符合现行产品标准的要求，可采用全铜、全不锈钢、铁壳铜芯和全塑阀门等。阀门的公称压力不得小于管材及管件的公称压力。

活动配件选用长寿命产品，并考虑部品组合的同寿命性；不同使用寿命的部品组合时，采用便于分别拆换、更新和升级的构造。

管材与管件的材质及其连接，应采用同材质、同径管件，降低不同材质之间的腐蚀，减少连接处漏水概率，同时减少管道的局部水头损失。

管材与管件连接的密封材料应卫生、严密、防腐、耐压、耐久。

2. 管线安装

管道敷设改造应采取严密的防漏措施，杜绝和减少漏水量。

（1）室内给水管：敷设在垫层、墙体管槽内的给水管管材宜采用塑料、金属与塑料复合管材或耐腐蚀的金属管材，并应符合现行国家标准《建筑给水排水设计标准》GB 50015 的相关规定。直接敷设在楼板垫层、墙体管槽内的给水管材，除管内壁要求具有优良的防腐性能外，其外壁还应具有抗水泥腐蚀的能力，以确保管道的耐久性。为避免直埋管因接口渗漏而维修困难，要求直埋管段不应中途接驳或用三通分水配水。

（2）室外埋地给水管：应根据土壤条件选用耐腐蚀、接口严密耐久的管材和管件，做好相应的管道基础和回填土夯实工作。目前使用较多的管材有塑料给水管、球墨铸铁给水管、内外衬塑的钢管等。应注意的是，镀锌层不是防腐层，而是防锈层，所以内衬塑的钢管外壁必须做防腐处理。管内壁的衬、涂防腐材料，必须符合有关卫生标准的要求。

（3）室外直埋热水管：应根据土壤条件、地下水位等选用管材材质，管内外温差采取耐久可靠的防水、防潮、防止管道伸缩破坏的措施。室外热水管道采用直埋敷设是近年来发展应用的新技术，与采用管沟敷设相比，具有省地、省材、经济等优点。但热水管道直埋敷设要比冷水管埋设复杂得多，必须解决好保温、防水、防潮、伸缩和使用寿命等直埋冷水管所没有的问题，因此，热水管道直埋敷设须由具有热力管道（压力管道）安装资质的单位承担施工安装，并符合现行国家标准《建筑给水排水及采暖工程施工质量验收规范》GB 50242、《设备及管道绝热设计导则》GB/T 8175 及现行行业标准《城镇供热直埋热水管道技术规程》CJJ/T 81 的相关规定。

（4）排水管道及管件：接口连接应可靠、安全，主要指应采用与管材相对应的管件和连接方式，如排水系统采用平壁 UPVC 管粘接，其横支管接入立管的三通管件必须采用规定的螺母挤压密封圈接头的侧向进水型管件。铺设重力排水横管道时，应严格按照规范或设计要求的坡度施工，严禁小于管道规定的最小坡度甚至出现反坡现象，杜绝管线过早发生返水、堵塞等问题；当建筑物沉降可能导致排出管倒坡时，应采取防倒坡措施，如排出管的坡度值附加结构沉降量，使建筑沉降后排出管不至于形成平坡或倒坡。

（5）敷设在有可能结冻区域的给水排水管应采取可靠的防冻措施。管道防冻的保温材料有橡塑管壳、玻璃岩棉等，其外保护层室外架空管道常采用 0.3～0.5mm 防锈铝板或不锈钢板制成外壳，外壳的接缝必须顺坡搭接，防止雨水进入；室内管道常采用成本较低的玻璃布缠绕等方式。

（6）所有给水排水管道、设备、设施设置明确、清晰的永久性标志。避免在施工或日常维护、维修时发生误接的情况，以免造成误饮误用。通常各管道采用的标识有：给水管道应为蓝色环，热水供水管道应为黄色环、热水回水管道应为棕色环，中水管道、雨水回用和海水利用管道应为淡绿色环，排水管道应为黄棕色环。

3. 储水设施

生活饮用水水池、水箱等储水设施改造时推荐使用符合有关标准要求的成品水箱，并采取保证储水不变质的措施，如采用食品级装配式不锈钢板生活水箱并采取消毒措施。

用于合流制排水系统的雨水调蓄设施应采用封闭结构的调蓄设施。敞开式雨水调蓄设施的超高应大于 0.3m，并应设置溢流设施；封闭结构的雨水调蓄池应设置清洗、排气和除臭等附属设施和检修通道，如采用塑料组合模块水池、钢筋混凝土蓄水池等。

建筑物内中水处理站的储水构筑物应采用独立的结构形式，不得利用建筑物的本体结构作为各池体的壁板、底板及顶盖；中水处理站内的盛水构筑物应采用防水混凝土整体浇筑，内侧宜设防水层。

5.2.3　超压出流控制

1. 控制超压出流的意义

当作用压力超过配水出口规定的额定压力时，出流量大于额定流量，即为超压出流，超出的流量即为浪费的流量。

超压出流水量浪费计算举例：某加压给水分区如图 5-2（a）所示，加压层设为 6 层，从上到下各楼层支管水压分别为 0.15MPa、0.18MPa、0.21MPa、0.24MPa、0.27MPa、0.30MPa，根据《建筑给水排水设计标准》GB 50015—2019 中对配水点工作压力和支路压损的规定，确定支路作用压力为 0.15MPa 即可满足正常使用。设每层支路特性系数相同，管路流量和工作压力的关系为：

$$H = SQ^2 \tag{5-1}$$

式中　H——工作压力，Pa；

　　　S——管路特性系数；

　　　Q——管路流量，m^3/h。

该分区每层额定压力下的需水量与支管实际出水量（超压状态下）之比可近似估算为：

$$6\sqrt{0.15}/(\sqrt{0.15}+\sqrt{0.18}+\sqrt{0.21}+\sqrt{0.24}+\sqrt{0.27}+\sqrt{0.30})=0.822$$

即水量浪费为 17.8%。因此，控制卫生器具配水出口压力具有重要的节能意义。既有建筑中给水分区越高，可节水改造的潜力越大。

2. 超压出流控制措施

（1）在充分利用市政供水压力的情况下，合理划分竖向给水分区。分区越多，加压泵站越多，管网越复杂，因此分区不宜过多。如住宅建筑，根据所在城市自来水公司要求、住宅层数，按照不超静水压力值分区，一般北方城市二类高层住宅建筑常采用 6～7 层为一分区，一类高层住宅建筑 12～14 层为一分区；南方城市大多要求分区层数不超过 10 层。

（2）在合理的竖向分区范围内，一般配置减压阀等减压装置降低供水点配水压力，减少超压出流。图 5-2（a）中，因用水点处供水压力值底部 3 层超压，已不采用；图 5-2（b）为每 3 层设减压阀组，应复核底层扣除管路损失后是否超压，若超压应修改减压阀组所供层数；图 5-2（c）为超压层，每层设置减压阀组，控压效果优于前两者。

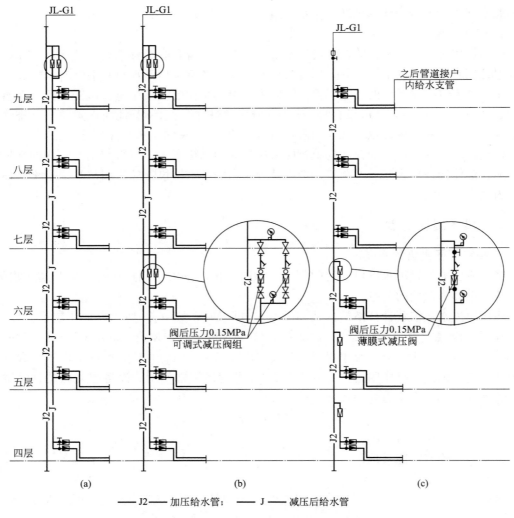

图 5-2 加压给水分区支路压力控制示意图

给水系统中，常用比例式和可调式减压阀。当阀后压力允许波动时，可采用比例式减压阀；当要求阀后压力稳定时，宜采用可调式减压阀中的稳压减压阀。减压阀减动压的同时，亦可减静压。设减压阀的给水管路，当有不间断供水要求时，应采用两个减压阀并联设置，宜采用同类型的减压阀；但不应设置旁通阀，避免因旁通管上的阀门渗漏导致减压阀的减压作用失效。

（3）当建筑中存在热水供应系统时，应保证用水点处冷、热水供水压力平衡，两者之差不宜大于 0.02MPa。在冷热水压力不平衡或冷热水压力波动大等情况下，造成热水出水温度不满足使用要求或水温波动较大，使用者会放掉部分冷水，造成热水浪费。既有建筑热水系统改造具体技术措施有：

首先，冷水、热水供应系统分区一致，即从系统设计上尽可能减少二者的压差过大。但即使分区一致，也常因冷热水不同源或者管路差异导致二者压差较大，仍需采取调压措施，常设置支路减压阀保证冷热水压力相当，同时满足配水点处冷热水出口压力不大于 0.2MPa 的要求。

其次，当冷热水系统分区一致有困难时，宜采用配水支管设支管减压阀等措施，保证系统冷热水压力的平衡。特别注意，高层建筑热水供应系统采用减压阀分区时，减压阀不应装在高、低区共用的热水供水干管上，否则会导致循环回路压力失衡，无法实现高区回水循环。

最后，在用水点处宜设带调节压差功能的混合器、混合阀，保证用水点冷热出水压力平衡和出水水温的稳定。目前市场上此类产品使用效果良好，调压后冷热水系统的压力差可在 0.15MPa 内。

5.2.4 加压供水系统改造

1. 利用市政余压直接供水

市政引入口压力一般为 0.25～0.35MPa，生活给水系统可利用城镇供水管网的水压直接供水。直接供给方案一：建筑物底部的楼层直接利用市政水压，无需二次加压，不仅节约能源，也能减少居民生活饮用水水质污染。方案二：夜间用水量减少时供水压力高，可直接利用市政余压供给至建筑顶层设置的生活用水水池（箱），白天在重力作用下由生活用水水池（箱）给居民供水，此方案应设旁通水泵加压，在外网水压不足时启动。此外，设有市政中水供水管网的建筑，也应充分利用市政供水管网的水压。

建筑给水设计阶段，往往由于资料缺乏而难以准确计算市政管网可直供的层数，为保证供水安全，通常取值偏低，可能产生余压浪费。对于既有建筑给水系统，可以对室内、外给水管网水压逐时变化情况进行实测，根据实测资料确定外网可直供的最大层数，并据此实施管网改造，具体有改变管网连接方式和局部管段适当更改管径等。

2. 利用市政余压叠压供水

利用市政余压叠压供水即在室外市政给水管网余压的基础上叠加增压，通过对流体流量的控制保证设备限量增压，既可以保护市政管网压力（设备进口压力值不低于市政要求的限定压力值），又可以最大化满足用户需求。叠压供水设备运行稳定，出水压力波动小，并且不影响相邻管网的压力。此方案广泛应用于用水管网的直接加压，不仅减少二次污染，还具有调节能力强、有效保护管网压力、节能、全封闭、无需设置生活用水水池

（箱）、安装快捷、运行可靠、维护方便等诸多优点，具有较好的社会效益和经济效益。需要说明的是，当叠压供水设备直接从市政给水管网吸水时，设计方案应经当地供水行政管理部门及供水企业的批准。

叠压供水形式主要有：向用水点变频供水、向高位水箱供水（宜采用恒速泵供水）、同时向管网供水和高位水箱供水（简称组合供水，采用变频泵供水）等。

工程中较常用的为第一种形式，主要由防回流污染装置、负（降）压装置、稳流罐、压力传感装置、旁通管、水泵机组、隔膜式气压水罐、自动控制柜等组成成套设备，称之为叠压供水设备。如图 5-3 所示，其工作原理为：当市政来水的压力和流量都能满足使用要求时，自来水保护装置自动打开，自来水通过管路直接向用户供水；当市政压力不能满足要求时，变频泵组自动叠加增压运行，在自来水压力的基础上差多少补多少；当系统无人用水时，设备自动转入休眠状态，在小流量或夜间时设备通过高压节电补偿器低峰时储存的高压水进行补压，达到稳压、节能的目的；当市政来水的压力和流量都不能满足时，自来水保护装置根据自来水压力自动调整开启度，保护自来水压力不受影响，稳流调压装置自动打开、保压蓄压装置自动关闭，将高压节电补偿器中的储备水自动补充到稳流缓冲装置中，达到调峰补偿的目的；当市政来水压力恢复时，系统自动启动，按以上模式供水。

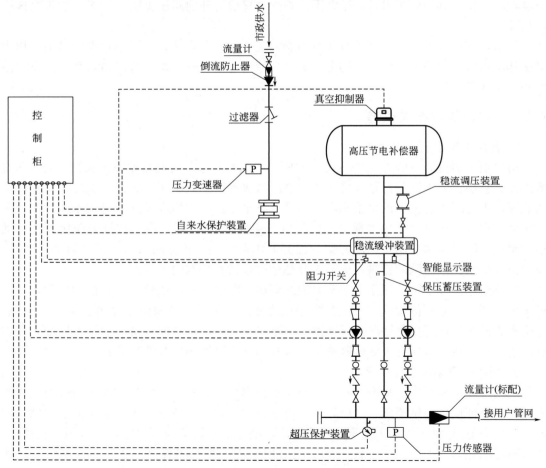

图 5-3　某节电型叠压供水设备系统原理图

叠压供水节能效益举例：将地下室原设置的变频水泵联合水箱供水方式，与改造的叠压供水设备供水方式相比较，以 17 层住宅为例。加压供给层为四～十七层，地下室层高 4m，地上层供水最不利点高度为 48.5m，水池最低水位标高为 4m，最不利户内水头为 10mH$_2$O，总水头损失为 5mH$_2$O，则水泵总扬程 $H=4+48.5+10+5=67.5$m。节能改造后，四～十七层由水泵加压并采用叠压供水方式，设市政最低水压为 0.2MPa，水泵扬程 $H=48.5+10+5-20=43.5$m，改造前后流量不变，假设水泵能耗效率相同，则改造后能耗为原系统能耗的 43.5/67.5＝64％，节能 36％。

从上述分析可知，管网所需的供水扬程越小，市政余压利用技术的节能效果越明显。底部楼层用水量占建筑总用水量比例越大，则底部楼层采用市政管网直供相对于水泵供水的节能效果越显著。

3. 变频水泵联合低位水箱供水

变频水泵联合低位水箱供水系统是目前普遍使用的加压供水系统，该系统避免了屋顶承重问题，泵站和水箱均在地下室，方便检修维护以及卫生管理。根据系统控制特点，分为恒压变流量系统和变压变流量系统。两者均采用变频水泵，或根据建筑体量与定速水泵联合使用，区别在于压力传感器设置位置不同，即控制方式的差异。调查结果显示，采用变频调速水泵供水，节电率可达 30％～50％。如今变频调速技术已经日臻完善和成熟，具有显著的节电效果、方便的调速方式、较高的调速范围、完善的保护功能以及运行可靠等优点，推广变频调速水泵对于减少电能浪费具有重要意义。

（1）恒压变流量系统：在用水量变化时，通过自控变频系统，自动调节水泵的转速，维持水泵出水口压力为恒定值，即水泵运行扬程保持不变。用户用水量一般是动态的，因此供水不足或供水过剩的情况时有发生。而用水和供水之间的不平衡集中反映在供水的压力上，即用水多而供水少，则压力低；用水少而供水多，则压力大。保持供水压力的恒定，可使供水和用水之间保持平衡，即用水多时供水也多，用水少时供水也少，从而提高供水的质量。

在控制方式上，只需在水泵出口设定一个压力控制值，是目前既有建筑中常用的供水系统。但恒压变流量系统也存在一定的能量浪费。水泵扬程计算公式如下：

$$H_B = Z + \sum s_i q_i^2 + H_3 \qquad (5\text{-}2)$$

式中　H_B——水泵扬程，m；

Z——最不利配水点与吸水井或储水池的最低水位的高程差，m；

$\sum s_i q_i^2$——最不利配水点与泵的吸水口之间管路的沿程、局部阻力损失之和；其中 s_i 为管网特性曲线，q_i 为管网流量；

H_3——建筑物内最不利配水点满足工作要求的最低工作压力，Pa。

对于既有给水系统，Z、s_i 为定值，恒压变流量系统中，H_B 近似为恒定值（其值按照不小于系统设计秒流量确定），当管网流量减小时，管网损失减小，变频调速无级变速，可以实现流量的连续调节，但恒压供水工况点始终处于直线 $H=H_B$ 上，则 H_3 必定增大，即减小的水头损失值加到配水件上，使出流水压增大，造成压能浪费。从式（5-2）中可以看出，在管路阻力大、管路特性曲线陡曲的情况下，转为小流量运行时的能量浪费所占的比重更大。

（2）变压变流量系统：将压力传感器设置在最不利配水点或泵出口（按管网特性曲线的规律来控制），可实现变压变流量供水方式运行，尤其是大型区域的低区泵站可考虑采用。当设置点距水泵较远时，应设水压模拟信号放大器控制信号衰减。节能改造后，当用水量变小时，系统降低水泵转速以维持式（5-2）中 H_3 不变，水泵扬程随着水头损失的降低而降低，理论上不产生多余扬程。此改造方案较易实施，但水泵转速减小幅度过大时，可能会滑出其高效区而导致能效低下。

4. **恒速水泵联合高位水箱供水**

恒速水泵联合高位水箱是传统的二次加压供水工艺，其特点是水泵在一个固定工况点恒速运行，该点流量（一般取最大时流量）小于管网瞬时高峰流量扬程，通常低于变频供水设计扬程，并且可通过合理选泵使其始终在高效区运行。该方式不仅可削减无效扬程，而且水泵运行效率会得到提高，取得节能效果。对于有条件设置大容积高位水箱，并采用前述叠压恒速水泵联合高位水箱供水的建筑，使水泵主要在夜间运行，则兼具多重节能效果，可利用市政余压高、水泵高效运行，实现对城市供水供电的移峰填谷。当然，此改造方案须具备相应条件，即屋顶允许增加水箱荷载、供水管网干管有条件进行适当改造等。改造后如果水泵运行不在高效区，技术经济比较后还可切削水泵叶轮甚至更换水泵。对于潜在水箱发生二次污染风险时，应采取水箱再消毒措施。

5.2.5 热水系统改造

1. **热水热源及加热设备**

制备生活热水常用的能源有燃油、燃气、城市热力等。采用燃油、燃气锅炉直接加热冷水，其过程的实质是将高品位能量转换成等量的低品位能量，从能源品质角度看是巨大的浪费。

目前热水热源的节能新技术主要有：以新能源替代传统能源、以消耗少量高品位能源为代价获取多量低品位热能、用电低谷时蓄热等，或者以上技术的互补结合。我国已在太阳能制热水、热泵制热水、冷热电联产联供等领域开展了较多的理论研究和工程实践，并取得了一定的成效。在用电低谷时利用电力加热热水、用电高峰时释热的蓄热技术，虽然并不直接节省能源，但对供电起到移峰填谷的作用，可以缓解缺电压力，降低供电成本和用电成本，符合需求侧管理的概念，而且采用该技术对既有设备的改造较易实施。

水加热设备改造应根据使用特点、耗热量、热源、维护管理及卫生防菌等因素，选用热效率高，换热效果好，节能，节省设备用房的热源设备；生活热水侧阻力损失小，有利于整个系统冷、热水压力的平衡；且应有不同温级精度要求的自动温度控制装置，配置控温、泄压等安全阀件。

集中热水供应系统的水加热设备改造，应考虑节能、延长系统使用寿命和防止产生烫伤人的事故，其出水温度不应高于70℃，一般设计出水温度为60℃。热水水嘴或混合阀单出热水时的出水水温，即配水点热水出水温度不应低于46℃；采用集中热水供应系统的住宅，配水点的水温不应低于45℃；老年照料设施、医院、幼儿园、监狱等建筑，温度控制范围可为38～42℃。

2. 热水循环系统节能改造

（1）热水循环系统运行特点

热水供应系统通常在回水干管上设置循环泵，其启停根据回水干管上（常为靠近循环泵吸水口侧）的温度控制，当温度低于某设定温度 T_1 时，水泵启动，使管网中强制形成一定的循环流量，补充管网向环境的散热，以维持管网水温的稳定；当温度高于设定温度 T_2 时，水泵停泵，如图 5-4 所示。当回水利用供水水压能够回到热水箱处时，采用在回水管上（常为靠近水箱侧）设置温度计和电磁阀，电磁阀开闭方式同循环水泵启停方式。两者运行原理相同，均为间歇式运行。

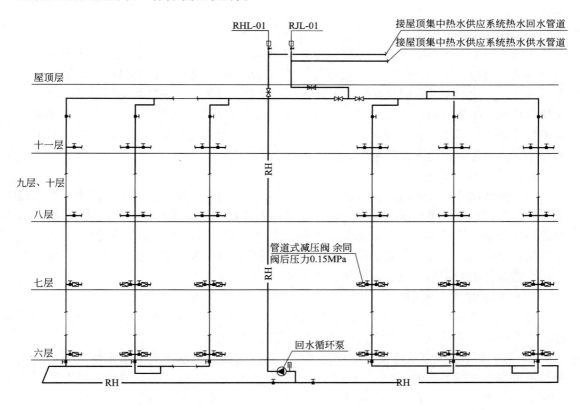

图 5-4　设循环泵的热水系统图

注：循环水泵启停温度测量点设置于回水循环泵吸入口侧。

（2）热水循环系统能耗浪费分析

热水循环系统改造前应进行运行数据统计，主要数据有系统运行稳定状态时的实际流量 Q_1、扬程 H_1，以及用水低峰循环泵稳定运行时配水干管上多点水温 T 及其不低于设计温度下的出水时间 t。

以封闭循环水系统为例，系统设计流量、扬程与轴功率分别为 Q_0、H_0、N_0，水泵实际运行时水泵流量、扬程与轴功率分别为 Q_1、H_1、N_1，假设设计工况和实际运行工况下水泵效率相当，则设计工况下的功率和实际运行工况的功率比值（即能耗比值）为：

$$\frac{N_1}{N_0}=\frac{Q_1 H_1}{Q_0 H_0}=\frac{SQ_1^3}{SQ_0^3}=\left(\frac{Q_1}{Q_0}\right)^3=\left(\frac{H_1}{H_0}\right)^{3/2} \tag{5-3}$$

当实际运行扬程是设计工况下的 1.25 倍时，计算能耗比约为 1.4，即造成 40% 的能量浪费。

当热水用水量较大时，配水流量足以维持配水管网水温，即满足设计温度下的出水时间要求，但配水流量并不能维持回水管温度，由于温控计位于回水干管上，即使配水管网无需循环流量来维持水温，控制回路每隔一定时间仍将启动循环泵（根据监测点温度 T_1、T_2 启停水泵），产生无效循环流量，既增加了循环泵动力消耗，又加大了回水管网上的无效热损失。

（3）循环水泵节能改造

在循环泵处于运行状态时，比较 Q_1 与 Q_0 的大小，若 Q_1 大，可先增大管网的局部阻力（如关小阀门开度），使 Q_1 减小直至接近 Q_0，此时水泵扬程会有所增加。如果此时水泵一日耗电量比原记录有明显降低，则完成节能改造；如果水泵一日耗电量降低不明显可更换循环泵，工作流量 $Q=Q_0$，使该工况点落在新选泵的高效范围内。也可以采取切削叶轮的措施来降低循环流量，设水泵叶轮原直径为 D，则切削后叶轮直径 $D_1=D \cdot Q_0/Q_1$。对于循环流量逐时变化的循环系统，循环泵宜变频运行。

（4）减少无效循环时间

对于热水循环系统，减少无效运行时间，关键是将温控计控制点设置于配水干管水温最低处。在用水低峰循环泵稳定运行时，在配水点满足不低于设计温度下的出水时间下，将控制循环泵启停的温控计设于测温结果最低点（通常在距离供热设备较远处），如果该处距循环泵较远，可设置温度远传装置。循环泵的启停控制温度应根据上述统计数据和系统运行情况作适当调整，以获得最佳节能效果。

（5）保证热水循环效果

合理确定热水回水循环程度，满足配水点不低于设计温度下的出水时间，针对不同功能建筑和热水供应特点，主要设计或者既有建筑改造原则有：

1）集中热水供应系统应设热水循环系统，居住建筑热水配水点出水温度达到最低出水温度的出水时间不应大于 15s，允许入户支管长度为 10～12m；公共建筑不应大于 10s，配水支管长度为 7m 左右。当其配水支管过长时，亦可采用支管循环；集中热水供应系统，应采用机械循环，以保证干管、立管或干管、立管和支管中的热水循环；设有 3 个以上卫生间的公寓、住宅、别墅共用水加热设备的局部热水供应系统，应设回水配件自然循环或设循环泵机械循环。

2）循环管道的布置应保证循环效果。单体建筑的循环管道宜采用同程布置，热水回水干、立管采用导流三通连接和在回水立管上设限流调节阀、温控阀等保证循环效果的措施；当热水配水支管布置较长而不满足要求时，宜设支管循环，或采取支管自控电伴热措施；当采用减压阀分区供水时，应保证各分区的热水循环；小区集中热水供应系统应设热水回水总干管并设总循环泵，单体建筑连接小区总回水管的回水管处宜设导流三通、限流调节阀、温控阀或分循环泵，以保证循环效果；当采用热水贮水箱经热水加压泵供水的集中热水供应系统时，循环泵可与热水加压泵合用，采用调速泵组供水和循环。回水干管设温控阀或流量控制阀控制回水流量。

3）公共浴室的集中热水供应系统中，大型公共浴室宜采用高位冷、热水箱重力流供水。当无条件设高位冷、热水箱时，可设带贮热调节容积的水加热设备经混合恒温罐、恒温阀供给热水。由热水箱经加压泵直接供水时，应有保证系统冷热水压力平衡和稳定的措施。

4）采用集中热水供应系统的建筑内设有 3 个及以上淋浴器的小公共浴室、淋浴间，其热水供水支管上不宜分支再供其他用水。

5）当淋浴器出水温度能保证控制在使用温度范围时，浴室内的管道宜采用单管供水；当不能满足时，宜采用双管供水；多于 3 个淋浴器的配水管道宜布置成环形；环形供水管上不宜接管供其他器具用水；公共浴室的热水管网应设循环回水管，且应采用机械循环。

3. 减少管网热损失

减少管网热损失，不仅直接节约了能源，还因配水管道温降减慢而减少了循环泵运行能耗。热水管道在充有热水时与环境温度有温差，因而产生了热损失，热损失计算公式如下：

$$q_s = AK(1-\eta)\Delta t \tag{5-4}$$
$$\Delta t = \left(\frac{t_c + t_z}{2} - t_j\right)$$

式中　A——热水管道外表面积，m^2；

K——无保温时管道的传热系数，$W/(m^2 \cdot K)$；

η——保温系数，是与保温层厚度、传热系数等有关的函数，无保温时 $\eta=0$，简单保温时 $\eta=0.6$，较好保温时 $\eta=0.7 \sim 0.8$；

Δt——管内水温与管外环境温度差，K；

t_c——计算管道的起点水温，K；

t_z——计算管道的终点水温，K；

t_j——计算管道周围的空气温度，K。

对于既有热水系统，要改变管道外表面积 A 或管道传热系数 K 都不易，根据式（5-4），为减少热水管道热损失，可通过增大 η 或减小 Δt 来实现。增大 η 需要改用保温性能好的保温材料或增加保温厚度，一般在建筑再次装修改造时实施以减小改造成本。一般管道外环境温度不变，要减小 Δt，只能通过适当降低供水温度来实现，但供水温度过低可能造成热水中军团菌等有害病菌的滋生，且管道保温差、热损耗大，另外过低的水温也影响使用，增大热水用水量和用户负担，《建筑给水排水与节水通用规范》GB 55020—2021 规定，一般建筑的集中供热水配水点热水出水温度不应低于 46℃。

（1）减小 Δt 的改造举例：常规供热水温度一般根据热源制备 60℃ 热水，将该温度通过调质降为 50℃，忽略管段起、终点温差，其他参数不变，环境温度为 20℃，则降温后与之前的管网热损失比较值为：(50－20)/(60－20)＝0.75，理论上节能率为 25%，且还不包括因配水管道热损失减少而带来的循环泵运行能耗的减少量，此方式的改造费用几乎为零。

（2）改善 η 的热水管道保温要求：热水供应系统管道应保温（浴室内明装管道除外），室内热水管道保温层厚度应按《设备及管道绝热设计导则》GB/T 8175—2008 中经济厚度计算方法计算；管道和支架之间，以及管道穿墙、穿楼板处采取防止"热桥"的措施；

采用非闭孔材料保温时，外表面应设保护层；采用非闭孔材料保冷时，外表面应设隔汽层和保护层。室外热水供、回水管道宜采用管沟敷设。当采用直埋敷设时，应采用憎水型保温材料保温，保温层外应做密封的防潮防水层，其外再做硬质保护层。管道直埋敷设应符合现行国家标准《建筑给水排水及采暖工程施工质量验收规范》GB 50242、《设备及管道绝热设计导则》GB/T 8175 和现行行业标准《城镇供热直埋热水管道技术规程》CJJ/T 81 的规定。

5.2.6 节水灌溉技术

为创造适宜人居的生态环境，提升城市整体造碳能力，不断加大的用地绿地率，使得灌溉用水问题尤为严峻，将其建设和改造为节水型绿地变得尤为重要。首先应合理选择绿化植物，优化植物配置，发展抗旱型绿地，灌溉方式应改造为节水灌溉系统，采用高效节水灌溉技术；其次，应充分利用当地降水和非常规水，解决城市用水压力，节约水资源；最后，采用智能化、精准化的绿地节水灌溉自动控制系统，科学合理地选用先进的灌溉方法，实现灌溉系统低碳改造的有效性。

绿化灌溉系统改造原则如下：

(1) 合理确定绿化灌溉用水定额，避免过量使用。用水定额应根据气候条件、植物种类、土壤理化性状、浇灌方式和管理制度等因素综合确定。当无相关资料时，小区绿化灌溉最高日用水定额可取 1.0~3.0L/（m² · d）（干旱地区可酌情增加）。采用年均灌水定额判断系统节水能力，冷季型按 0.28~0.66m³/（m² · a），暖季型按 0.12~0.88m³/（m² · a）复核。

(2) 既有建筑小区改造应采用绿化节水灌溉技术，有条件时应同时采用湿度传感器或根据气候变化的调节控制器。绿化节水灌溉技术包括喷灌、微灌、渗灌、低压管灌等，目前普遍采用的是喷灌，如图 5-5 所示，其比地面漫灌要省水 30%~50%。微灌包括滴灌、微喷灌、涌流灌和地下渗灌，它是通过低压管道和滴头或其他灌水器，以持续、均匀和受控的方式向植物根系输送所需水分，比地面漫灌省水 50%~70%，比喷灌省水 15%~20%。

图 5-5 喷灌

(3) 充分利用当地降水，如采用海绵城市技术；大力开展雨水、污水处理回用水、海水、微咸水等非传统水资源利用，其处理水质应符合现行国家标准《城市污水再生利用城市杂用水水质》GB/T 18920 的规定。

（4）选择合适的绿化植物，优化植物配置。选择适应当地环境的景观绿化植物，合理安排植物品类，分层次设计，最大限度避免设置易过敏植物。耐旱力强的树种乔木科有松类、加杨、旱柳、桃、枇杷等；灌木科有小檗、石楠、火棘、栀子花等；其他科有水杨梅、葛藤、紫藤、野葡萄等。当绿地用作生态设施时，根据当地气候，可选择亲水性植物。

绿化灌溉系统改造技术要点如下：

（1）喷灌作业时要在风力小时进行。当采用再生水灌溉时，因水中微生物在空气极易传播，应避免采用喷灌方式。

（2）微灌的用水一般都应进行净化处理，先经过沉淀除去大颗粒泥沙，再进行过滤，除去细小颗粒的杂质等，特殊情况还需进行化学处理；

（3）根据《绿色建筑评价标准》GB/T 50378—2019，绿化灌溉改造时采用节水灌溉技术的绿化面积比例不应小于 90%。

5.2.7　计量、控制、保护

为科学指导节水系统改造方案和有效诊断，并能采取有效措施，对既有建筑给水排水系统低碳改造时，应设置相应的计量、监控和保护系统，并利用智能化技术，实现多方面低碳改造目标。

1. 加装计量水表

计量水表是节水的必要条件，既有建筑给水排水系统低碳改造时，供水、用水应按照使用用途、付费或管理单元，分项、分级安装满足使用需求和经计量检定合格的计量装置。

给水系统水表设置位置：住宅入户管上应设计量水表；公共建筑应根据不同使用性质及计费标准分类分别设计量水表；住宅小区及单体建筑引入管上应设计量水表；加压分区供水的贮水池或水箱前的补水管上应设计量水表；采用高位水箱供水系统的水箱出水管上应设计量水表；冷却塔、游泳池、水景、公共建筑中的厨房、洗衣房、游乐设施、公共浴池、消防水池或水箱、换热站、空调机房、医院纯水机房、中水贮水池或水箱补水等的补水管上应设计量水表；机动车清洗用水管上应安装水表计量；以地下水水源热泵为热源时，抽、回灌管道应分别设计量水表；满足水量平衡测试及合理用水分析要求的管段上应设计量水表。

热水系统水表设置位置：水加热设备的冷水供水管上应装冷水表，设有集中热水供应系统的住宅应装分户热水表，洗衣房、厨房、游乐设施、公共浴池等需要单独计量的热水供水管上应装热水表，其设有回水管者应在回水管上装热水表。

2. 控制设备及附件改造

控制设备按现行国家标准《通用用电设备配电设计规范》GB 50055 执行，可以设定就地自动和手动控制方式，可采用远程控制，具有必要的参数、状态和信号显示功能；备用泵可设定为故障自投和轮换互投。

对于二次供水设备，变频调速控制时，设备应能自动进行小流量运行控制；设备应有水压、液位、电压、频率等实时检测仪表；叠压供水设备应能进行压力、流量控制；检测仪表的量程应为工作点测量值的 1.5～2 倍；二次供水设备宜有人机对话功能，界面应汉化、图标明显、显示清晰、便于操作；变频调速供水电控柜（箱）应符合现行行业标准《微机控制变频调速给水设备》CJ/T 352 的规定。二次供水控制设备应提供标准的通信协议和接口。

对于热水系统，水加热设备的上部、热媒进出口管、贮热水罐、冷热水混合器上和恒温混合阀的本体或连接管上应安装温度计、压力表；热水循环泵的进水管上应安装温度计及控制循环水泵启停的温度传感器；热水箱应安装温度计、水位计。

3. 给水排水系统保护升级

（1）控制设备应有过载、短路、过压、缺相、欠压、过热和缺水等故障报警及自动保护功能。对可恢复的故障应能自动或手动消除，恢复正常运行。

（2）设备的电控柜应符合现行国家标准《电气控制设备》GB/T 3797 的规定。

（3）电源应满足设备的安全运行，宜采用双电源或双回路供电方式。

（4）水池（箱）应有液位控制装置，当遇超高液位和超低液位时，应自动报警。

（5）压力容器设备应装安全阀，安全阀的接管直径应经计算确定，并应符合锅炉及压力容器的有关规定，安全阀前后不得设阀门，其泄水管应引至安全处。

4. 合理利用智能化技术

目前给水排水系统的智能化技术有用水量远传计量系统、水质在线监测系统、生活水泵房入侵报警系统等。

用水量远传计量系统能分类、分级记录、统计分析各种用水情况；利用计量数据可进行管网漏损自动检测、分析与整改。

水质在线监测系统监测生活饮用水、生活热水水质指标，记录并保存水质监测结果，且能随时供用户查询；温开水机能自动对直饮水水质监测并报警。

生活水泵房设置入侵报警系统等技防、物防安全防范和监控措施。入侵报警系统包括安全防护和设施数据的监控措施；设置对水池水位、水泵启停或故障、水池水质等设施的运行状况进行远程实时传输和监控，了解泵房内设施动态，发现设备故障、人为破坏等不利情况及早报警、处理等。

5.2.8 卫生、水质、防疫保障措施

建筑给水排水工程中应首先保证用户的用水水质，日常维护中充分考虑到生活给水系统供水的安全性，污水排水系统排放的通畅性，防止疾病的发生和传播，也是不浪费水资源，节水降碳的一种表现。对既有建筑，应进行定期检查，发现问题及时处理，具体保障和改进措施有：

1. 生活饮用水水池（箱）、水塔

（1）建筑物内的生活饮用水水池（箱）、水塔应采用独立的结构形式，不得利用建筑物本体结构作为水池（箱）的壁板、底板及顶盖。与消防用水水池（箱）并列设置时，应有各自独立的池（箱）壁。一般生活水池（箱）采用食品级不锈钢组合水箱，具体要求可参考现行国家标准《二次供水设施卫生规范》GB 17051 和现行行业标准《二次供水工程技术规程》CJJ 140。

（2）埋地式生活饮用水贮水池周围 10m 内，不得有化粪池、污水处理构筑物、渗水

井、垃圾堆放点等污染源。生活饮用水水池（箱）周围 2m 内不得有污水管和污染物。

（3）排水管道不得布置在生活饮用水水池（箱）的上方。

（4）生活饮用水池（箱）、水塔人孔应密闭并设锁具，通气管、溢流管应加防虫网罩，防止生物进入水池（箱）。

（5）生活饮用水水池（箱）内贮水更新时间不宜超过 48h。保证措施有：①连接水箱的进水管、出水管和泄水管相对位置应考虑水流路径，避免死水区。②水箱容积不应设置过大，资料不足时水箱容积往往按建筑物最高日用水量的 20%～25% 确定，既有建筑改造时则可以根据监测的进水量与用水量变化曲线经计算复核，避免水箱选型过大，增加造价和运行维护成本。

2. 生活饮用水水池（箱）、水塔消毒

物业管理者应制定储水设施清洗消毒计划；生活饮用水储水设施，至少半年清洗消毒 1 次，并进行水质检测，保证水质满足现行国家标准《生活饮用水卫生标准》GB 5749 的要求，水质合格后恢复供水。生活水箱容积超过 50m³ 的应设成双格或两个独立使用的箱体，方便清洗时另一格能正常运行；容积小于 50m³ 时，推荐采用双格。常用的消毒装置有：水箱出水口处设置紫外线消毒器，水箱内置或外置自洁消毒器。

3. 卫生器具

卫生器具自带存水弯或在排水口以下配置存水管，其水封深度不小于 50mm。

4. 排水系统

排水系统设专用通气立管和环形通气管，以保护水封，防止下水道内臭气进入室内。

5.3　非传统水源利用技术

在水资源日益紧缺的今天，提高非传统水源利用是缓解水资源紧缺，实现给水排水系统节能、降碳的重要途径。非传统水源是指不同于传统地表供水和地下供水的水源，包括中水、雨水、海水等。这些水均可用作绿化灌溉、水景补水、冲洗地面、冲厕等。

由于既有建筑内部给水排水管道改造投资较大并占用建筑主体空间，可实施性较差，对建筑生活排水进行回收处理的中水应用，目前进展较为缓慢。因此，非传统水源特别是雨水，回收用于景观绿化、道路清洗、消防等不与人体直接接触方面可行性更高、应用更广泛。

5.3.1　中水回用技术

中水，即是各种排水经处理后，达到规定的水质标准，可在生活、市政、环境等范围内利用的非饮用水。本章节提及的中水系统，其主要服务范围为建筑物或园区，中水处理的原水主要为园区内的优质杂排水或杂排水。在既有建筑改造中，应因地制宜设置中水回用系统，当附近有城市中水资源或者中水再生水可利用时，各部门应积极推动中水的安全、有效利用，以实现节水降碳的目的。

1. 中水系统组成

建筑中水系统由中水原水系统、中水处理系统和中水供水系统三部分组成。

（1）中水原水系统即中水水源。中水原水系统是指收集、输送中水原水到中水处理设施的管道系统及附属构筑物。集水方式有合流、分流两类：合流集水方式是指污、废水共用一套管道系统收集并排至中水处理站；分流集水方式是指污、废水分别用独立的管道系统收集，水质差的污水排至城市排水管网进入城镇污水处理厂处理后排放，水质较好的废水作为中水原水排至中水处理站。

建筑物中的原水可选择的种类有卫生间、公共浴室的盆浴和淋浴等的排水，盥洗排水，空调循环冷却水系统排水，冷凝水，游泳池排水，洗衣排水，厨房排水，冲厕排水等，其建设成本、处理成本、后期维护及使用观感上均具有一定可行性。

小区中水系统的原水除了建筑原水外，还可以依据设计目标、水量平衡和技术经济比较，选择小区或城市污水处理厂的出水；小区附近相对洁净的工业废水，其水质、水量必须稳定，并要有较高的使用安全性，如工业冷却水、矿井废水等；小区内的雨水；小区生活排水。

医疗污水、放射性废水、生物污染废水、重金属及其他有毒有害物质超标的排水严禁作为中水原水。

（2）中水处理系统。中水处理系统由预处理、主处理、后处理三部分组成。预处理是指截留大的漂浮物悬浮物，调节水质和水量；主处理一般是指二级生物处理段，用于去除有机和无机污染物等；后处理则是进行深度处理。

（3）中水供水系统。中水供水系统的任务是把中水通过输配水管网送至各用水点，由中水贮水池、中水配水管网、中水高位水箱、控制和配水附件、计量设备等组成。

2. 中水系统形式

（1）既有建筑物中，增加或者改造中水系统时，宜采用完全分流系统，如图 5-6 所示。完全分流系统是指中水原水的收集系统与建筑内部排水系统、建筑生活给水与中水系统完全分开，即建筑物内污、废水分流，设有粪便污水、杂排水两套排水系统和给水、中水两套供水系统。

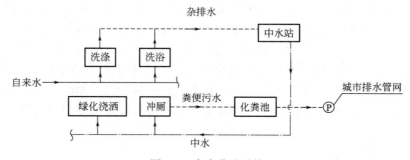

图 5-6 完全分流系统

（2）一般独立建筑改造中水系统不多，往往是对集中建筑区进行中水水源收集并统一处理，以降低维护运行管理成本。小区中水系统形式应根据工程的实际情况、原水和中水用量的平衡和稳定性、系统的技术经济合理性等因素综合考虑确定。根据原水收集和中水供水系统的不同，一般分为全部完全分流系统（4 套管路系统）、部分完全分流系统、半完全分流系统（3 套管路系统）和无分流管系的简化系统（2 套管路系统）。

全部完全分流系统（4 套管路系统），原水分流管系和中水供水管系覆盖小区所有建筑物，即在小区内的主要建筑物内都设有污、废水分流管系（杂排水和粪便污水 2 套排水管道系统）和中水、自来水供水管系（2 套供水管道系统）。部分完全分流系统，原水

（污、废水）分流管系和中水供水管系，只覆盖了小区内部分建筑物，如图 5-7 所示，建筑物 1 中采用分质供水、分流收集的完全分流系统形式，而建筑物 2 内则是 1 套给水系统，污、废水合流排放。半完全分流系统（3 套管路系统）有两种常见形式：各建筑物内均设置中水、自来水两套供水管系，采用污、废水合流排水，以生活排水作为中水水源，如图 5-8（a）所示；各建筑物采用分流排水，杂排水作为中水水源，处理后的中水只用于室外杂用，建筑物内未设置中水供水管系，如图 5-8（b）所示；无分流管系的简化系统（2 套管路系统），各建筑物内污、废水合流排放，只设自来水给水管系。中水原水是综合生活污水或外接水源，处理后的中水只用于室外杂用，如图 5-9 所示，这也是笔者认为目前在既有建筑小区较为可行的中水回用系统。

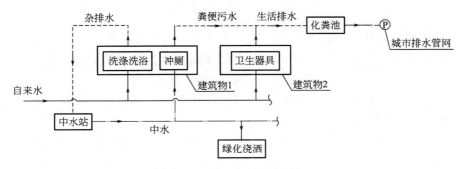

图 5-7　部分完全分流系统

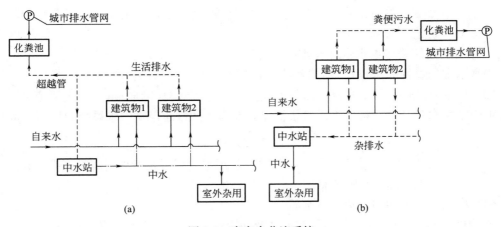

图 5-8　半完全分流系统

3. 中水系统主要技术参数

既有建筑中，在对中水回用系统的应用可行性评判和方案选择时，技术的关键点是对各类水量的统计计算及其之间的平衡，因此需要了解其内涵，并进行平衡计算。

（1）中水系统可回收的原水量 Q_Y 按下式计算：

$$Q_Y = \sum \beta \cdot Q_{pj} \cdot b \qquad (5-5)$$

式中　Q_Y——中水原水量，m^3/d；

β——建筑物按给水量计算排水量的折减系数，一般取 $0.85 \sim 0.95$；

Q_{pj}——建筑物回收污、废水种类的平均日生活给水量，按现行国家标准《民用建

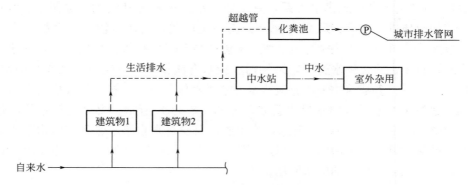

图 5-9　无分流管系的简化系统

筑节水设计标准》GB 50555 中的节水用水定额计算确定，m^3/d；

　　b——建筑物用水分项百分率，%，应以实测资料为准，当无实测资料时，可参考《建筑中水设计标准》GB 50336—2018 表 3.1.4。

　　小区生活排水中可回收的原水量 Q_0 应根据小区中水用水量和可回收排水项目水量的平衡计算确定，其计算方法有：

　　第一种 Q_0：按式（5-5）分项计算小区各建筑物的分项排水原水量后叠加。

　　第二种 Q_0：用合流排水为中水水源时，小区综合排水量可按式（5-6）计算：

$$Q_0 = Q_d \cdot \beta \tag{5-6}$$

式中　Q_d——小区平均日给水量，按现行国家标准《民用建筑节水设计标准》GB 50555 的规定计算；

　　　　β——建筑物按给水量计算排水量的折减系数，一般取 0.85～0.95。

　　中水水源的设计原水量 Q_1 不宜小于中水用水量 Q_3 的 110%～115%。

　　（2）中水系统供水量：根据中水的不同用途，分别计算冲厕、洗车、浇洒道路、绿化等各项中水用水量，然后将各项用水量汇总，即为小区或建筑物中水系统的总用水量 Q_3。

$$Q_3 = \sum q_{3i} \tag{5-7}$$

式中　q_{3i}——各项中水系统用水量。各分项杂水用水计算可参考现行国家标准《建筑中水设计标准》GB 50336。

　　（3）中水原水水质和中水处理水质

　　1）中水原水水质　因建筑物所在地区及使用性质不同，其污染成分和浓度也不相同，改造设计时应根据现有管网收集的水质调查分析确定。在无实测资料时，各类建筑物的各种排水污染物浓度可查阅相关资料确定，对既有建筑应进行实际检测复核，使得改造设计依据更加充分。

　　2）中水供水水质　中水供水水质标准按中水回用用途进行分类：中水用作建筑杂用水（如：冲厕、道路清扫、院区绿化、车辆冲洗、建筑施工等）时，其水质应符合现行国家标准《城市污水再生利用　城市杂用水水质》GB/T 18920 的规定；中水用作景观环境用水时，其水质应符合现行国家标准《城市污水再生利用　景观环境用水水质》GB/T 18921 的规定；中水用于食用作物、蔬菜浇灌用水时，其水质应符合现行国家标准《城市污水再生利用　农田灌溉用水水质》GB 20922 的要求；中水用于供暖系统补水等其他用途时，其水质应符合现行国家标准《采暖空调系统水质》GB/T 29044 的规定；当中水同时满足多种用途时，其水质应按最高水质标准确定。

（4）供需水量平衡

一般可采用水量平衡图，如图 5-10 所示。水量平衡图是将水量平衡计算结果用图示方法表示设计范围内各种水量的来源、出路及相互关系，水的合理分配及综合利用情况。水量平衡图是选定中水系统形式、确定中水处理系统规模和处理工艺流程的重要依据，也是量化管理必须做的工作和必备的资料。水量平衡图主要包括：建筑物各用水点的排水量（包括中水原水量和直接排放水量）；水量平衡图；中水处理水量、原水调节水量；中水供水量及各用水点的供水量；中水消耗量（包括处理设备自用水量、溢流水量和泄空水量）、中水调节量；自来水总用量（包括各用水点的分项给水量及对中水系统的补充水量）；自来水水量、中水用水量、污水排放量三者之间的关系。

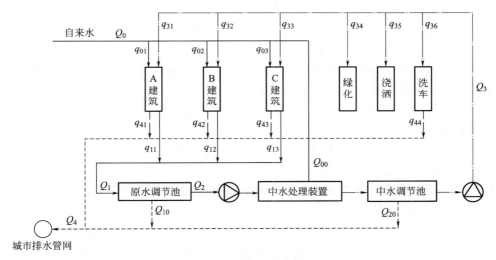

图 5-10　水量平衡图

q_{0i}—自来水分项用水；q_{1i}—中水原水分项水量；q_{3i}—中水分项水量；q_{4i}—污水排放分项水量；

Q_0—自来水总供水量；Q_1—中水原水总水量；Q_2—中水处理水量；Q_3—中水供水量；

Q_4—污水总排放水量；Q_{00}—中水补给水量；Q_{10}、Q_{20}—溢流水量

水量平衡计算的目的分两方面：一是确定中水水源的污、废水可集流的流量，进行原水量和处理水量之间的平衡计算；二是确定中水用水量，进行处理水量和中水用水量之间的平衡计算。

水量平衡计算可按下列步骤进行：计算各类建筑物内厕所、厨房、沐浴、盥洗、洗衣及绿化、浇洒等各项用水量，当无实测数据时，可按式（5-5）计算；根据中水供水对象，确定可收集的中水原水量 Q_1（中水水源）；按式（5-7）计算中水总用水量 Q_3。

计算中水日处理水量 Q_2：$Q_2 = （1+n）Q_3$。

计算中水设施的处理能力 $Q_{2(h)}$：$Q_{2(h)} = Q_2/t$。其中，n 为中水处理设施自耗水系数，可取 10%～15%；t 为中水处理设施每日运行时间。

计算溢流量或自来水补充水量 Q_b：$Q_b = |Q_1 - Q_2|$，当 $Q_1 > Q_2$ 时，为溢流量（从超越管排至城市排水管网）；当 $Q_1 < Q_2$ 时，为自来水补水量。

（5）原水收集率

原水收集率是指中水系统回收排水项目的回收水量之和与中水系统回收排水项目的给水量之和的比值。原水收集率不应低于回收排水项目给水量的75％，该参数也是项目改造与否的评判依据。

提出收集率的要求，目的是把可利用的排水都尽量收回。可利用的排水是指经水量平衡计算和技术经济分析，有可能回收利用的排水。凡能够回收处理利用的，应尽量收回，这样才能提高水的综合利用率。

（6）建筑中水利用率

建筑中水利用率是指建筑中水年总供水量和年总用水量之比。目前我国中水利用水平偏低，平均利用率还不到10％。在水资源日益紧缺的今天，提高中水利用率无疑有着重要的现实意义。该参数也是项目改造与否的评判依据。

（7）水量平衡措施

水量平衡措施是指通过设置调贮设备，使中水处理量适应中水原水量和中水用水量的不均匀变化，主要有以下几种措施：

1）贮存调节。通过原水调节池、中水贮水池、中水高位水箱等进行水量调节，以调节原水量、处理水量和用水量之间的不均衡。

2）运行调节。利用水位信号控制处理设备自动运行，通过合理调整运行时间和班次，有效调节水量平衡。

3）用水调节。充分开辟其他中水用途，如浇洒道路、绿化、施工用水、冷却水补水等，以调节中水使用的季节性不平衡。

4）溢流和超越。当原水量出现瞬时高峰或中水用水发生短时间中断等情况时，溢流是平衡原水量与处理水量的手段之一。超越是在处理设备故障检修或其他偶然事故发生时采用的方法。

5）补充自来水。在中水贮存池或中水高位水箱上设置自来水应急补水管，当设备发生故障或中水供水不足时用自来水补充。但不允许自来水补水管与中水供水管道直接连接，必须采取隔断措施。

4. 中水系统的原水及供水系统

（1）原水系统

室内外原水收集管道及附属构筑物均应采取防渗、防漏措施，并应有防止不符合水质要求的排水接入的措施。厨房排水等含油排水应经过隔油处理后方可进入原水系统。

关于中水原水管道及其附属构筑物的设计要求，与建筑物的排水管道设计要求大同小异。中水原水管道既不能污染建筑给水，又不能被不符合原水水质要求的污水污染。实践中污染的事故的发生，主要原因是把中水原水管道当成一般的排水管道，不予重视。小区中水系统以雨水作为中水水源或建筑中水系统以屋面雨水作水源补充时，应有可靠的调储容量和溢流排放设施。

原水应计量，以便于整个系统的量化管理。宜设置瞬时和累计流量的计量装置，如设置超声波流量计和沟槽流量计等。当采用调节池容量法计量时应安装水位计。

为配合中水回用，建筑排水系统应进行分流制排水改造，即将粪便污水和优质的生活废水分开排放。采用分流制排水不仅能够有效降低水厂的净化难度和净化过程消耗的能源，对于建筑来说，中水供给各种杂用水系统明显可以减少资源的消耗，同时还能节约市政管网在输送过程中所需的电能。

（2）供水系统

为了防止污染自来水和防止误饮、误用，因此中水供水系统必须独立设置，不允许以任何形式与自来水系统连接。可通过安装倒流防止器或防污隔断阀等，以防对自来水系统造成污染。

中水管网中所有组件和附属设施的显著位置应配置"中水"的耐久标识，中水管道应涂浅绿色，埋地、暗敷中水管道应设置连续耐久标志带；中水管道取水接口处应配置"中水禁止饮用"的耐久标识。

中水管道上不得装设取水龙头。当装有取水接口时，必须采取严格的误饮、误用防护措施，如供专人使用的带锁龙头、明显标示不得饮用等。绿化、浇洒、汽车冲洗宜采用有防护功能的壁式或地下式给水栓。

中水贮存池（箱）内的自来水补水管应采取自来水防污染措施，补水管出水口应高于中水贮存池（箱）内溢流水位，其间距不得小于补水管管径的 2.5 倍。严禁采用淹没式浮球阀补水。为防止中水受到污染，中水贮存池（箱）的溢流管、泄空管应采用间接排水的空气隔断措施，以防下水道中的污物污染中水水质。溢流管应设隔网，防止蚊虫进入，并应在中水贮存池（箱）处设置最低水位和溢流水位报警装置。

5. 中水处理设施及工艺流程

中水处理设施及工艺流程应根据中水原水的水质、水量和中水的水质、水量、使用要求及场地条件等因素，经技术经济比较后确定。一般中水处理设施包括：化粪池、格栅、毛发聚集器、调节池、沉淀（絮凝池）、生物处理、过滤、消毒、污泥处理、一体化处理装置等。根据处理工艺不同，选择不同的处理设施。因为卫生条件好和安装便捷，目前采用较多的是一体化装置或者组合装置。应当具备查验和监测设备处理指标和主要环节运行参数的功能，其出水水质应符合使用用途所要求的水质标准。

当以优质杂排水或杂排水作为中水原水时，原水有机物浓度较低，处理目的主要是去除悬浮物和少量有机物，可采用以物化处理为主或采用生物处理和物化处理相结合的工艺流程，如图 5-11 所示。

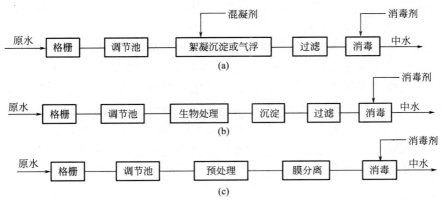

图 5-11　优质杂排水或杂排水作为中水原水的水处理工艺流程

(a) 物化处理工艺流程（适用于优质杂排水）；(b) 生物处理和物化处理相结合的工艺流程；(c) 预处理和膜分离相结合的工艺流程

其他处理工艺在既有建筑中不常遇到,但是也是可积极利用和进行处理的。如当以含有粪便污水的排水作为中水原水时,原水中有机物或悬浮物浓度高,宜采用二段生物处理与物化处理相结合的工艺流程。当小区周边有可利用的污水处理站或城市污水处理厂二级处理出水作为中水水源时,宜选用物化处理或与生化处理结合的深度处理工艺流程。当中水用于供暖、空调系统补充水等其他用途时,应根据水质需要增加相应的深度处理措施,如活性炭、超滤或离子交换处理等。

6. 中水回用系统运维

(1)应急处理能力。中水处理站应具备日常维护、保养与检修、突发性故障时的应急处理能力,以及应对公共卫生突发事件或其他特殊情况的应急处置条件,并应有对调节池内的污水直接进行消毒的条件和为相关工作人员做好安全防范措施。

(2)控制与监测。中水处理站的处理系统和供水系统应采用自动控制,并应同时设置手动控制;中水水质应按有关水质检验法定期监测,常用控制指标(pH、浊度、余氯等)现场监测,有条件的可在线监测;中水处理站应根据处理工艺以及管理要求设置水量计量、水位观察、水质观测、取样监(检)测、药品计量的仪器、仪表。此外,中水处理站宜设置远程监控设施或预留条件。控制与监测系统的完善,可以有效保障日常运维工作的开展,为故障预警、排查、处理等工作的快速实施提供科学依据,有效降低故障概率和维修成本,保障系统正常运行,使中水回用真正发挥节水降碳的作用。

(3)计量。中水处理站应对耗用的水、电进行单独计量,以便对系统能耗、水耗、节水能力等进行经济分析和改造评判。

(4)培训和监管。中水处理站应建立明确的岗位责任制;各工种、岗位应按工艺要求制订相应的安全操作规程,管理人员应经专门培训;建立监管机制和应急预案;与处理设备厂家联网,实现多向监管。

制约中水设施进一步发展的瓶颈在于运行和监管。运行方面,中水设施利用效率普遍不高,不少中水设施投产不久后便处于停运状态。究其原因,一是处理能力利用不足,"大马拉小车"现象使得运行成本高;二是缺少专业的运行管理人员;三是设备频繁出现故障,设备维修成本高。设置有中水回用系统的既有建筑使用单位,应将人员培训放到首位,紧密联系工艺厂家,学习相关专业技术体系、掌握各个环节功能、熟悉各设施维护和保养手册等内容。此外,应制定日常管理和应急处理规章制度,并进行定期实操训练,提升工作人员的运维业务能力和应急处理能力。

监管方面,中水设施的运行监管缺位,存在一定的水质安全隐患。很多单位的中水设施在日常运行中对部分水质和运行指标没有监测和记录,管理单位"三无"现象(无水质监测场所、无水质监测仪器、无合格上岗人员)依旧严重。在缺乏现场例行监测和管理部门监测的情况下,大部分建筑中水设施的运行实际上处于失控状态,既无法保证用户的用水要求,也无法根据出水水质优化运行参数。针对上述问题进行改造,除提高相关监测和控制系统的智能化水平外,还应与处理设备厂家联网,必要时由供货厂家提供专业运维服务和监督保障工作,实现多向监管。

5.3.2 雨水回用技术

雨水回用系统是将雨水收集后,按照不同的需求对收集的雨水进行处理后达到符合设计使用标准的系统。雨水回用技术，宜用于年均降雨量大于 400mm 的地区。

1. 雨水回用改造目标

一般既有建筑的雨水回用，常与海绵城市建设项目控制指标相结合，根据场地情况，实现以下目标之一或者几个：

（1）通过控制源头雨水的径流总量、径流峰值和径流污染，即通常采取对场地雨水的入渗、滞留、储存等措施，满足建设或修复水环境与生态环境需要。

（2）通过前述目标的实现，减少雨水排出系统的流量，从而提高城市排洪系统的可靠性，减少城市洪涝，满足雨洪调节需要。

（3）节水的需要，也是低碳改造的目标。雨水回用优先收集屋面雨水等优质原水，通过处理达到相应的水质标准后，可用作冲洗厕所、浇洒路面、浇灌草坪、水景补水，也可用于循环冷却水和消防水的补水，缓解水资源紧缺的压力。

以长治市雨水回用改造要求为例，根据《长治市海绵城市建设改造项目控制指标（暂行）》的要求，改造建筑和小区的海绵城市设计指标年径流总量控制率应达到 80%，对应雨量 19.4mm；雨水资源利用率不低于 2%；绿地率不降低，透水地面面积不低于 30%；面源污染削减率不低于 40%；雨、污分流管网设计标准达到两年一遇。

2. 雨水回用系统组成

雨水回用系统一般由雨水收集系统、蓄水系统、处理净化系统和回用水管网系统组成。其中雨水回用系统均应设置弃流设施。

根据收集的受水面不同、回用目的不同以及小区生态规划情况等，雨水收集回用系统一般采用物理法、化学法或多种工艺组合等工艺流程，如图 5-12 所示。

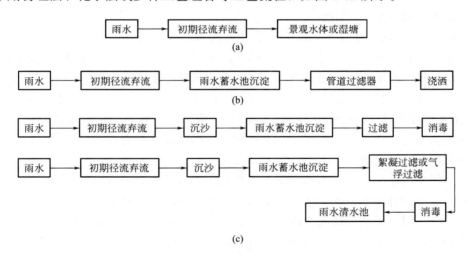

图 5-12　雨水回用系统工艺流程图
（a）雨水用于景观水体处理工艺；（b）屋面雨水处理工艺；（c）屋面、路面雨水处理工艺

3. 雨水回用系统主要技术参数

结合海绵城市控制指标的改造项目中主要技术参数有：年径流总量控制率、雨水资源利用率、雨水回用水量、雨水原水水质和回用水质、回用系统水量平衡，以及当地有关部门要求的绿地率、透水地面铺装率、面源污染削减率、雨污分流管网设计改造标准等。

（1）年径流总量控制率。径流总量控制目标应以开发建设后径流排放量接近开发建设前自然地貌的径流排放量为标准。自然地貌往往按照绿地考虑，一般情况下，绿地的年径流总量外排率为15％～20％（相当于年雨量径流系数为0.15～0.20）。因此，借鉴发达国家实践经验，年径流总量控制率最佳为80％～85％。这一目标主要通过控制频率较高的中、小降雨事件来实现。

以北京市为例：北京某地区年径流总量控制率目标为85％，即控制33.6mm降雨无外排，对小区下垫面种类和相应汇水面积进行统计并加权平均计算获得综合径流系数φ和场面汇水总面积F，则场地内设计降雨控制量$V=F \cdot \varphi \cdot 33.6$，即为小区内需要的最小总蓄水体积，可以是下凹地面、景观水体、湿塘、蓄水模块等一种或多种调蓄方式；入渗实现的降雨控制量为$V_1 = (1-\varphi)V$。常采用设置蓄水池的方式完成海绵城市要求的调蓄目标，同时将储存的雨水经过简单的物理处理用于场区浇洒、冲洗地面等，实现雨水回用的双重效益。

（2）雨水资源利用率。雨水收集并用于道路浇洒、园林绿地灌溉、市政杂用、工农业生产、冷却等的雨水总量（按年计算，不包括汇入景观、水体的雨水量和自然渗透的雨水量），与年均降雨量（折算成毫米数）的比值。

（3）雨水回用水量。雨水经处理后用于绿化、道路及广场浇洒、车库地面冲洗、车辆冲洗、循环冷却水补水、景观水体补水量等用途时，各项最高日用水量按照现行国家标准《建筑给水排水设计标准》GB 50015中的有关规定执行，平均日用水量应按上述标准及现行国家标准《民用建筑节水设计标准》GB 50555的规定执行。景观水体补水量根据当地水面蒸发量、水处理自用水量和水体渗透量综合确定。

（4）雨水原水水质和回用水质

1）雨水原水水质。建筑与小区的雨水径流的水质波动较大，受城市地理位置、下垫面性质、建筑材料、降雨量、降雨强度、降雨时间间隔、气温、日照等诸多因素的综合影响，因此雨水原水水质应以实测资料为准。屋面雨水经初期径流弃流后的水质，无实测资料时可采用如下经验值：$COD_{Cr}=70～100mg/L$；$SS=20～40mg/L$；色度为10～40度。

2）雨水回用水质。应根据用途确定，COD_{Cr}和SS应满足回用雨水相应用途的指标规定，其他指标应符合相关现行国家标准的规定。当处理后的雨水有多种用途时，其水质应按最高的水质标准选择。

（5）回用系统水量平衡。雨水收集回用系统设计时应进行水量平衡计算，单一雨水回用系统的平均日设计用水量不应小于汇水面需控制和利用雨水径流总量的30％。

雨水设计流量：硬化地面雨水收集系统的雨水流量即为设计降雨控制量。

初期径流弃流量：按下垫面实测收集雨水的COD_{Cr}、SS、色度等污染物浓度确定。无资料时，屋面弃流可采用2～3mm径流厚度，地面弃流可采用3～5mm径流厚度计算。

储存设施的有效水容积：不宜小于集水面重现期1～2年的日雨水设计径流总量扣除设计初期径流弃流量。当资料具备时，储存设施的有效容积也可根据逐日降雨量和逐日用水量经模拟计算确定。当雨水回用系统设有清水池时，储水设施有效容积应根据产水曲线、供水曲线确定，并应满足消毒的接触时间要求。缺乏上述资料时，可按雨水回用系统最高设计用水量的25％～35％计算。当采用中水清水池接纳处理后的雨水时，中水清水池应考虑容纳雨水的容积。

渗透量：根据土壤渗透系数、水力坡降、有效渗透面积、渗透时间确定，并乘以一定的综合安全系数。

调蓄池容积：宜根据设计降雨过程变化曲线和设计出水流量变化曲线经模拟计算确定，资料不足时可采用相关资料的公式计算获得。

设计排水流量：需控制和利用的雨水设计径流总量与排空时间的比值。排空时间宜按 6～12h 计算。

净化处理水量：经水量平衡计算后的雨水供应系统的最高日用雨水量与雨水处理设施的日运行时间比值。当不设雨水清水池和高位水箱时，净化处理水量按回用雨水管网的设计秒流量计算。

（6）雨、污分流管网设计改造标准。包括将原有管网雨、污合流改造为雨、污分流，同时雨水管网排水能力满足相关要求的雨水重现期。

其他参数可根据改造目标查阅相关资料。

4. 雨水水源收集系统

雨水收集回用系统应优先收集屋面雨水，不宜收集机动车道路等污染严重的下垫面上的雨水。

雨水集水面的污染程度与雨水回用系统的建设费用及维护管理费用呈正比。雨水收集部位不同，会给整个系统造成影响。从污染较小的地方收集雨水，进行简单的沉淀和过滤就能利用；从高污染地点收集雨水，要设置深度处理系统，这是不经济的。因此，屋面雨水水质污染较少，并且集水效率高，是雨水收集的首选。广场、路面特别是机动车道雨水水质相对较差，不宜收集。绿地上的雨水径流系数小，同样不建议收集回用。

（1）屋面雨水收集系统。该系统应独立设置，严禁与建筑生活污水、废水排水连接。严禁在民用建筑室内设置敞开式检查口或检查井。屋面表面应采用对雨水无污染或污染较小的材料，不宜采用沥青或沥青油毡。有条件时宜采用种植屋面。屋面雨水系统中设有弃流设施时，弃流设施服务的各雨水斗至该装置的管道长度宜相同。屋面雨水宜采用断接方式排至地面雨水资源化利用设施。当排向建筑散水面进入下凹绿地时，散水面宜采取消能防冲刷措施。

（2）地面雨水收集系统。主要是收集硬化地面上的雨水和从屋面引至地面的雨水。当雨水排至地面雨水渗透设施（如下凹绿地、浅沟洼地等）时，雨水经地面组织径流或是由明沟收集和输送；当雨水排至地下雨水渗透设施（如渗透管渠、浅沟渗渠组合入渗）时，雨水经雨水口、雨水管道进行收集和输送。硬化地面上的雨水口宜设在汇水面的低洼处，顶面标高宜低于地面 10～20mm。当绿地标高低于道路标高时，雨水口宜设在道路两边的绿地内，其顶面标高应高于绿地 20～50mm，且低于路面 30～50mm。雨水口宜采用平箅式，担负的汇水面积不应超过其集水能力，且最大间距不宜超过 40m。

（3）雨水收集与输送管道的设计降雨重现期应与入渗设施的取值一致，其他参数与雨水排水系统相同。

5. 雨水弃流装置和雨水外排

屋面和地面的初期雨水径流中污染物浓度高而水量小，通过弃流设施舍弃这部分水量可有效降低收集的雨水中的污染物浓度。所以，当以回用为目的时，除种植屋面的雨水回用系统外，均应设置初期径流雨水弃流设施，以减轻后续水质净化处理设施的负荷。

（1）弃流装置设置位置

屋面雨水收集系统的弃流装置宜设于室外，如果设在室内，应采用密闭装置，以防装置堵塞后向室内灌水。地面雨水收集系统设置雨水弃流设施时，可集中或分散设置。雨水弃流池宜靠近雨水蓄水池，当雨水蓄水池设在室外时，弃流池不应设在室内。当屋面雨水收集系统中设有弃流设施时，弃流设施所服务的各雨水斗至该装置的管道长度宜相同；设有集中式雨水弃流装置时，各雨水口至弃流装置的管道长度宜相同。弃流装置及其设置应便于清洗和运行管理。弃流装置应能自动控制弃流。

（2）弃流雨水的处置

初期径流雨水是一场降雨中污染物浓度最高的部分，平均水质通常优于污水，劣于雨水。将此部分雨水排入雨水管道，则不符合污染控制目标要求，因此，首选就地入渗到周边土壤。可在周边设绿地等生态入渗设施，选择能耐受弃流雨水污染物的植物品种，弃流雨水排入其中消纳净化是最经济的处置方式。弃流雨水排入污水管道时，建议从化粪池下游接入，但污水管道的排水能力应以合流制计算方法复核，并应采取防止污水管道积水时向弃流装置倒灌的措施。同时应设置防止污水管道内的气体向雨水收集系统返逸的措施。

（3）弃流装置的形式与选用

根据弃流装置安装方式不同，有管道式、屋顶式和埋地式；管道式弃流装置主要分为累计雨量控制式和流量控制式等；屋顶式弃流装置有雨量计式等；埋地式弃流装置有弃流井、渗透弃流装置等。

按控制方式，弃流装置又分为自控式和非自控式。满管压力流屋面雨水收集系统宜采用自控式弃流装置，重力流屋面雨水收集系统宜采用渗透弃流装置，地面雨水收集系统宜采用渗透弃流井或弃流池。自动控制弃流装置应具有自动切换雨水弃流管道和收集管道的功能，并具有控制和调节弃流间隔时间的功能；电动阀、计量装置宜设在室外，控制箱宜在室内集中设置；流量控制式雨水弃流装置的流量计宜设在管径最小的管道上；雨量控制式雨水弃流装置的雨量计应有可靠的保护措施。

（4）雨水外排

设有雨水回用系统的建筑和小区仍应设置雨水外排措施，当实际降雨量超过雨水回用设施的蓄水能力时，多余的雨水会形成径流或溢流，经雨水外排系统排至城市雨水排水管网。

6. 雨水蓄水系统

雨水回用系统应设置雨水储存设施。雨水蓄水池宜采用耐腐蚀、易清洁的环保材料，且宜设在室外地下。室外地下蓄水池（罐）的人孔或检查口附近宜设给水泵和排水泵电源。室外地下蓄水池（罐）人孔、检查口应设置防止人员落入的双层井盖或带有防坠网的井盖。蓄水池应设检查口或人孔，池底宜设集泥坑和吸水坑。雨水蓄水池上的溢流管和通气管应采取防蚊虫措施。

雨水蓄水池应有溢流排水措施，且宜采用重力溢流。室内蓄水池的重力溢流管排水能力应大于50年雨水设计重现期设计流量。

蓄水池兼作沉淀池时，还应满足进水端均匀布水、出水端避免扰动沉积物、不使水流短路等要求。设计沉淀区高度不宜小于0.5m，缓冲区高度不宜小于0.3m，且应具有排除池底沉淀物的条件或设施。当采用型材拼装的蓄水池，蓄水池内部构造具有集泥功能时，池底可不做坡度。当具备设置排泥设施的条件或排泥确有困难时，排水设施应配有搅拌冲洗系统，应设搅拌冲洗管道，搅拌冲洗水源宜采用池水，并与自动控制系统联动。

7. 处理净化系统

处理净化系统是将雨水收集到蓄水池后集中进行物理、化学处理，以去除雨水中的污染物的系统。影响雨水回用处理工艺的主要因素有：雨水回用水量、雨水原水水质和回用水质，其影响雨水水质处理成本和运行费用。在工艺流程选择时还应充分考虑降雨的随机性、雨水水源的不稳定性、雨水储存设施的闲置等因素。应根据实际情况尽量简化处理工艺流程，用户对水质有较高的要求时，应增加相应的深度处理措施。

当雨水原水较清洁且用户对水质要求不高时，可采用沉淀—消毒工艺；如果沉淀池的出水不能满足用户对水质的要求时，应增设过滤单元；用户对水质有较高要求时，应增加深度处理措施，如混凝—沉淀—过滤后加活性炭过滤或膜过滤等单元。

雨水回用时宜消毒。雨水处理规模不大于$100m^3/d$时，消毒剂可采用氯片；规模大于$100m^3/d$时可采用次氯酸钠或其他消毒剂。加氯量为$2\sim4mg/L$。

雨水处理过程中产生的沉淀污泥多是无机物且污泥量较少，污泥脱水速度快，可采用堆积脱水后外运等方法，一般不需要单独设置污泥处理构筑物。雨水处理设施产生的污泥宜进行处理。

8. 雨水供水系统

回用雨水严禁进入生活饮用水给水系统。雨水回用供水管网中低水质标准水不得进入高水质标准水系统。建筑或小区中的雨水与中水原水因污染物不同，宜分开蓄存和净化处理，净化后的出水可在清水池混合回用。

雨水供水系统应考虑自动补水，在雨水量不足时进行补水。补水水源可以是中水或生活饮用水等（景观用水系统除外）。补水的水质应满足雨水供水系统的水质要求。补水流量应满足雨水中断时系统的用水要求。补水管道和雨水供水管道上均应设水表计量。

采用生活饮用水补水时，应防止雨水对生活饮用水系统造成污染，雨水供水管道与生活饮用水管道应完全分开设置。清水池（箱）内的自来水补水管出水口应高于清水池（箱）内溢流水位，其间距不得小于补水管径的2.5倍，且不应小于150mm，严禁采用淹没式出水口补水；若向蓄水池（箱）补水，补水口应设在池外，且应高于室外地面。

为了保证回用雨水的使用安全，供水管道上不得装设水龙头；当设有取水口时，应设锁具或专门开启工具。水池（箱）、阀门、水表、给水栓、取水口均应有明显的"雨水"标识。雨水供水管外壁应按设计规定涂色或标识。

9. 雨水回用项目示例

某小区雨水利用改造，改造目标为控制年总径流量的75%，对应雨量22mm，回用雨水用于绿化、地面冲洗等。经过计算，综合径流系数为0.4767，小区调蓄为$129.12m^3$，可实现改造指标。本项目实际设置雨水收集蓄水池容量为$155.52m^3$，清水池容量为$20m^3$，设计处理量为$18m^3/h$；出水指标达到现行国家标准《建筑与小区雨水控制及利用工程技术规范》GB 50400要求的雨水回用水水质要求。雨水立管出户就近接入雨水收集检查井，雨水检查井通过雨水收集管道串联连接，并按照小区实际地形设置雨水收集管路和埋深，在雨水管网取水点接入模块蓄水池中，在水池前端设置雨水预处理系统，经弃流后雨水进入雨水蓄水池、集水池，后经雨水深度净化系统净化杀菌后储存于清水池中，作为绿化和道路浇洒的补充水源，弃流雨水排入污水管道或下游雨水管道，如图 5-13 所示。

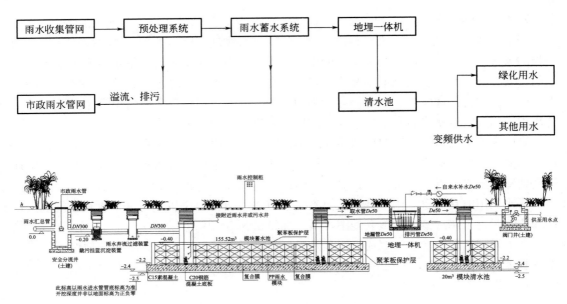

图 5-13　某小区雨水回用系统流程图

10. 雨水回用系统运维

雨水控制及利用设施维护管理应建立相应的管理制度。管理人员应经过专门培训上岗。雨水控制及利用设施应定期清洁和保养，每年至少在雨期前做一次巡检。每年雨期前应对雨水系统的潜水泵进行巡检和试验。

日常检查和维护内容应包括：检查格栅或空气挡罩固定于雨水斗上的情况；检查屋面雨水径流至雨水斗情况，并及时清理屋面或天沟内杂物；定期检查雨水管道的功能和状态，并清除雨水斗和管道中的杂质；定期检查雨水入渗、收集、输送、储存、处理与回用系统，及时清扫、清淤；定期对输水设施、储水设施进行渗漏检查，及时采取防堵措施；定期对处理设施、安全设施的功能性进行检查，确保设施安全运行；检查雨水回用系统防误接、误用、误饮的措施，检查其标志是否明显和完整；蓄水池应定期清洗，蓄水池上游超越管上的自动转换阀门应在每年雨期来临前进行检修；处理后的雨水水质应进行定期检测；检查固定系统；建立检查和维护档案。

雨水回用系统备品备件应齐全，对维护过程中发现的缺陷和问题应及时处理。

除雨水以及屋顶供水箱溢水、泄水、冷却塔排水等较洁净的废水外，其他污、废水不得排入雨水排水系统，一经发现，应及时反馈并采取改造措施。如原设计定性为观景阳台，排水立管收集阳台雨水后接入室外雨水管网，后期改造有洗衣机废水排放，则该管路应调整接入污水系统。

5.4　空气源热泵热水技术

空气源热泵热水系统是以空气源热泵热水机组为热源，将空气中的热量转移到被加热的水中并输送至各用户的系统，通常包括热泵机组、贮热水箱、水泵、连接管路、支架、控制系统和辅助热源。该系统节能高效、安全可靠、绿色环保，属于可再生能源低碳热源应用系统。在既有建筑中，因其几乎不占用建筑空间，极大提升了使用的灵活性，该系统应用较为普遍，结合前述章节相关内容，本节仅做简单介绍。

5.4.1　系统形式

空气源热泵热水机组按进水的加热方式可分为直接加热模式和循环加热模式。直接加热模式是指被加热水从机组冷凝器入口处进入，仅经过一次换热在出口处至预设温度；循环加热模式是指被加热水在水箱和机组冷凝换热器之间通过多次循环加热至预设温度，在整个加热过程中，热泵系统都处于动态工况。

直接加热模式具有即时、高效的特点，而且适用性强，适合提供较高温度的生活热水，如图 5-14 所示，基本可以保证热水的全天供应，用户满意度高。缺点是对机组不设时控，机组和热水循环泵能耗大，热损失也较大。

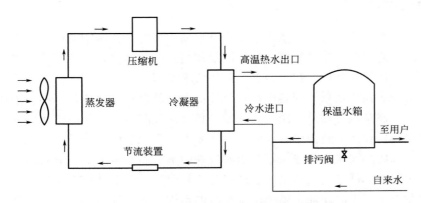

图 5-14　空气源热泵热水机组直接加热模式

空气源热泵热水机组循环加热模式对机组及附属设备均设有时控，限定设备运行时段，确保机组在室外气温较高的情况下运行，尽可能提高机组制热性能系数，机组及设备运行能耗较低，热损失较小，如图 5-15 所示。在实际应用中，循环加热模式热水系统热水出水温度适宜取较低值，以保证系统运行的高效和稳定性。

运行控制说明：

（1）热源侧控制：空气源热泵机组保证用户热水供应，出水温度设定为 55℃，回水温度设定为 50℃。

（2）定温上水控制：水箱保持最低水位，当水温达到最高温度时，热源侧加热水箱中的补水电磁阀打开，开始补水；当水温达到设定的最低温度时，电磁阀关闭，停止上水。二次侧，当温度 T_1 小于设定值时，二次侧循环泵开启，加热管网中热水。根据水箱水温、

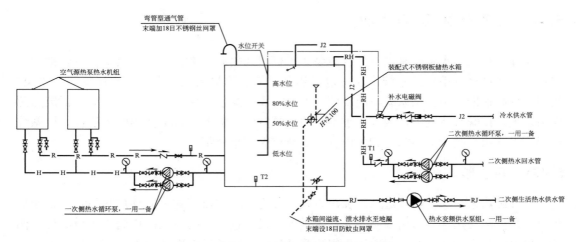

图 5-15　空气源热泵热水机组循环加热模式

水位来控制热源侧的启停，当 T_2 小于设定温度时热泵开机运行，当 T_2 大于等于设定温度时停止加热；当水箱水位低于设定的最低水位时停止热泵系统，同时自动上水，当水箱水位高于设定的最低水位时恢复加热。

5.4.2　技术应用

（1）增设或改造空气源热泵热水系统注意事项。在既有建筑中增设或改造空气源热泵热水系统，应经建筑结构安全复核，并应满足建筑结构和其他相应的安全性要求。设计时应根据项目所在地气候条件、建筑特点、使用要求，遵循节能节水、安全卫生、经济适用的原则。空气源热泵热水系统安装应符合设计要求，若设置于屋顶，则不应损坏建筑物的结构，不应影响建筑物在设计使用年限内承受各种荷载的能力，不应破坏屋面防水层和建筑物的附属设施；在既有建筑中，一般原设计屋面荷载无法满足设备承重，可根据室外总图，考虑将空气源热泵机组及热水箱设于室外地面上。

（2）选用高效率低能耗的热泵，合理确定热泵台数。在空气源热泵热水系统中，热泵机组在额定制热工况下的功耗占整个热水系统的系统总能耗的 78%～90%。所以热泵机组效率的高低对热泵热水系统能耗有决定性作用。

（3）改善环境通风，防止气流短路。热泵机组所处环境的通风情况是其能否高效运行，甚至是能否正常运行的重要的条件。通风良好的标准是，进入热泵的空气为环境空气，而热泵排出的气流又能及时排走、排远，热泵机组排气与吸气不短路。为实现这一目标，应尽量保证热泵与女儿墙的足够距离，或女儿墙上开足够面积的进风口。另外，热泵离核心筒和主楼应有足够的距离，热泵与热泵之间也应有一定的空间距离，这些距离一般应在 3m 以上。为了美观及布置方便，热泵机组大多对齐并列布置，为改善通风，可错列布置。另外，应注意风向的影响，尽可能避免将热泵机组布置于主风向下建筑物 45°阴暗区内。热泵周围的气流情况很复杂，可以通过计算流动动力学方法模拟气流状态，以求得最佳通风布置方式。

5.4.3　系统运维

若停机时间较长，应将空气源热泵热水系统管路中的水放空，并切断电源，套好防护罩。再运行时，开机前对机组进行全面检查。若机组出现故障，用户无法解决时，应及时向售后服务部报修，并告知故障代码，以便及时派人维修。

定期检查空气源热泵机组电源和电气系统的接线是否牢固，电气元件是否有动作异常，如有应及时维修和更换。定期检查机组各个部件工作情况，检查机组内管路接头盒充气阀门是否有油污，确保机组制冷剂无泄漏。空气源热泵机组实际出水温度与机组控制面板显示数值不一致时，应检查温度传感器是否接触良好。此外，建议每年两次使用浓度为 5%～10% 的柠檬酸清洗，启动机组自带循环水水泵清洗 3h，最后再用清水清洗 3 遍。禁止用腐蚀性清洗液清洗冷凝器。

5.5　太阳能热水技术

我国太阳能资源的丰富地区约占国土面积的 96% 以上，除四川东北部、贵州、湖南、湖北等地太阳能发电年等效小时数低于 900h 以外，其他地区年等效小时数均超过 900h。因此，如果能够合理利用太阳能热水系统，并采用高效率辅助热源，可以节省大部分建筑热水能耗，实现建筑节能、降碳的目的。

5.5.1　系统形式

太阳能热水系统按供热水范围可分为集中集热-集中供热太阳能热水系统、集中集热-分散供热太阳热水系统、分散集热-分散供热太阳能热水系统。集中集热-集中供热太阳能热水系统是指采用集中的太阳能集热器和集中的贮水箱供给一幢或几幢建筑物所需热水的系统。集中集热-分散供热太阳能热水系统是指采用集中的太阳能集热器和分散的贮水箱供给一幢建筑物所需热水的系统。分散集热-分散太阳能热水系统是指采用分散的太阳能集热器和分散的贮水箱供给各个用户所需热水的小型系统，也就是通常所说的家用太阳能热水器。

太阳能热水系统按生活热水与集热器内传热工质的关系又可分为直接系统和间接系统。直接系统是指在太阳能集热器中直接加热水的太阳能热水系统，又称为单回路系统，或单循环系统。间接系统是指在太阳能集热器中加热某种传热工质，再使该传热工质通过换热器加热水的太阳能热水系统，又称为双回路系统，或双循环系统。

太阳能热水系统按系统运行方式可分为自然循环系统、强制循环系统和直流式系统。自然循环系统是仅利用传热工质内部的温度梯度产生的密度差进行循环的太阳能热水系统。在自然循环系统中，为了保证必要的热虹吸压头，贮水箱的下循环管应高于集热器的上循环管。该系统结构简单，不需要附加动力。强制循环系统是利用机械设备等外部动力迫使传热工质通过集热器（或换热器）进行循环的太阳能热水系统，该系统通常采用温差控制、光电控制及定时器控制等方式。直流式系统是传热工质一次流过集热器加热后，进入贮水箱或用热水处的非循环太阳能热水系统，该系统一般可采用非电控温控阀控制方式及温控器控制方式，因此通常也被称为定温放水系统。

　　太阳能热水系统按辅助能源设备安装位置可分为内置加热系统和外置加热系统。内置加热系统是指辅助能源加热设备安装在太阳能热水系统的贮水箱内；外置加热系统是指辅助能源加热设备安装在太阳能热水系统的贮水箱附近或安装在供热水管路（包括主管、干管和支管）上。所以，外置加热系统又可分为贮水箱加热系统、主管加热系统、干管加热系统和支管加热系统等。太阳能热水系统示意如图 5-16 和图 5-17 所示。

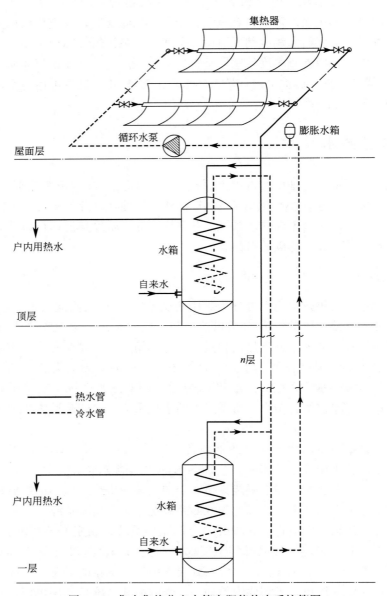

图 5-16　集中集热分户水箱太阳能热水系统简图

　　太阳能热水系统按辅助能源启动方式可分为全日自动启动系统、定时自动启动系统和按需手动启动系统。全日自动启动系统是指始终自动启动辅助能源加热设备，确保可以全天 24h 供应热水；定时自动启动系统是指定时自动启动辅助能源加热设备，从而可以定时

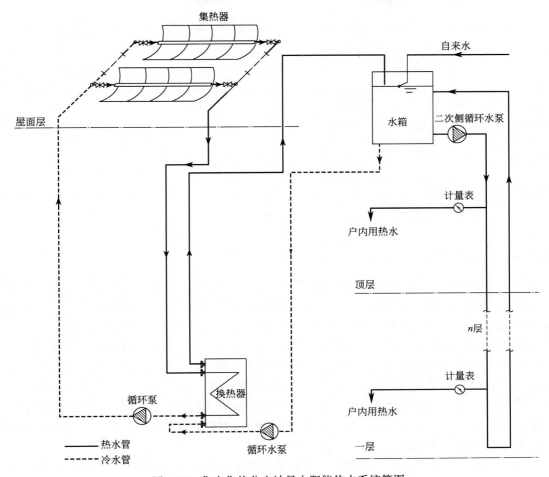

图 5-17　集中集热分户计量太阳能热水系统简图

供应热水；按需手动启动系统是指根据用户需要，随时手动启动辅助能源加热设备。

太阳能热水系统的类型应根据建筑物的类型及使用要求按表 5-2 进行选择。

太阳能热水系统设计选用表　　　　　　　　　　　表 5-2

建筑物类型			居住建筑			公共建筑		
			低层	多层	高层	宾馆医院	游泳馆	公共浴室
太阳能热水系统类型	集热与供热水范围	集中供热水系统	√	√	√	√	√	√
		分散-集中供热水系统	√	√	—	—	—	—
		分散供热水系统	√	—	—	—	—	—
	系统运行方式	自然循环系统	√	√	—	√	√	√
		强制循环系统	√	√	√	√	√	√
		直流式系统	—	√	√	√	√	√
	集热器内传热工质	直接系统	√	√	√	√	—	√
		间接系统	√	√	√	√	√	√

续表

建筑物类型			居住建筑			公共建筑		
			低层	多层	高层	宾馆医院	游泳馆	公共浴室
太阳能热水系统类型	辅助能源安装位置	内置加热系统	√	√	—	—	—	—
		外置加热系统	—	√	√	√	√	√
	辅助能源启动方式	全日自动启动系统	√	√	√	√	—	—
		定时自动启动系统	√	√	√	√	—	√
		按需手动启动系统	√	—	—	—	√	√

注：1. 表中"√"为可选用项目。

2. 实际系统设计应经计算，确定安装条件等之后具体选用。

5.5.2 系统设计

（1）增设或改造太阳能热水系统注意事项。在既有建筑上增设或改造太阳能热水系统，必须经建筑结构安全复核，并应满足建筑结构及其他相应的安全性要求。这是由于既有建筑情况复杂，结构类型多样，使用年限和建筑本身承载能力以及维护情况各不相同，改造和增设太阳能热水系统前，应经过结构复核，确定是否可改造或增设太阳能热水系统。结构复核可以由原建筑设计单位（或依据相关图纸和计算书由其他有资质的设计单位）进行或经法定的检测机构检测，确认能实施后才可进行，否则不能改建或增设。同时，在既有建筑上安装太阳能热水系统，不得降低相邻建筑的日照标准。既有建筑增设太阳能热水系统，若为上人屋面，屋面荷载一般能满足太阳能集热板负荷，可考虑将热水箱及循环设备设于室外地面。

（2）应根据建筑类型、热水用量、太阳能辐照量等条件，按照安全、适用、经济、美观的要求，合理选择太阳能热水应用形式。可参考现行国家标准《民用建筑太阳能热水系统应用技术标准》GB 50364 和《建筑给水排水设计标准》GB 50015。

（3）太阳能热水系统由太阳能集热系统和热水供应系统构成，主要包括太阳能集热器、贮水箱、管路、控制系统和辅助能源等。

1）太阳能集热器。按太阳能集热器的结构形式和材料可分为真空管型太阳能集热器和平板型太阳能集热器。其中真空管型太阳能集热器又分全玻璃真空管太阳能集热器、玻璃-金属真空太阳能集热器、热管式真空管太阳能集热器。太阳能集热器类型应根据太阳能热水系统在一年中的运行时间、运行期内最低环境温度等因素确定。当运行期内最低环境温度小于0℃时，平板型太阳能集热器采用防冻措施后可用；全玻璃真空管太阳能集热器采用防冻措施后可用，如不采用防冻措施，应注意最低环境温度值及阴天持续时间。

2）贮水箱。一般家用太阳能热水器贮水箱容积小于 $0.6m^3$，容积大于 $0.6m^3$ 的贮水箱为太阳能热水系统使用。大面积太阳能热水系统的贮水箱一般为常压水箱，水箱应有足够的强度和刚度。为保持水质清洁，贮水箱应防腐、防锈，为减少热量损失，贮水箱应设有保温层。贮水箱宜靠近集热器，以缩短两者之间连接的管线及减少热损耗。太阳能集热器与贮水箱若直接相连为整体式，集热器适合安装在平屋面或平台上；若分离布置，称为分体式，集热器适合安装在坡屋面、阳台和墙面等位置。

3）辅助能源。辅助能源可为电、燃气等，目前为了实现低碳目标，太阳能热水系统与热泵热水机组联合使用较为常见，如图 5-18 所示。太阳能热水系统宜与辅助能源联合使用，构成带辅助能源的太阳能热水系统。

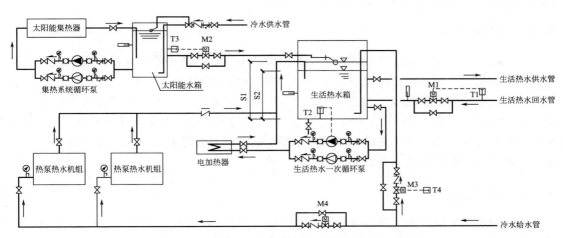

图 5-18　太阳能热水系统联合热泵热水机组供热水系统

4）太阳能热水系统的运行方式，应根据安装地点纬度、太阳能月均辐照量、环境温度、用水情况、辅助能源情况等基本条件，以及用户的使用需求及集热器与贮水箱的相对安装位置等因素综合确定。

直接太阳能热水系统的集热器总面积计算见下式：

$$A_{jZ}=\frac{Q_{md}\cdot f}{b_j\cdot J_t\cdot\eta_j(1-\eta_1)}\tag{5-8}$$

式中　A_{jZ}——直接太阳能热水系统集热器总面积，m^2；

　　　Q_{md}——平均日耗热量，kJ/d；

　　　f——太阳能保证率，该值及后述参数均可查相关规范或资料获得；

　　　b_j——集热器面积补偿系数；

　　　J_t——集热器总面积的平均日太阳辐照量，$kJ/（m^2\cdot d）$；

　　　η_j——集热器总面积的年平均集热效率；

　　　η_1——集热系统的热损失。

间接太阳能热水系统的集热器总面积计算公式如下：

$$A_{jj}=A_{jZ}\left(1+\frac{U_L\cdot A_{jZ}}{K\cdot F_{jr}}\right)\tag{5-9}$$

式中　A_{jj}——间接太阳能热水系统集热器总面积，m^2；

　　　U_L——集热器热损失系数，$kJ/（m^2\cdot℃\cdot h）$，应根据集热器产品的实测值确定，平板型可取 $14.4\sim21.6kJ/（m^2\cdot℃\cdot h）$；真空管型可取 $3.6\sim7.2kJ/（m^2\cdot℃\cdot h）$；

　　　K——水加热器传热系数，$kJ/（m^2\cdot℃\cdot h）$；

　　　F_{jr}——水加热器加热面积，m^2。

太阳能集热器安装倾角宜等于当地纬度。如系统侧重在夏季使用，其安装角应等于当地纬度－10°；若系统侧重在冬季使用，其安装角应等于当地纬度＋10°。集热器安装倾角在运维和改造安装中均应重点考虑，以保证集热效率。

其他计算参数，如平均日耗热量、集热水加热器或集热水箱（罐）的有效容积、集热系统循环水泵流量和扬程等均应满足相关标准要求。

5.5.3 系统施工

太阳能热水系统安装不应损坏建筑物的结构，不应影响建筑物在设计使用年限内承受各种荷载的能力；不应破坏屋面防水层和建筑物的附属设施。

在屋面结构层上现场施工的基座完工后，应做防水处理，并应符合现行国家标准《屋面工程质量验收规范》GB 50207 的要求。采用预制的集热器支架基座应摆放平稳、整齐，并应与建筑连接牢固，且不得破坏屋面防水层。钢基座及混凝土基座顶面的预埋件，在太阳能热水系统安装前应涂防腐涂料，并妥善保护。

5.5.4 系统验收

太阳能热水系统安装完毕，管道保温之前应进行水压试验。试验压力应符合设计要求。当设计未注明时，系统水压试验的试验压力应为系统顶点工作压力加 0.1MPa，同时，系统顶点的试验压力不小于 0.3MPa。检验方法为：钢管或复合管道系统试验压力下稳压10min，压力降不大于 0.02MPa，然后降至工作压力，压力应不降，且不渗不漏；塑料管道系统在试验压力下稳压 1h，压力降不得超过 0.05MPa，然后在工作压力 1.15 倍状态下稳压 2h，压力降不得超过 0.03MPa，连接处不得渗漏。

5.5.5 系统运维

应定期清除太阳能集热器透明盖板上的尘埃、污垢，保持盖板的清洁，以保证较高的透光率。清洗工作应在清晨或傍晚日照不强、气温较低时进行，以防止真空管被冷水激碎。注意检查透明盖板是否有损坏，如有应及时更换。对于真空管型太阳能集热器，要经常检查真空管的真空度或内玻璃管是否破碎，若真空管的钡－钛吸气剂变黑，即表明真空度已下降，需更换集热管。真空管型太阳能集热器除了清洗真空管外，还应同时清洗反射板。

有辅助热源的全天候热水系统，应定期检查辅助热源装置及换热器工作是否正常。对于辅助热源是电热管加热的，使用之前一定要确保漏电保护装置工作可靠，否则不能使用。对于太阳能热水系统联合热泵热水机组的供热水系统，还应检查热泵压缩机和风机工作是否正常，出现问题应及时解决。

冬季气温低于 0℃时，平板型太阳能热水系统应排空集热器内的水；安装有防冻控制系统的强制循环系统，则只需启动防冻系统即可，不必排空系统内的水。集热器的吸热涂层若有损坏或脱落应及时修复。所有支架、管路等每年涂刷一次保护漆，以防锈蚀。

太阳能集热器应防止闷晒，否则会造成集热器内部温度升高，损坏涂层，出现箱体保温层变形、玻璃破裂等现象。造成闷晒的原因可能是循环管道堵塞；在自然循环系统中也可能是冷水供水不足，热水箱中水位低于上循环管所致；在强制循环系统中可能是由于循环泵停止工作所致。

第6章　电气系统低碳改造

建筑电气系统是建筑能源系统的重要组成部分,其中与能源消耗关系密切的有供配电系统、照明系统、能效计量系统、建筑设备节能控制系统及建筑物太阳能光伏发电系统。本章主要从低碳改造角度,介绍既有建筑电气系统诊断及改造内容,即在满足用电安全、功能要求的基础上,使用高效节能的产品和技术,对建筑电气系统进行低碳改造。

6.1　诊断评估

6.1.1　供配电系统

供配电系统的诊断内容主要涉及系统中变压器、电动机、仪表及接触器等电器设备,以及既有建筑中用电设备的状况、供配电系统容量及系统结构、无功补偿及供电电能质量等。

电能质量指经由配电网提供给消费者的交流电能的质量,配电网的理想状况是向用户提供稳定的频率、正弦波形以及标准的电压。与此同时,在三相交流系统中,每相的电压、电流幅度应相等、相位对称,并具有120°的互差。但是因为变压器、线路等设备是非线性的或不对称的,且负载具有多变性,导致不会出现这样的理想状态。影响用电设备的耐用性与使用效果的一个重要因素是电能质量,因此加强供配电系统电能质量诊断十分重要。在供配电系统中,三相电压不平衡度、谐波电压与谐波电流、功率因数和电压偏差是供配电系统电能质量诊断的重要指标。供配电系统节能性能的诊断宜按照下列步骤进行:

(1)查阅既有建筑电气专业竣工图及相关设计说明,对变压器、电动机进行现场勘查,了解供配电系统的容量和系统结构以及变压器、电动机、仪表及接触器等电器规格、参数等基本信息,了解其是否属于节能产品。变压器的能效等级低于《电力变压器能效限定值及能效等级》GB 20052—2020 规定的 2 级能效等级时,应进行改造。设备配套电动机未达到《电动机能效限定值及能效等级》GB 18613—2020 中规定的能效 2 级以上标准时,应进行改造。

(2)若供配电系统无法达到所要替换的用电设备功率、配电电气参数的要求,或原有的主要电气元器件为淘汰产品时,应对配电柜(箱)和配电回路进行改造。

(3)当变压器平均负载率长期低于20%且未来没有新的电力负荷的情况下,宜对其进行改造。

(4)当供配电系统未根据配电回路合理设置用电分项计量或分项计量电能回路用电量校核不合格时,应进行改造。

(5)检测三相电压不平衡度、谐波电压和谐波电流、功率因数、电压偏差,根据检测结果判定供配电系统的电能质量。当电能质量不能满足要求时,应该对改造方法的合理性进行论证,并对其进行投资效益分析,如果投资静态回收期低于 5 年,就应该对其进行改造。

（6）汇总检测结果，并与电气专业竣工图、现行节能设计标准、产品能效标准等进行对比分析，形成分析报告，确定既有建筑电气系统低碳改造方案。

6.1.2 照明系统

照明系统诊断具体可以分为两个部分：一是对照明系统的节能诊断，二是对照明系统的照明质量进行诊断。在照明系统中，节能的重点在于灯具的光源和灯具的利用率，以及照明功率密度是否达到要求；对于照明质量诊断，则以照明环境的诊断为重点，诊断照明系统所提供的照明环境是否可以满足使用者的视觉与舒适度要求，具体包括照度均匀度、眩光控制、光源颜色及反射比。本书仅介绍与照明系统节能相关的诊断内容。

1. 照明系统节能性能诊断

（1）查阅照明系统竣工图及相关技术资料，了解既有建筑中主要功能区域所采用的灯具类型、灯具效能、照度、照明功率密度参数、照明控制方式等基本信息；

（2）现场调查灯具类型、照明控制方式及有效利用自然光情况，核实照明灯具是否采用了发光效率较低、需要淘汰的落后灯具，若有该类灯具，应制订相应的改造计划。

（3）重点关注现场情况与图纸不一致的房间或场所，统计记录，进行比对。

（4）对既有建筑中主要功能区域的照度和照明功率密度进行检测，以确定其是否符合现行国家标准《建筑照明设计标准》GB 50034、《建筑节能与可再生能源利用通用规范》GB 55015 的相关要求。

每类场所或房间至少抽取一个进行测试；对抽取的房间进行照度指标检测；对检测结果进行计算并对其进行分析，着重对最低和最高照度、平均照度以及照度的空间分布进行分析，并将其与建筑照明设计标准限值进行对比，判断其是否达到了现行国家标准《建筑照明设计标准》GB 50034 的相关要求。

选择既有建筑中采用人工照明的区域，对照明功率密度进行核算，判定其是否满足现行国家标准《建筑节能与可再生能源利用通用规范》GB 55015 的限值要求。

（5）将检测结果与室内照明系统竣工图和现有节能设计规范相比较，编制分析报告。如果不符合相关标准要求，应开展改造工作，确定既有建筑照明系统改造方案。

2. 照明控制策略诊断

现场核查公共部位控制是否采用人体感应、自熄延时等较为节能的控制方式。照明系统中常见的节能控制方式有定时、人体感应控制、调光控制等。

根据实际的情况和条件，建筑照明系统中需适当增设照明灯具的自控装置，在楼梯间采用人体感应控制（红外或超声波雷达探测等）可以有效节省能耗。在自然光线充足的区域，如外窗附近、有自然光线的地下停车场等，照明系统的控制考虑使用照度感应调光控制，在自然光满足功能空间照度的情况下，将人造光源自动关掉，以降低照明能耗。

应当指出的是，在对灯光进行自动控制时，要考虑到灯具本身的技术特性，以避免由于重复、频繁的切换而导致灯具的使用寿命降低。

6.1.3 电梯及设备监控系统

1. 电梯节能诊断

（1）查阅电梯设计施工图及电梯样本，了解电梯型号，确定电梯拖动系统运行控制策略、电梯拖动电机型号、是否对制动电能回收利用、电梯照明及通风设施运行情况。

（2）对电梯进行现场勘查，查阅电梯近 10 年的运行费用，评估其运行能耗。必要时对电梯运行及待机状态下的能耗进行实际测试，测试内容包括控制系统、驱动装置、回馈装置等的能耗，但不包括机房、滑轮间、井道、轿厢照明、轿厢通风、轿厢报警装置等的能耗。确定其能效分级，并检查当前运行状态与设计要求是否相符，是否满足运行指标要求。

（3）汇总相关诊断数据，与电气竣工图、现行节能设计标准、产品能效标准等进行对比分析，形成分析报告，为制定电梯系统低碳改造方案提供依据。

2. 设备监控系统节能诊断

若建筑设备形式较为简单，未设置建筑设备监控系统时，部分机电设备可采用就地设置定时器、变频器、不联网的就地控制器及单回路反馈控制等节能控制措施，也能取得一定的效果。若既有建筑已设置建筑设备监控系统，宜按照下列步骤进行诊断：

（1）查阅既有建筑设备监控系统竣工图及相关设计说明，了解数据采集设备、传感器、通信设备规格、参数等基本信息。

（2）对数据采集设备、传感器、通信设备进行现场勘查，了解其是否属于节能产品，并检查实际安装的设备与竣工图纸是否相符，了解其是否属于节能产品，以及传感器、执行器等设备运行指标及运行情况。对设备监控系统的运行状态及控制策略进行分析，以确定其是否符合经济运行的要求，并提供废弃及保留设备清单。

（3）汇总检测结果，结合电气竣工图、现行节能设计标准、产品能效标准等进行对比分析，形成分析报告，为制定建筑监控系统低碳改造方案提供依据。

6.2 供配电系统改造

供配电系统是为建筑内所有用电设备提供电力的系统，供配电系统是否合理、是否节能运行，直接影响建筑用电的水平。在低碳改造工程中，若涉及用电负荷的变化，则要对负荷容量、电缆敷设、线路保护与保护设备的选择配合等进行重新计算。对供配电系统进行改造时，宜按原线路路由敷设，当现场实际情况无法满足要求或原线路敷设方式不合理时，要重新规划敷设路由。

6.2.1 供配电设备改造

建筑中变电所由于管理方式不同，通常包括两种不同的类型。对于住宅建筑，其中居民用电部分由供电部门直接管理的低基变电所低压供电结算，而公共建筑在具备一定规模时需建设高压自管的高基变电所，供电部门采用 10kV 供电结算。高基变电所由建筑设计单位直接设计时，应在设计说明及高压、低压系统图中明确采用的变压器能效等级标准。低基变电所能效等级体现在建筑设计单位的设计说明上，考虑到受委托设计低基变电所的单位介入时间可能晚于建筑施工图出图时间，所以应在建筑设计单位提交的建筑施工图设计说明中体现与低基变电所配合方的协同设计要求。

经评估需改造更换变压器时，应选用现行国家标准《电力变压器能效限定值及能效等级》GB 20052 中规定的节能型配电变压器。低碳改造设计不应继续沿用或选用 3 级能效等级的变压器。

风机、水泵和电梯等设备应采用不低于2级能效等级的电动机。采用电动机的动力用电设备（如风机、水泵、电梯等）的能耗，在建筑总能耗中占据了很大的一部分。尽管这些设备并不是由电气专业进行直接的设计选型，但电气专业应对上述动力用电设备的电动机选型在能效等级方面进行明确的规定，并同时体现在建筑、暖通、给水排水等相关专业的设备选型表中，或由暖通、给水排水专业设计中说明，索引到电气专业设计说明。在进行设备招标采购时，动力用电设备的能效等级是一个不可或缺的重要控制指标，在对其进行配套时，应对节能指标的参数进行全面考量。

6.2.2 降低线路损耗

改造设计时，需要核算机电设备的用电负荷，并要对供配电系统的容量、供电线缆截面和保护电器的动作特性、电能质量等参数进行重新校核。低碳改造采用的新型节能机电设备的用电负荷相比改造前通常会有一定程度的降低，但由于实施能源电气化替代，也会使得电气负荷增加。所以改造工程设计要根据实际情况采用机电设备的电气参数进行负荷计算。对改造前的负荷容量、线缆截面与保护性能等参数，还要验算能否满足改造后的系统需求。

既有建筑低碳改造中，降低配电线路损耗的主要技术措施如下：

1. 确定合理的供电半径

验算用电负荷、变压器容量及台数时，为了节约低压配电线缆，降低电能损耗，提高电压质量，对供配电系统的开闭所、中心配变电所及分散配置的变、配电室按照靠近负荷中心的原则进行设计和改造。

当电气负荷相对集中，对电压质量要求较高，变配电所位置设置合适时，220V/380V供电半径（从配电变压器二次侧出线到末端负荷配电箱的配电线路距离）可以控制在150m，因建筑造型及业态等原因，可以适当放宽50m。因此，综合考虑，220V/380V供电半径不宜大于200m。但是对于居住建筑，其公用区域电气负荷较小且相对分散，大多数末端负荷都是小功率负荷，可以在电压偏差指标合格的前提下再放宽50m，即居住建筑公共区域220V/380V供电半径不宜超过250m。末级终端配电距离的分支线供电半径宜为30～50m。

2. 缩短配电线路长度

尽量缩短供电距离，线路敷设应尽量走直线。配电线路设计应防止返送电，避免不必要的线路电能损失。

3. 增大配电线缆截面积

对于数量不多但距离较长的配电线路，可根据实际情况进一步加大整体配电线缆的截面积，以满足相关规范对电压偏差的要求，同时减少线路损耗。

6.2.3 改进电能质量

1. 功率因数

变配电室集中设置的功率因数补偿装置，应根据负荷动态变化自动快速补偿。改造设计要实现变配电室对单相负荷动态变化自动快速补偿，要求功率因数补偿装置具备单相补偿功能。如果改造前补偿装置采用的电容器全部是三相电容器，则需要在改造设计中更换或增加单相电容器，投切步数应能保持每次投切大小适宜的补偿容量，功率因数满足当地电力部门的规定，一般应通过低压侧集中补偿使变压器高压侧功率因数达到 0.9 及以上。设计时应结合既有建筑变压器低压侧的实际负荷情况校核配置低压柜补偿容量，低压侧宜按补偿到 0.95 及以上的能力配置补偿装置，以保证高压侧功率因数符合规定，避免出现欠补偿或过补偿。

在供配电系统中，对于距离配电变电站很远、功率因数低的大容量电力装置，应采取就地无功补偿的方法。若建筑物内有大量的非线性电力设备，则应预留滤波器安装位置。

改善功率因数的技术措施主要包括以下几种：

（1）功率匹配：动力电机避免选型过大、运行负载过低，提高自然功率因数。

（2）选型严格：公共区域大量使用的直管荧光灯功率因数不宜低于 0.95，功率小于等于 5W 的 LED 灯具的功率因数不宜低于 0.75，功率大于 5W 的 LED 灯具的功率因数不宜低于 0.9。

（3）就地补偿：结合功率因数低的用电设备就地设置无功补偿装置。

（4）集中补偿：在区域配电室、变配电所低压柜中选用无功补偿装置，补偿后功率因数不低于 0.95。

采取就地补偿、分区域集中补偿等措施的同时，还可优化低压配电线路选型、变压器运行容量。但是不能因为采用了集中补偿措施而降低对设备自身的功率因数指标的要求，在设计、采购时宜选用更高标准的设备。

2. 谐波治理

在低压配电系统中，控制谐波的方法有两种：一种是主动式，即从谐波电流的源头入手，使其不产生谐波，或者减少所产生谐波的含量；另一种是被动式，即设置外部装置，对谐波进行抑制，即安装无源、有源或混合型有源滤波器，对由谐波源引起的谐波进行过滤，阻止其流入配电系统。

谐波治理的主动措施如下：

（1）非线性负荷靠近电源端接线，尽量将非线性负荷和线性负荷由不同的母线段供电。

（2）谐波含量较高且功率较大的低压用电设备的配电回路，采用专路供电。

（3）改善三相不平衡度，将不对称负载合理地分配到各相或分散到不同的供电点上。

（4）合理布置谐波源，把有互补效应的谐波源连接在同一个母线上。

（5）存在大量谐波的配电系统中，应选用 Dyn11 接线组别的配电变压器。

（6）当配电系统中设有适当的有源滤波装置时，相应回路的中性线截面不必增大，但中性线应与相线等截面。

（7）由晶体管控制的负荷或设备宜采用对称控制。

（8）对一些有重要价值或有重要功能的设备（例如，大型计算机系统、整流装置、医疗设备中的核磁共振、加速治疗机等），应使用专用回路或专用变压器进行供电，并且应按照低阻抗的要求进行设计。

（9）当在技术和经济上都具有可行性时，可以增加配电变压器容量，或者由更高电压等级的电网供电。

谐波治理的被动措施主要有：

（1）在使用大型电力设备、大型晶闸管调光设备、电动机变频调速控制器等有很大的谐波来源的设备时，应在现场安装抑制谐波设备。对于谐波电流比较大的非线性负载、谐波源的谐波频谱较宽，以及谐波源的自然功率因数比较高时，宜就地安装有源滤波器。

（2）在谐波源众多、功率小、分散性强，以及谐波频谱较广的场合，使用有源滤波器来集中治理。

（3）当有少量的谐波源，且其特征谐波为单次谐波，而无功功率又不足时，可以采用无源滤波器对其集中治理。

在实际工程中，要结合建筑的负载特性，选取合适的谐波治理装置（表 6-1）。

不同谐波治理装置安装方案的对比　　　　　　　　　　表 6-1

行业类型	谐波源负载	主要谐波	推荐 THDI[①]	治理方案
办公楼宇	计算机设备、中央空调、各类节能灯、办公类用电设备、大型电梯	3、5、7 次	15%	集中治理
医疗行业	重要医技设备、核磁共振设备、加速器、CT 机、X 光机	3、5、7、9 次	20%	集中治理
通信机房	大型 UPS、开关电源	5、7、11、13 次	就地 35% 集中 25%	就地治理或集中治理
公共设施	可控硅调光系统、UPS、中央空调	3、5、7、11、13 次	25%	集中治理
银行金融	UPS、电子设备、空调、电梯	3、5、7 次	20%	集中治理
生产制造	变频驱动、直流调速驱动	5、7、11、13 次	20%	集中治理
水处理机房	变频器、软启动器	—	25%	就地治理或部分治理

① THDI 数据来自于有源滤波器厂家的推荐值，供参考。

3. 三相电压不平衡度

使配电系统三相电压的不平衡度小于 15%，可以降低线路损耗，降低配电元件发热量，提高配电保护的可靠性。因此，力求让负荷性质相近、工作时间相同、功能相同的照明、插座等单相配电实现三相电压平衡，减少三相不平衡引起的线路损失。

改善三相电压不平衡度的技术措施主要包括以下几种：

（1）交叉换相，调整不对称负荷。

（2）增大负荷接入点的短路容量。

（3）增设无功功率补偿，调整不平衡的计算电流。

改造前对存在的三相不平衡用电情况进行诊断评估，改造设计中要结合具体的单相用电负荷分布、运行周期等因素合理调配，制定调试、检测方案并编制调试记录表格，供施工验收时使用。

4. 电压偏差

电压偏差对建筑供电系统有重要影响，电压偏高会影响照明系统的照明效率以及设备的使用寿命，电压偏低会造成设备长期处于亚健康状态，严重影响使用。避免或降低供电偏差，对建筑系统电气节能有很大帮助。

改善电压偏差的技术措施主要包括以下几种：

（1）合理调整用电负荷分配。区域内用电负荷集中时，会造成供电电压偏低，因此需对负荷分配进行合理规划，鼓励错峰用电。

（2）进行无功功率的平衡。

（3）增设调压设备，对电压进行合理的调整。

6.3　照明改造

在建筑总能耗中，照明系统的能耗占到了10%～20%。照明系统的低碳改造对于降低建筑的整体能耗有着非常重要的作用，其主要的技术途径是使用高效的照明光源和灯具，提高建筑物的自然采光率，以及选择合理的智能控制模式。

照明系统改造时一方面应充分利用自然光来减少照明负荷，另一方面采取节能高效、便于管理的照明控制措施。公共建筑、居住建筑的走廊、楼梯间、电梯前厅、门厅等公共活动区域照明灯具使用时间长，具有很大的节能潜力，可将原有的荧光灯全部替换为LED节能灯具，并采用分区控制、定时控制、自动感应开关、照度调节等措施，降低用电量。

6.3.1　照度及照明功率密度

既有建筑照明系统改造时，要合理确定场所或房间的照度水平，在设计中按照现行国家标准《建筑照明设计标准》GB 50034 的相关规定确定照度水平，在设计照度数和标准照度数之间，可以有±10%的偏差。工作面以外 0.5m 的区域称为作业面邻近周围区域，其照度通常可以降低一个等级，但不小于 200lx。

照明功率密度是照明系统节能的重要评价指标。设计中采用平均照度、点照度等计算方法完成计算照度计算后，在满足照度标准值的前提下计算灯具数量及其照明负荷，这些照明负荷包括光源、镇流器、变压器或 LED 驱动电源等附属用电设备，然后用照明功率密度值做校验和评价。照明功率密度值应按照现行国家标准《建筑节能与可再生能源利用通用规范》GB 55015 中的有关规定执行。

6.3.2　光源

照明系统节能改造时，应根据不同的使用需求，选择适合的照明光源，所选用的照明光源应具有尽可能高的光效。

1. 荧光灯改造技术措施

（1）使用细管径（管径≤26mm）三基色荧光灯管，也就是 T5 取代 T8、T12 卤粉荧光灯灯管，三基色灯管拥有光效高、显色指数高、寿命更长的优点，节能环保效果较为显著。在功能照明场合，尽可能地使用大功率的灯管，也就是选择 1200mm T5 型 28W 长灯管，其光效较其他小尺寸的荧光灯管具有更高的光效。

（2）通常情况下，使用光效更高的中色温灯管。除对色彩有特别的要求之外，光源的色表（以相应的色温为准），通常可以按照度来决定，例如：高照度（大于 750lx）时，使用冷色温，中色温可应用于中等照度（在 200～1000lx 之间），暖色温可应用于低照度（小于等于 200lx）。由于在暖色温、低照度的光环境下人会较为舒适，在暖色温、高照度

既有建筑低碳改造技术指南

的光环境下人会较为烦躁；在冷色温、高照度的光环境下人会较为舒适，在冷色温、低照度的光环境下人会感到较为阴冷。在大部分场所中，照度以 200～750lx 为宜，适合采用中等色温的光源。另外，中、低色温的荧光灯的效率高于高色温的荧光灯。

（3）对气体放电灯等进行补偿时，要选用高功率因数电子镇流器，荧光灯的功率因数不低于 0.9。而镇流器的耗电量是不可忽略的。管形荧光灯电子镇流器的能效等级及能效限定值应符合《普通照明用气体放电灯用镇流器能效限定值及能效等级》GB 17896—2022 中的 2 级及以上要求。

2017 年 8 月 16 日正式生效的《关于汞的水俣公约》明确提出，中国从 2021 年开始逐步禁止生产和使用含汞电池、荧光灯等产品。在 2032 年之前，所有的原生汞矿都将关闭。另外《关于汞的水俣公约》将荧光灯产品和高压汞灯列入被限制和淘汰的产品，涉及的照明产品包括用于普通照明用途的紧凑型荧光灯，用于普通照明用途的直管荧光灯和高压汞灯。《关于汞的水俣公约》的执行极大地推动了 LED 灯在照明领域的广泛应用。

LED 灯与当前广泛应用的三基色直管荧光灯、紧凑型光灯、金属卤化物灯相比，具有光源能效高、体积小、寿命长、控制灵活和表面温度低等特点。而且，近几年 LED 光源显色性也有了很大改善，进一步推进了 LED 照明灯具的普遍应用。

2. 选择 LED 灯时应着重考虑的指标

（1）显色指数和色温。《建筑照明设计标准》GB 50034—2013 中规定，长期工作、停留的房间或场所，LED 照明光源的显色指数不应小于 80，特殊显色指数应大于 0，色温不宜高于 4000K。

（2）驱动电源类型。对于建筑室内照明光源，从长远来看，阻容降压式电源的稳定性较差，会导致改造后维护、换灯成本增加，线性恒流式电源有较好的亮度稳定性与安全性，是一种适宜的 LED 驱动电源。

（3）功率因数。《普通照明用非定向自镇流 LED 灯　性能要求》GB/T 24908—2014 中明确，LED 灯在额定电压、额定频率下的实际功率因数不得低于厂家标称值 0.05；对于额定功率为 5W 以下的 LED 灯具，其功率因数不应小于 0.4；对于 5W 以上的 LED 灯具，其功率因数不应小于 0.7；对于要求高功率因数的 LED 灯，其功率因数不应小于 0.9。

（4）谐波电流及治理。既有建筑照明系统低碳改造中，照明设备的谐波电流限值应满足现行国家标准《电磁兼容　限值　谐波电流发射限值（设备每相输入电流≤16A）》GB 17625.1 中的规定。其中，在 5～25W 功率范围的照明设备，需满足《电磁兼容　限值　谐波电流发射限值（设备每相输入电流≤16A）》IEC 61000-3-2：2018 中增加的限值要求。

LED 灯具由于采用电子器件，容易产生电磁干扰和高次谐波。另外，LED 照明灯具市场需求量大，制造厂家很多，但其品质却是参差不齐，导致线路损耗、电磁干扰和电气安全等问题，因此对其限值进行规定。在《电磁兼容　限值　谐波电流发射限值（设备每相输入电流≤16A）》GB 17625.1—2012 中对于气体放电灯电子镇流器、输入功率大于 25W 的 LED 灯具及其驱动电源等照明产品的谐波极限及检测有明确要求。但是对于 25W 及以下的 LED 光源的谐波指标，在《电磁兼容　限值　谐波电流发射限值（设备每相输入电流≤16A）》GB 17625.1—2012 中没有明确规定。而在照明应用中，25W 及以下的 LED 灯具应用较为普遍，如不限制其谐波，会对电路安全及能耗造成较大不利影响。因

180

此，在既有建筑低碳改造工程中，对于 5～25W 的 LED 照明装置，将《电磁兼容 限值 谐波电流发射限值（设备每相输入电流≤16A）》IEC 61000-3-2：2018 的条件 3 作为 5～25W LED 灯具谐波电流限制要求。目前 5W 以下的 LED 灯具满足 IEC61000-3-2：2018 条件 3 的要求在技术造价等方面存在一定难度，故没有做相应要求。

在低压配电系统中广泛应用谐波电流较大的 LED 灯具，不仅会产生较大的谐波，对公共配电网络造成污染，还会增大线路的损耗，降低电力系统的供电质量，威胁电力系统的安全。在选择 LED 照明灯具时，应尽可能地选择谐波特性好的器件。在确实需要进行谐波处理的情况下，可以对灯具进行直接改装，也可以加装谐波处理设备，如改造 LED 驱动电源或在灯光配电箱断路器出线侧安装有源滤波器等。

既有建筑照明系统低碳改造中，在使用大量 LED 光源的情况下，对 LED 照明产生的谐波应注意以下事项：

（1）灯具选择。LED 照明灯具的参数中应明确其功率因数、谐波参数的要求。

（2）导线选择。对于使用大量 LED 灯具的配电线路，在选用线缆时，线缆的截面可以适当放大。应对照明的配电线缆，特别是中性线导线电流进行截面积校验，以减少线路能耗和避免线路发热引起的安全事故。

（3）电气保护开关选择。在选取断路器或熔断器等电气保护开关的参数时，应将工作电流与谐波电流的叠加作用考虑进去，避免保护装置出现误操作，减少故障的发生。

6.3.3　灯具改造

灯具的功能主要是对光源所发出光线的利用率进行提升。合理选择灯具，让它能够进行合理配光，将光高效地投射到需要照射的地方，让光源辐射的光通量得到最大限度的利用。安装在照明灯具中的光源所发出的光，并不完全以照明光的形式照射到对应物体上，部分被灯具上的反射板及透光板所吸收，部分射到了顶棚和墙壁上，余下的则是工作面的照明光，灯具发出的光通量与灯具内所有光源发出的全部光通量之比，就是灯具效率。所选择的照明灯具，其灯具效率越高越好。《建筑照明设计标准》GB 50034—2013 对照明设备和辅助配套设备的选用提出了明确的要求，并对各种灯具效率做了相应的规定。然而，对照明灯具进行改进，需与室内装修相结合，改造代价较高。

运用高反射照明灯具节能技术，在对反射器的结构进行设计时，运用了光线反射法则，将传统光滑表面的反射器与现代条状板面的反射器相结合，从而产生出一种科学、合理的光学功能。该方法利用了由光源发射的光通过反射表面后，使其远离光源区的特点，从而避免了多次反射和透射；在同一条件下，条形面板表面具有更大的发光区。它具有较大的立体角度，因此减少了眩光，减轻了眼睛的疲劳。条状板面的反射镜相对于普通平滑面反射镜，可以将照明系统的效率提升 10%～20%。

在满足眩光和配光要求的同时，应该选择高效的照明灯具，并遵守以下相关规则：

（1）室外景观、道路照明应选择安全、高效、寿命长、稳定的光源，避免光污染。

（2）对于光源、灯具、电器附件的替换，应注意产品尺寸与安装的差异。

（3）应根据照明空间尺寸，选择合适配光曲线的灯具。

（4）在满足视觉要求的情况下，灯具布置尽量接近工作面，降低灯具安装高度，提高灯具的利用率。

6.3.4 照明控制

智能照明是构建美好数字生活新图景的重要部分，直接进行传统灯具的 LED 光源替换将获得巨大的节能率，但随着照明系统低碳改造的深入，照明控制改造将会逐步成为照明系统低碳改造的常规方式。多数既有建筑照明控制方式基本上以手动控制、手动调节为主，利用人为控制实现照明回路的通断及调光。不能根据室内使用情况和室外自然照度情况进行实时调整，而教室、办公室等公共空间灯具过度开启的情况十分严重，因而有必要对照明控制方式进行改造。改造前需进行现状诊断，并根据项目情况选取改造方式。

照明系统低碳改造设计应采取多种节能控制措施，完成各种场所的照明支路划分、手动控制开关或自动控制模块的分配，能够通过便捷的操作、灵活的分区控制满足不同的照明需求。部分场所采用定时、人体感应、自然光感应等节能控制装置，每个装置都应有明确的控制要求，自动控制能够实现与自然采光、人员作息活动合理配合。需要注意的是，采用上述节能控制措施的同时，应选用对频繁开关或调光耐受能力较强的长寿命光源、灯具及附件。

1. 照明控制改造主要技术措施

(1) 按照明设计表定时控制。按照固定时间进行控制，通过时钟管理器、定时器等电气元件设定固定时间进行控制，按规则控制照明回路通断，既满足了人们日常生活、工作中对照明的需求，又达到了节约电能的目的。

(2) 照度自动调节控制。使用动态探测器，通过开关或调光的方式，对灯具进行自动控制，调节照度到最佳的状态。例如，地下车库应优先选用自带感应的车库专用照明灯具，且灯具要具有全光、微光两种工作状态，辅助结合定时控制部分灯具回路，按使用需求自动调节照度。

(3) 人体红外感应器和动静传感器控制。利用人体红外线探测器或动态探测器，对每个地区正常工作条件下的照明设备进行自动切换控制。例如，走廊、楼梯间、门厅、电梯厅、卫生间和地下车库等的照明，可以利用人体红外感应器或动静传感器进行照明控制，也就是利用对人体的感知进行照明通断和调光控制。

(4) 自然光源利用控制。可在门厅、有外窗的走廊、楼梯及办公室等有自然采光的场所，靠窗侧墙上或者顶部设置自然光照度传感器，联动自然采光场所周围的人工照明灯具的开关或调光控制。另外，还可通过对电动百叶、电动窗等具有控光功能的建筑设备进行控制，根据室外自然光的变化联动控制照明回路的通断或灯具调光控制。

(5) 场景控制。在某些场所，使用者可以预先设定各种情景，只需按键操作，就可以调出所需情景。例如，建筑物景观照明按平时、一般节日、重大节日等，设置多模式的自动调节；会议室场景控制，通过人工照明与显示设备、窗帘及扩声等设备联动，可以预设会议模式、观影模式、清洁模式等场景。

(6) 分区、分组控制。照明控制要根据建筑物的用途和自然光照条件，按分区和分组进行控制；除了单灯具房间外，每个房间中的灯具控制开关不能低于 2 个，而且每个控制开关中控制的灯具数量不宜超过 6 个。

2. 智能照明系统

在灯光分区控制和智能控制方面，传统照明系统很难满足建筑的节能和环保需求。智能照明控制系统不但可以保证良好的照明效果,还可以最大限度地减小能量消耗,降低运行和维护费用,提高灯具的使用寿命。智能照明系统是一种全数字化、模块化、分布式的基于控制平台的总线型控制系统。中央处理器、模块之间通过网络总线直接通信,利用总线对照明灯具开关、调光等实现智能化控制。智能照明系统可以随着外界环境的改变而对装置的工作状况进行自动调整,既安全又节能,既方便了操作人员,还可以在实际工作过程中对系统的各项功能进行调整。

智能照明控制系统的基本组成有:开关面板、场景面板、调光面板、移动探测器、光照探测器、定时模块等输入单元,开关执行器、调光执行器等输出单元,电源模块、智能转换器、中央处理工作站、网络传输设备、系统总线等系统单元,其拓扑图如图 6-1 所示。

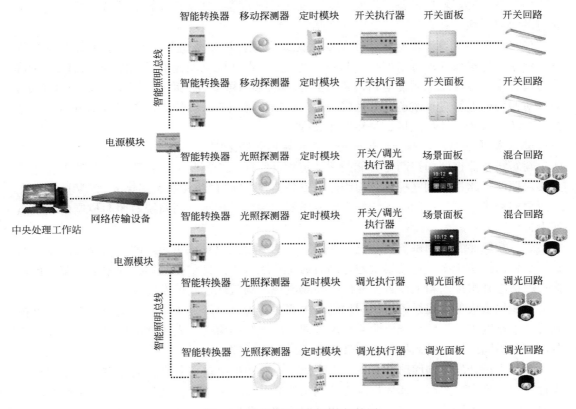

图 6-1 智能照明控制系统拓扑图

通常,智能照明控制系统的配置设计都是在灯光设计和照明电气部分设计之后展开的,按照客户的需求,将灯光设计图及电气设计图相结合,进行系统的配置。

(1)核对照明回路中灯具和光源性质

在既有建筑照明控制系统改造工程的设计中首先应当根据原有设计图纸及现场实际情况编制照明回路负荷及回路灯具表,列出受控照明回路中的负载功率、灯具和光源性质。

智能照明控制系统中的每条受控照明回路的光源应是相同类型,以方便调光模块的选择和配置。例如,LED 灯、荧光灯不能混合在同一个回路中,同一受控回路内具有不同光源类型时,应对光源进行更换或拆分受控回路。

分清照明回路性质是应急供电还是普通供电回路。每个照明回路的最大负载功率不应超过开关执行器和调光模块所允许的额定负载容量。

（2）按照明回路性能选择相应调光器、控制模块

光源的特性决定了调光装置与控制组件的选择，若选择不当，就不能获得合适且满足需要的调光与控制效果。不同厂家的产品，调光模块和控制模块对光源的要求和配电方法的需求不同，在进行这一部分的配置之前，需查阅相关的产品技术文件，或直接向照明控制系统制造商进行详细的技术咨询。

（3）根据照明控制要求选择控制面板和其他控制部件。控制面板是灯光调节装置的重要组成部分，控制面板的选型及安装位置应方便人员操作。

（4）选择协议转换设备及集成方式。控制系统如需与其他相关智能系统集成，可选用相应的协议转换设备。

（5）施工图纸设计及配置清单编制。施工图纸应准确表达智能照明系统各设备的位置、数量、连接线缆的规格型号、照明控制模块在照明配电箱内的安装图等。在既有建筑改造设计中，应注意照明配电箱内是否有足够的空间可安装照明控制模块，若空间不足，应当对照明配电箱进行改造或旁挂模块箱。编制智能照明系统配置清单应准确表达各产品技术参数、数量、使用区域、备注等相关内容。

3. 智能照明系统与基于建筑设备监控照明控制的区别

建筑设备监控照明控制与智能照明系统均可实现调光控制功能；智能照明调光模块可直接对照明回路进行调光控制，而因建筑设备监控 DDC 模块无法直接接入 220V 电源，在对照明回路进行调光控制时需增加中间变压器实现调光控制。两系统对照明控制的优缺点如下：

（1）智能照明控制系统可通过增加系统控制面板实现对照明回路的现场就地控制，而建筑设备监控系统在进行现场就地控制时需将系统状态由自动控制切换为手动控制，该切换一般在电井内配电箱上设置，在照明现场实现现场就地控制难度较大。

（2）建筑设备监控系统对照明控制的主要内容为远程开关、定时控制，实现场景类控制的技术难度很大；而智能照明系统可以通过设置智能面板、人体移动探测器、光线感应器，实现不同的场景自动控制功能及场景就地控制功能。

（3）当设计的控制回路数量在 100 路以下、照明配电箱集中设置或建筑上下楼层设置少且集中，且定时控制、远程控制等控制功能简单时，采用建筑设备监控系统进行照明控制成本较低；当设计控制回路较多、控制回路相对分散且对调光、场景控制等个性化功能有需求时，采用建筑设备监控系统进行照明控制成本将急剧增加，而采用智能照明系统能达到更好的性价比。

（4）建筑设备监控 DDC 模块不直接连接负荷，而是通过控制接触器对负荷进行控制。在进行施工安装时，DDC 需专门配备控制箱，由控制箱连线到照明配电箱的接触器，线路繁多，同时占用空间较大。而智能照明控制模块直接接负载而不用接触器，可采用标准的 35mm DIN 导轨安装在照明配电箱内的微型断路器下方，接线简单、施工简便。

（5）由于建筑设备监控 DDC 模块不能直接接入照明负荷，只能通过控制接触器对负荷进行控制，并且接触器频繁开断会导致触点的老化；而智能照明系统中有自己的中央处理器单独进行程序设计，可以根据需要进行相应的控制。当系统的控制功能发生变化时，

只要用程序设计即可快速完成；若需增设控制回路，则仅增设相应模块即可。

6.4　电梯改造

常规的电梯在运行过程中，需要借助消耗能耗电阻的能量来实现对电梯的制动，从而导致了巨大的能源浪费。电梯节能系统可以对电梯制动产生的能量进行有效回收利用，减少能源消耗。由于超级电容技术的不断发展，使得它在电梯中的使用成为可能，并具有很好的推广价值。电梯是由电机带动的升降器，电梯能耗的大部分就是电机传动系统消耗的电能。因此，高性能的电机传动系统的研发和应用，是实现电梯节能降耗的重要途径。电梯常用的节能技术措施有设备和控制节能两种方式。

6.4.1　设备节能技术

1. 采用电能回馈器将制动电能再生利用

电梯是一种垂直交通运输设备，它上下运送的工作量基本相同，一般情况下，驱动电机工作在拖动耗电或制动发电的状态下，当电梯轻载上行及重载下行，以及电梯平层前逐渐减速时，驱动电机工作在发电制动状态下，将机械能转换成电能。在过去，这部分电能不是消耗在电动机的绕组中，就是消耗在外加的能耗电阻上。前者会造成驱动电机过热，而后者则需要在外部安装大功率制动电阻，这不但会造成巨大的电力消耗，还会产生过多的热能，使机房温度升高，有时还需增加空调来冷却，这又增加了能耗。利用变频器"交—直—交"的工作原理，将机械能产生的再生交流电能转换成直流电能，并通过电能回馈器将直流电反馈到交流电网，供附近的其他用电设备使用，使电力拖动系统在单位时间内消耗的电网电能减少，达到节约电能的目的。当前将制动发电状态输出的电能回馈至电网的控制技术，已经相对成熟，用于普通电梯的电能回馈装置可以达到30%以上的节能效果。

2. 永磁同步驱动

从电动机的设计和制造两个方面，对提升电梯的能效进行研究，是实现电梯节能的根本途径。永磁同步传动技术是一种行之有效的方法，它可以极大地降低电梯能耗。当前，许多既有建筑电梯通常采用机械式的传动系统，而永磁同步传动则是将永磁材料加到电动机的转子表面，在电源恒定的条件下，电动机能够以固定的速度运转。永磁同步无齿轮电动机的曳引机具有运行平稳、振动小、噪声低、传动效率高等诸多优势，由于电动机轴与曳引轮同轴，这种曳引机可以去掉巨大、笨重的减速箱，传动效率可以得到极大提升。

3. 共直流母线

在电梯频繁运行的情况下，经常会有超过两台的机组同时运行，运行中一台或多台电梯所产生的电能可以直接回馈给共用的母线，与直流母线相连的其他电梯就可以将这些电能最大限度地发挥出来，这便是共直流母线技术。共直流母线电梯系统通常由变频器、直流保护开关、直流接触器和能量反馈装置组成，其突出特征是电动机电动状态与发电状态之间的能量共享。此外，通过将直流母线中的各电容器组并联，使系统直流储能能力倍增，从而增强了系统的稳定性与可靠性。

4. 超级电容

在当前普遍应用的变频调速电梯中，存在两种解决制动电能的措施：一种是设制动单元，释放制动电能，但该措施的缺陷是制动电能不但被完全浪费，还会因为制动单元的放电发热而导致周围的温度上升；二是通过增加逆变器将制动电能转化为三相交流电，将其反馈至电网，从而达到更高的发电效率，但其不足之处在于反馈电中的谐波会对电网产生一定干扰，而且其计量方法也不被电力部门所认可，这是限制其发展的重要因素。

超级电容是一种新型储能器件。我国超级电容回收和电梯制动电能的技术发展迅速，成为最有发展前景的电梯节能技术方案。电梯上下运送的货物数量大致相同，驱动电动机频繁在"拖动用电状态"和"制动发电状态"之间往复运行，比如，在电梯在满载的上行过程中，驱动电机处于"拖动用电状态"，在满载的下行过程中处于"制动发电状态"。因此，对电梯制动所产生的电力进行回收和再利用是降低电梯能耗的重要手段。

交流电源通过变频器制动单元与电动机相连，形成了当前常用的变频调速电梯电力拖动系统，该系统增加了超级电容储能模块，通过充放电控制单元与变频器相连。在节能电梯的电气结构中，变频器起着举足轻重的作用，当电梯驱动电动机处于制动发电状态时，制动电能反馈给变频器，通过充放电控制单元向超级电容储能模块充电，储存电梯的制动电能。当电机处在拖动用电的状态时，在充放电控制单元的控制下，首先通过超级电容储能模块进行供电，直到其放电电压达到规定值，然后通过交流电源整流的直流电进行供电。受超级电容储能模块的容量限制，在特殊工况下有可能出现超级电容储能模块充电电压到达规定值时电梯驱动电动机仍然处于制动发电状态，此时，由制动单元放电做过充电保护，最高充电电压被限制在制动单元的放电电压值以内，由于电梯的驱动电动机经常在"拖动用电工况"与"制动发电工况"之间短时交替工作，循环周期最长不超过 1 min，所以对超级电容储能模块的容量要求较小。

5. 改进机械传动和电力拖动系统

将常规的蜗轮蜗杆式减速装置替换成无齿轮减速传动，可以使机械效率提高 15%～25%。另外，将交流双速拖动系统改造成变频调压调速拖动系统，也可使电能损耗降低 20%。

6. 更新电梯轿厢照明系统

将传统的白炽灯、荧光灯等在既有建筑电梯轿厢中经常使用的光源替换为 LED 灯，可节省大量的照明用电量。LED 灯具有低能耗、不发热及使用寿命长等特点，非常适用于电梯轿厢照明。

6.4.2 控制节能技术

1. 降低电梯待机能耗

当电梯无外部召唤，且电梯轿厢内一段时间无预设指令时，应关闭轿厢照明及风扇，降低轿厢待机能耗。扶梯应采用低速运行或自动暂停的措施。

2. 电梯群控技术

电梯在启动、加速、刹车等环节都需要耗费很多电能，电梯群控制技术是通过对电梯的智能化配置来降低电梯的停靠、启动次数，从而提升交通的效率，实现节约能源的目标。电梯群控技术以计算机平台为基础，可以实现对多台电梯的控制。通过采集建筑物内大量交通数据，并判断出楼内的交通状况，经智能算法的计算，输出控制信号，从而可以对每一部电梯的运行状态进行调整。目前常用的电梯群控智能算法有专家系统算法、模糊控制算法、神经网络算法和遗传算法等。针对群体控制中存在的对象多样化随机性、非线性等问题，实际应用中的智能控制算法可融合各算法的长处进行综合设计。

3. 目的选层控制

目的选层控制是一种全新的电梯群控系统，传统的电梯控制系统仅记录目的楼层的运行方向，而目的选层系统会同时考虑候梯乘客的数量和目的楼层，从而显著提高效率和便捷性。尤其在高峰时段，目的选层系统通过候梯厅选层，利用电脑精确计算，以图解的形式告知乘客哪一部电梯能最快到达目的层。根据乘客的目的楼层分派电梯，合理分配乘客，减少不必要的中途停站次数，系统运力可提高 20%～30%，同时实现节能。还可以集成第三方门禁控制系统，进一步提升安全性和实现客流管理。

6.5 建筑设备监控系统

建筑设备监控系统又称为建筑楼宇自动控制系统（BAS），该系统是利用现代计算机技术和网络系统，主要用于对建筑物内的暖通空调系统、给水排水系统、供配电系统、电梯等分散运行的机电设备进行集中管理和自动检测，以实际需求为依据，对一些设备展开远程控制，保证对建筑内机电设备集中监视、安全运行和分散控制，同时实现节能降耗的管理目标。

6.5.1 系统组成

建筑设备监控系统主要由系统服务器、机房工作站、现场控制器、仪表、现场执行器和通信网络等组成，如图 6-2 所示。

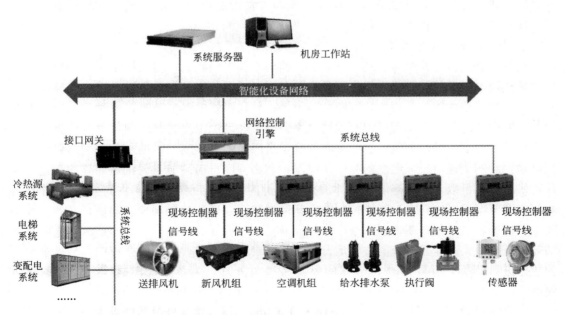

图 6-2 建筑设备监控系统拓扑图

系统服务器及机房工作站实现对建筑设备监控系统控制逻辑的编程及系统数据的存

储。网络控制引擎通过协议转换实现系统总线数据与系统服务器及系统工作站间的传输。第三方接口网关将第三方集成系统的数据转换为建筑设备监控系统可读取的标准数据。

现场控制器是安装于现场监控对象附近的专用控制设备，主要用于采集和测量现场各种设备、仪表的数据，并将采集和测量的数据传输给监控系统，同时通过接收监控系统的控制指令或对数据进行基本控制运算后，输出控制信号至现场执行机构。

仪表对现场环境数据、现场设备的运行数据进行检测，并将检测到的数据稳定、精确地转换成电信号传输到现场控制器。检测类仪表主要有温度、湿度、压力、压差、流量、水位、一氧化碳、二氧化碳等传感器及电量变送器、照度变送器等。

现场执行器主要用于接收现场控制器的指令并对现场控制设备进行自动调节，主要包括电动调节阀、电动蝶阀、电磁阀、电动风阀执行器等。

现场设备的通信网络由控制总线、现场总线或控制总线与现场总线混合组成。其通信协议通常采用 TCP/IP、BACnet、LonTalk、MeterBus、ModBus 等国际标准协议。

建筑设备监控系统拓扑图中系统管理平台及系统工作站实现对建筑设备监控系统控制逻辑的编程及系统数据的存储；网络控制引擎通过协议转换实现系统总线数据与系统服务器及系统工作站间的传输；第三方接口网关将第三方集成系统的数据转换为建筑设备监控系统可读取的标准数据；DDC 控制模块主要用于采集和测量现场各种设备、仪表的数据，并将采集和测量的数据传输给建筑设备监控系统服务器，同时通过接收系统服务器的控制指令或对数据进行基本控制运算后，输出控制信号至现场执行机构；传感器主要用于检测现场环境数据，并将检测的参数转换成 DDC 控制模块可接收的电信号；各类执行器用于接收 DDC 控制器的指令并对现场控制设备进行自动调节。

1. 冷热源监控系统

冷热源监控系统通过设备通信接口及现场采集的数据对冷水机组、冷却水泵、冷却塔、冷水泵、膨胀水箱、热水机组等设备进行实时监测和控制。

2. 空调、新风监控系统

空调、新风监控系统可实现以下功能：监测空调机组状态，自动控制风机的启停；依据内置热继电器的相关测量数据进行状态判断；过滤网状态信息监测；送风机内外压差监测，并通过系统内置的分析模块判断故障类型；新风机管道温度监测，通过程式化的温度控制机制减缓内部管道出现低温开裂的概率；回、送风温湿度监测；通过内置传感器测量目标点位的温度、湿度差值，进而测算并确定送风温度、湿度；借助水盘管中内置的回水侧自动控制阀实现对送风温度的程序化控制；利用程序自动调节空调机组加湿阀，也可实现对机组加湿量以及送风湿度的整体调整；通过内部的温度传感器模块测算室内/外空气焓值；调节新风风阀并通过联锁控制整个新风系统，合理调整风阀控制模块，在春、秋两季主要借助新风焓值，冬、夏两季则在保证满足新风规划的前提下，使得室内焓值的基本功效发挥至最大；监控系统的整体运行状态，制定周期性报表，可依据管理人员需求对历史数据进行调阅，并同时进行数据的整体备份与处理，为各个部门之间共享数据提供便利。

3. 给水排水监控系统

给排水监控系统主要实现以下监控：生活水泵控制、水流检测、自来水压力监测、供水压力监测、频率监测、污水泵控制、污水液位监测等。

4. 变配电监控系统

变配电监控系统对变压器、高低压配电柜的三相电流、三相电压、功率因数、频率等电力参数进行监控。出于安全方面的原因，不建议对其进行远程控制，需要进行操作时，由现场操作人员来完成。

5. 电梯监控系统

电梯监控系统主要监测电梯启停控制、运行状态、电梯门状态、楼层指示、故障报警、应急报警等，并且在发生火灾时，确保有可靠的联动消防。

6. 照明监控系统

照明监控系统主要是依靠接触器来完成建筑设备监控系统与照明系统的连接，并利用建筑各楼层照明配电回路下接的接触器来实现对照明系统设备的开关控制。在建筑设备监控系统中，可以对建筑物的公共区域进行照明控制，若是定时照明控制，则应将定时开启和关闭的时间点输入建筑设备监控系统中。若是声控照明，需现场安装声音检测器，将控制声音开关照明的分贝值输入到建筑设备监控系统中，从而达到对照明系统进行自动控制的目的。

7. 第三方系统的数据集成

建筑设备监控系统可通过接口对接实现第三方系统数据的集成监控，通过协议转换设备将第三方系统数据转换为建筑设备监控系统的标准协议接口，实现对第三方系统的监控。

在数据传输上，可通过以太网或建筑设备监控物联网实现，在第三方接口的设计上应采用标准的工业通信协议（如 Modbus、Lontalk、BACnet、OPC 等），如建筑设备监控系统采用 Modbus 协议。在软件接口设计上可通过协议转换方式实现，例如：将变配电系统的 CANopen、HART 等协议转换为 Modbus 协议，将冷热源机房群控系统的 CNN、H·LINK 等协议转换为 Modbus 协议，将智能照明系统的 KNX、DALI 等协议转换为 Modbus 协议。

在物理接口设计上，第三方系统可通过常用物理总线接口 RS 232、RS 485 或 RS 422 来提供其系统数据；在第三方接口设计时，各系统必须提供通信协议的格式、参数的解释、物理接口类型等。各系统的数据读取位置可集中于建筑设备监控系统机房内或根据系统位置设置数据协议转换器，通过物联网将数据传输至建筑设备监控系统服务器。

6.5.2 改造技术措施

（1）建筑设备节能控制的改造应根据既有建筑原有的建筑设备节能控制系统的设备市场更迭、技术更迭及运行情况选择改造方式。对于运行情况良好、技术未出现更迭的控制系统宜在原控制系统上实施改造，改造时首先选择在原控制系统上添加相同系列控制器、传感器直接接入系统，其次可选择在原控制系统上以接口开发对接、协议对接的方式嵌入其他控制系统。若原控制系统的设备或技术出现较大的更迭，可将原控制系统中的控制器、控制软件等核心设备废弃，传感器、执行器等非关键设备结合运行测试情况适当保留。

（2）在既有建筑低碳改造时，首先应结合建设单位的要求，确定监控的范围、对象、模式，核对受控设备控制箱设计图和现场控制箱是否有 BA 控制接口，现场控制箱无 BA

控制接口或接口不完善的应进行控制箱改造或增加 BA 控制箱。

（3）改造前应当复核既有建筑中管线、设备安装的现场条件，如桥架空间、管路情况等，并对现场电磁干扰情况进行测量，设计时合理排布桥架、管路，并根据电磁干扰情况合理选择通信线缆。

（4）建筑设备监控点表是 BA 系统设计的基础，应结合 BA 系统监控的范围、监控的对象、监控的模式等进行建筑设备监控点表设计。在设计点表时，要确认被控装置的数量和被控装置所处的楼层，然后认真拆分点表，按照分区、分层的方式布置，相互有联动逻辑的机电设备应由一台独立的控制器来控制，以此确保控制系统的可靠性。

（5）受控设备的监控原理图应结合建筑设备监控点表绘制，原理图要对设备的监控点（主要针对数字输出点、数字输入点、模拟输出点、模拟输入点）做到清晰的标识。

（6）建筑设备监控的系统图应表达系统线缆路由和敷设电缆规格，同时应明确建筑设备监控系统架构、组网协议。

（7）建筑设备监控的平面图应表达传感器、执行器、DDC 控制箱等设备的空间定位和安装方式，以及桥架规格和安装方式、线缆规格和敷设方式等。

6.5.3　智慧低碳运维

智能物联时代的建筑运维，运用数字建筑中 BIM、云计算、大数据、智能控制等技术，实现建筑设备、终端等建筑资产的可视化、精细化、动态化运维管理，提升建筑生态化、绿色化管理和运营水平。

1. 赋能建筑设备物联网化

建筑进入运维阶段，利用 BIM 和物联网技术对设备进行一体化监测管理与反馈，实时呈现建筑物细节，并基于虚拟现实控制，实现远程调控和远程维护。通过实时监测，全面掌控设备整体状况和使用情况，及时进行设备状态跟踪、调控优化方案，简化设备管理工作，优化管理流程，为建筑设备科学管理提供有效的数据支撑。

2. 基于大数据挖掘分析实现超前预警和实时报警

对建筑设备的实时运行数据进行分析和深度挖掘，便于发现潜在故障因素，提前采取相应预防措施。针对系统状态异常情况可进行判断并发起实时报警，通过多维度数据可视化展示告警信息，实现事件的实时监测、故障分析、智能预测，能够有效检测系统异常并追根溯源，为建筑运营维护的实时决策和应急处理提供保障。

3. 基于"云"的使用及管理

如果服务器及安全系统是内部部署的，那么服务器将占用建筑物内部空间，同时带来较高的电能消耗。而使用基于"云"的系统，需要管理的服务器更少，节省了建筑物内部空间，为服务器提供的电力也更少，计算机网络资源得到更高的利用效率，从而减少碳排放。

4. 人工智能技术应用

随着人工智能技术快速发展，要推动人工智能与建筑的深度融合，将人工智能技术运用到建筑物的内部设备和运维管理中，提高建筑设备、家具等的智能化程度，将会推动智慧建筑、智慧社区和智能城市的发展。通过将人工智能技术引入到建筑中，对供配电系统、照明系统、空调系统、光伏发电系统等进行智能调节，从而达到降低建筑整体能耗的目的。

6.6　能效管理系统

能耗数据在线监测是实现碳达峰碳中和目标的基础环节之一。在"双碳"目标下，对建筑的能耗标准提出了更高要求。通过能效管理系统可实时监测建筑能耗数据，分析得出建筑能耗的优化方案，在此基础上进一步实施既有建筑低碳改造。

既有建筑节能管理领域存在很多问题，当未进行能耗分类、分项计量时，不便于对不同类型建筑物中各种系统的能量消耗进行统计，也很难查出能量消耗不合理的部分。能耗分类、分项计量之后，有助于对建筑物的各种能耗数据及能耗结构进行分析，发现问题，并给出优化方案，有效减少建筑物的能耗。并且通常节能高效的设备、产品及技术造价较高，由于无法精确计量出节能数据，造成工程建设方无法预知采用节能设备、产品及技术的投入回收周期，并且对各种节能技术产生的实际效果存在认识偏差。要获得实际运行能耗数据的反馈，将节能技术应用后的实际节能效果进行量化，从而解决能耗数据的积累、交流、分析、反馈等一系列的问题，就需要构建一套集建筑能耗数据的采集、传输、存储及智能分析于一体的能效管理系统。

另外，通过对建筑用电的精确计量，在获得大量用电数据的基础上对用电负荷运行进行科学规划，在运行管理中改善用电负荷峰谷特性，为利用阶梯电价政策、推动电网节能运行、提高供电质量创造基础数据支撑条件。

能效管理系统采用智能化集成技术，对建筑物中各个用能系统的能耗信息进行采集、显示、分析、诊断、维护、控制及优化管理，并将其进行资源整合，构成一个具有实时性、全局性和系统性的能效综合智能管理功能的系统。对于既有建筑低碳改造工程，可以建立能效管理系统，对分类、分项的能耗数据实时监测，进行横、纵向对比，并加入室内环境质量的分析，与建筑的运营管理水平相联系，为更进一步的节能改造工作找准方向。

6.6.1　系统组成

能效监管系统主要由能效分析及数据采集平台、系统工作站、能耗采集器、智能表具及系统总线等组成，其拓扑图如图6-3所示。其中能效分析及数据采集平台、系统工作站对能耗数据进行收集、监测及数据分析，并对用能情况进行判断和展示，同时将本地能耗数据情况上传至上级能耗监测平台；能耗采集器用于采集不同类型智能表具的能耗数据并将数据传输至数据采集平台；智能表具用于检测建筑各区域、各类型的耗能情况。

6.6.2　方案设计

以项目建设资金分配情况、管理精细化程度等为基础，对能耗数据采集点进行设计，并与给水排水、暖通空调、强电等专业配合，制定能效管理系统设计方案。

（1）在既有建筑低碳改造时，首先勘察待监测表具（水、电、暖、燃气等）的分布情况、传输协议、统计精度等，对于传输协议不同的表具应当设置协议转换网关或更换为统一协议的表具。

（2）根据待检测表具数据传输方式、点位数量及分布情况确定能耗管理系统的架构，包括系统组网架构、能耗采集器所带载智能表具的数量等。

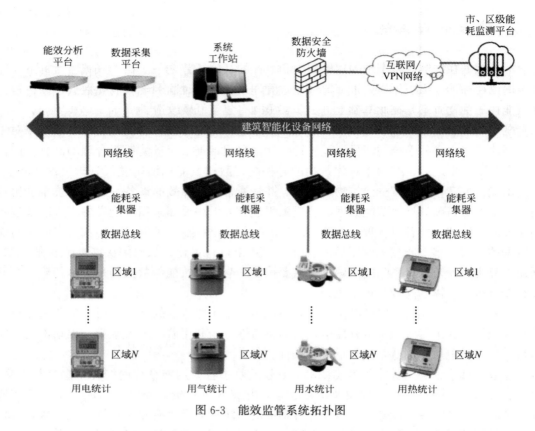

图 6-3　能效监管系统拓扑图

（3）总线联网型能效管理系统每条总线下带载的表具类型应一致，不同表具类型（水、电、暖、燃气等）不宜挂在同一条总线下，防止数据错误。

（4）施工图设计前应进行现场考察，复核既有建筑中管线、设备安装的现场条件，如桥架空间、管路情况等，并对现场电磁干扰情况进行测量，合理排布桥架、管路，并根据电磁干扰情况合理选择通信线缆。

6.6.3　用电分项计量

为获取用电数据，须安装用电计量表。与现场实际情况相结合，充分利用现有配电设施和低压配电监测系统，合理设置计量表具、计量表箱和数据采集器的数量和位置。未设置用电分项计量的系统，应以变压器、配电回路原设置情况为依据，合理设置分项计量监测系统。

1. 用电分项计量系统组成

用电分项计量系统由终端电能计量设备、数据采集设备和系统服务器三部分组成。终端电能计量设备对电路中的电流、电压和功率等参数进行实时检测，电流互感器的精度等级应不低于 0.5 级，电能表额定精度应不低于 1.0 级，使用标准的串行通信接口；数据采集设备对各种用能计量表进行实时数据采集，具备数据采集、处理、存储、远程传输等功能。

2. 用电分项计量装置的安装原则

在既有建筑低碳改造工程中，对于用电回路不明确或不完整的供电回路，须经实地勘察确认，并在图上作详尽的说明。各分项计量装置的安装应符合相关标准要求，按照明插座用电、空调用电、动力用电和特殊用电进行分项计量。

（1）进行低压变配电设计时，应根据需要增加分项计量的电流互感器。

（2）用电分项计量的设置，是为了强化用电统计和管理，实现节约用电，不作为用电计量收费的依据。故用电分项计量电能表的配置，不涉及现行配电网中的电能计量表的设置。分项计量安装不改动供电部门计量表的二次线，不与计费电能表串接。

（3）计量设备必须能够对电能进行有效的计量和管理，以确保计量设备的精度和一致性，以及计量设备的安全性和可靠性。

（4）对插座用电、空调用电、动力用电和特殊用电分项展开直接或间接的计量，并与现场实际设计分项计量系统所需要的表计、计量表箱和数据采集器的数量及安放位置相结合，展开计量。在不能直接装入电表的情况下，可采用分解的原理，通过间接的方式得到电能消耗数据。

（5）变压器出线上的多功能电度表应选择能检测总谐波的多功能电度表。

（6）三相均衡负载可配备单相电能表。

3. 设置用电分项计量表计回路

用电分项计量表计回路包括：变压器低压侧出线回路、单独计量的外供电回路、集中供电的电空调回路、照明插座主回路（在条件允许的情况下，照明用电与插座用电宜分开计量）、单独供电的电动机回路（例如电梯回路、给水泵回路等），以及其他应单独计量的用电回路。

特殊区供电回路，例如空调系统中主要设备分别单独供电和计量，主要有冷水（热泵）机组、冷水泵、冷却水泵、冷却塔风机等，以及空调系统末端、锅炉和相应的一、二次泵。其中，电锅炉应单独供电和计量，而燃气、燃油锅炉应单独计量。

对于设有总计量表的低压配电屏，其配电线路属于不同的用电分项时，可在属于不同用电分项且数量较少的配电回路中分别设计量表，其他回路数多的同一用电分项计量通过总计量表减去分计量表数据得到，即间接计量。

6.6.4　能耗分类计量

1. 水计量

《民用建筑节水设计标准》GB 50555—2010 对水表安装位置提出了明确的要求。冷却塔的循环冷却水、空调冷热水等系统补水管道，应安装与之相对应的水计量表；公共建筑的厨房、洗衣房、建筑物引入管等有用水引入的场所，应安装对应的冷水、热水计量水表。从而实现对用水量的分区统计，实现节约和节能的有效控制。

水计量需要根据不同的用途和不同的管理单元来设定水表，以便检查渗漏情况，避免水资源的浪费。具体方案为：

（1）厨房、厕所、空调系统和室外园林绿化的用水分别按照不同的用途进行计量。

（2）按付费、管理单元进行用水计量。

（3）计量水表应采用 IC 卡水表、远传水表，进行计量数据智能化管理，达到查漏监控的目的。

（4）选用高灵敏度计量水表、限制使用年限，以提高水量计量的准确性。

2. 燃气计量

燃气计量表具选型建议如表 6-2 所示。

燃气计量表具选型建议   表 6-2

用户类型	最大流量（m³/h）	用气压力	建议选用类型
居民用户	≤6	低压	G4 型以下皮膜表
小型公共建筑、商业用户（单位食堂或餐饮）	≤25	低压	G16 型以下皮膜表
	25～40	低压	G25 型以下皮膜表/罗茨表流量计
	≥40	中、低压	罗茨流量计
大型公建、商业用户（采暖、热水锅炉及空调直燃机）	≤300	中、低压	罗茨流量计
	300～650	中、低压	罗茨流量计/涡轮流量计
	>650	中、低压	涡轮流量计
燃气门站	—	高、中压	超声波流量计

3. 集中供热耗热量计量

根据《供热计量技术规程》JGJ 173—2009 及相关行业标准，热计量方法分为两种：一是热量直接计量，二是热量分摊计量。直接计量方式是采用户用热量表直接对各独立核算用户计量热量。分摊计量方式是在楼栋热力入口处或热力站安装热量表计量总热量，利用在住宅中的测量记录装置，确定每个独立核算用户的热量所占总热量的比重，从而计算出用户的分摊热量，其具体方法包括：户用热量表法、通断时间面积法、流量温度法、散热器热分配法和温度法。

由表 6-3 可以看出，分配计法和流量温度法更适合既有建筑供热系统的分户热计量改造；热量表法和通断时间面积法更适合新建；通断时间面积法能够实现室内温度的自动调节，更符合智能化供暖的需要。

热计量对比分析表   表 6-3

名称	系统适用情况	调节性能
热量表法	适用于户内独立环路的供热系统；不适用于既有的单管供热系统	手动调节温控阀
分配计法	适用于末端为散热器的供热系统；不适用于地板辐射供热	手动调节温控阀
流量温度法	适用于已有的单管散热器供热系统	三通测温调节阀自动调节
通断时间面积法	适用于户内独立环路的供热系统；不适用于已有建筑的垂直单、双管系统	室温控制通断阀自动调节

6.6.5 建筑能效管理智能化平台

建筑能效管理智能化平台是以建筑能效监管系统为基础，通过对采集的能耗数据进行记录、统计、智能对比分析、数据处理、可视化呈现，实现建筑能耗的智能监测、图像化展示的平台，其主要功能包括建筑群（物）分类分区能耗的统计与图形化展示，建筑物（群）分类能耗的同比、环比分析，及用能报告、建筑群（物）能耗诊断，建筑物（群）节能智能辅助决策。

1. 建筑群（物）分类分项能耗的统计与图形化展示

以建筑群（物）为整体，建筑的使用功能或格局分区为基本信息，采集并统计建筑群（物）近年分类能耗，并对建筑群（物）分类、分项能耗进行统计及图像化展示。

建筑群（物）能耗类型包括煤、集中供冷量、集中供热量、燃气、水量、电量、柴油、煤油、人工煤气、可再生能源、汽油、液化石油气等的数据，还有一些其他能源的数据。给出一次能源折算，即将能耗值折算成热量、标准煤、原油、原煤等一次能源消耗量和相对的二氧化碳排放量。

能源管理分组统计分析，对各组的能耗值提供逐时、逐日、逐月、逐年报告，充分展现能耗状况，找到能耗异常的原因。

2. 用能公示及同比、环比分析

首先，以建筑物的基本信息为核心，例如建筑的面积、监测建筑对应的名称、建筑物的层数和高度、建筑类型、使用人数、能源使用方式、竣工时间、使用年限等，构建各分类能耗指标。然后结合建筑物能耗的人工及智能统计，分类统计建筑物的实际分类能耗，统计的分类能耗包括每年水耗量、每年供热量、每年燃料（煤、气、油等）消耗量、每年耗电量等，并对建筑物标准能耗指标、实际用能量、年/季度/月实际用能量进行公示和同比、环比分析。

对能源消耗量进行对比，并对各时段的各组能源消耗量进行偏差分析。在任何一天的不同时段，若能源消耗量偏离管理规定，及时显示能源消耗的不合理趋势。

3. 建筑群（物）能耗诊断

结合建筑群（物）的用能信息等内容设定能耗诊断模型，包括具体的能源消费标准参考值，能源具体使用量的分析，能源使用后费用支出的分析或能源消耗总基础标准的分析等。为后续建筑群（物）能耗智能诊断、节能辅助决策等功能的建立提供基础支撑。

4. 建筑群（物）节能决策辅助

建筑能效的监测分析平台最终目的是让建筑可以节能化运行，通过建筑群（物）用能数据分析及能耗诊断的积累，不断调整能耗诊断模型，实现平台算法对建筑群（物）能耗诊断的匹配，最终达到建筑群（物）节能决策辅助的目的，实现建筑群（物）的自动化节能运行。

6.7　建筑电气化

《城乡建设领域碳达峰实施方案》中指出：优化城市建设用能结构，引导建筑供暖、生活热水、炊事、交通等向电气化发展，到 2030 年建筑用电占建筑能耗比例超过 65%。推动开展新建公共建筑全面电气化，到 2030 年电气化比例达到 20%。推广热泵热水器、高效电炉灶等替代燃气产品，推动高效直流电气与设备应用。推动智能微电网、"光储直柔"、蓄冷蓄热、负荷灵活调节、虚拟电厂等技术应用，优化消纳可再生能源电力，主动参与电力需求侧响应。探索建筑用电设备智能群控技术，在满足用电需求前提下，合理调配用电负荷，实现电力少增容、不增容。

6.7.1　炊事

炊事电气化即采用电灶具代替燃气灶具。依据现行国家标准《商用燃气灶具能效限定值及能效等级》GB 30531 对中餐灶具进行测试，结果表明大部分灶具的热效率低于35%。目前市场上的商业电磁灶具已经非常成熟，可以高质量稳定地提供 12~50kW 的单机功率，中餐爆炒的工艺需要得以满足。通过电磁灶具和人工智能的结合，全自动炒菜机可节约大量人力。在新建医院、大学和工厂的食堂厨房内，已有50%左右的菜肴由电磁自动炒菜机提供，在个别示范项目中这一占比可达80%。

在炊事终端，目前我国很多地区天然气灶的占比达60%，炊事电气化的推进具有很大潜能。市场上一些方便快捷的智能变频电气灶，做菜效率高且速度快，具备成为未来主流炊事用具的潜力。

6.7.2　高效直流电器与设备

随着直流建筑技术的发展，建筑内利用直流驱动的用电设备种类日益增长。建筑用电系统多次进行交—直流转换，需不断重复接入转换装置，会增加设备投入和故障点，造成近10%的电能损失。与传统交流供用电相比，建筑直流供用电模式在能源效率、电能质量和控制模式等方面具有明显优势。各类建筑用电设备的发展方向都是由交流驱动转为直流驱动，例如：采用 LED 光源的照明装置需要直流驱动；电脑和显示器等 IT 设备内部亦为直流驱动；冰箱和空调等白色家电目前的发展方向是通过变频器来驱动同步电机，高效精准地控制电机转速，其内部也是直流驱动；对于风机、水泵和电梯等大功率建筑设备，其发展方向同为直流驱动的变频控制。此外，光伏和蓄电池也要求通过直流接入。

1. 照明负荷

近年来，不少直流建筑技术应用于直流照明和调光方面。LED 的迅速发展解决了光源刺眼和蓝光效应等问题，其效率由 70lm/W 提高到了 200lm/W，常用的为 100~120lm/W。目前已开发出商用、办公、高大空间、泛光、景观和消防应急等全系列光源及灯具。

2. 机房负荷

办公类建筑楼内无论规模大小均设有数据机房。由于需考虑安全便捷性和楼宇运维、物业管理等，因而办公类建筑的数据网络除了外网，都建立了内网与物业网。数据机房传统供电方式为 48V 直流电，而大型机房多采用 220V 以上的直流电。

3. 办公负荷

办公类建筑中，用量最大的电器设备是电脑。电脑的主机与显示屏都需要直流供电，内部含有多个不同的电压等级。通过电力电子器件的应用，可以精确、可靠、高效地实现直流变压和直流开关，1kW 以内的小功率装置成本费用已低于变流变压器。

4. 空调负荷

考虑到节能需求，一些办公建筑使用直流变频空调，其工作原理是把 50Hz 的交流电转换为直流电，为压缩机提供由功率模块输出的电压可变的直流电，多用于 VRV 机组。直流变频比交流变频更加省电的原因是，直流变频无需逆变，使用的永磁电机防止了交流电机转子电流造成的损耗。

5. 直流电梯

大多数高层办公建筑倾向于选用运行更加平稳的直流电梯，与交流电梯相比，直流电梯的速度更高（一般为 2m/s 以上）。

6. 其他直流负荷

按照相关规定，办公类建筑的停车位中，必须有至少 10% 配备充电桩，充电桩应按照至少 10% 的方式配置速充。此外，大部分诸如微型泵、小型泵等水泵设备使用的都是直流电机，其功率通常在 200W 以内。

6.7.3　智能微电网

按供电区域类型，智能微电网可分为：区域型微电网、社区/楼宇型微电网和户用型微电网。

区域型微电网主要指的是对微电网实施集群化后，按微电网的分布状况，对微电网的高效管控，以减少分布式网络结构下电源个体对输配电系统稳定性的影响，旨在为居民提供一种全新的生活方式——利用可再生能源发电来满足用户的部分或全部能源需求。凭借微电网解决方案，优化了能源结构，综合考虑了区域发电、当地消耗、使用者能源生产以及由公用设施提供的能源。区域内的住户能够获取更高效、更可靠、更环保的能源。因为生产和消耗均位于本地，因而能源成本得到了降低。

社区/楼宇型微电网可显著降低建筑能耗以及最大限度地利用可再生能源。大多数商业和工业建筑都与主电网连接，并越来越多地采用互联互通的微电网解决方案。这些演变进一步触发了以下需求：提高自消耗比，利用本地资源和负载灵活性优化能源账单；尽可能参与需求响应机制，并在电力系统平衡过程中起到积极作用。在某些可能发生停电的地区，楼宇需要在停电期间利用当地资源满足至少一部分能源需求。

户用型微电网作为用户使用分布式能源和智慧供电服务的有效载体，可以实现用户个性化的电能服务，随着分布式发电技术、智能家居技术和通信技术的日益发展完善，其发展潜力巨大。

6.8　既有建筑光伏改造

光伏发电作为既有建筑转变为产能建筑的主要技术之一，未来在既有建筑低碳改造中将发挥重要作用。既有建筑光伏改造应尽量不影响建筑使用的美观，因此光伏组件主要安装在建筑物屋面上。

太阳能光伏发电系统是由太阳能电池方阵、蓄电池组、充放电控制器、逆变器、交流配电柜、太阳跟踪控制系统、电能表和显示电能相关参数的仪表组成，并具有基本参数监测、环境参数监测、数据传输显示等功能。

太阳能电池是关键性元件。太阳能电池是一种利用光生伏特效应将太阳光能直接转化为电能的器件，是一种半导体光电二极管。当太阳光照到光电二极管上时，光电二极管就会把太阳的光能变成电能，产生电流。将多个电池串联或并联起来进行封装保护可形成大面积的太阳能电池组件，即具有较大的输出功率的太阳能电池方阵，再配合功率控制器等部件形成光伏发电装置。图 6-4 为太阳能电池及其附件。

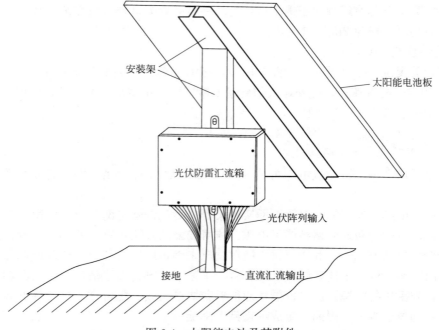

图 6-4　太阳能电池及其附件

6.8.1　改造可行性分析

1. 经济性分析

在建筑上安装屋顶分布式光伏发电系统前，应对项目进行前期评估，包括屋顶分布式光伏发电系统装机容量的测算、建筑结构的安全性评估，以及光伏发电系统的经济性评估。应搜集被改造建筑结构专业施工图、电气系统图、当地气象台站太阳能辐射数据，根据光伏发电项目的规模和任务，评价太阳能资源，结合实际提出基础设计方案，依据现行行业标准《光伏发电工程可行性研究报告编制规程》NB/T 32043、《光伏发电工程预可行性研究报告编制规程》NB/T 32044 等标准和管理规定，编制工程设计概算，开展可行性研究。

为选择最佳的技术方案、设备选型方案，需围绕方案的施工可行性、成本、技术可靠性程度开展技术经济分析对比，如针对光伏支架设计需要围绕变压器、逆变器、光伏组件、结构形式、集电线路对投资影响程度开展深入分析。在前期评估中，还应对屋顶分布式光伏发电系统进行经济性评估。屋顶分布式光伏发电系统的投资包括其自身的投资和建筑结构的加固费用，收益为该屋顶分布式光伏发电系统的发电量。

屋顶分布式光伏发电系统自身的投资包括初投资和运行维护费用，对这 2 项进行投资概算；建筑结构的加固费用应根据建筑的具体情况和屋顶分布式光伏发电系统的荷载情况进行投资概算。屋顶分布式光伏发电系统的全年发电量应根据其装机容量和当地的太阳能资源情况进行估算。最终，根据投资与收益的估算结果对屋顶分布式光伏发电系统的经济性做出评估。

2. 安全性评估

在既有建筑物上增设光伏发电系统，必须进行建筑物结构和电气的安全复核，并应满足建筑结构及电气的安全性要求，不得降低相邻建筑物的日照标准。

对于不满足安全性要求的既有建筑应进行加固处理。

安全性评估的步骤主要为：

（1）应根据施工设计资料或现场情况对既有建筑的结构强度进行复核，确定建筑的承载能力，在抗震设防地区的建筑还应进行抗震鉴定。

（2）应计算屋顶分布式光伏发电系统的荷载情况，即计算分布式光伏发电系统的自身重力（包括光伏组件、光伏支架、支架基础等的重力），风、雨、雪荷载，地震及温度作用等工况下的荷载；风、雨、雪荷载应根据现行国家标准《建筑结构荷载规范》GB 50009进行计算；然后应确认分布式光伏发电系统的安装位置与布局、荷载传递方式等。

（3）应根据建筑类型选择采用现行国家标准《工业建筑可靠性鉴定标准》GB 50144、《民用建筑可靠性鉴定标准》GB 50292或现行行业标准《危险房屋鉴定标准》JGJ 125对在当前建筑上安装屋顶分布式光伏发电系统的安全性和可靠性做出评估与鉴定。

安装太阳能光伏发电系统的建筑，应设置安装、运行维护的安全防护，以及防止光伏电池板损坏后部件坠落伤人的措施。

6.8.2　光伏系统设计

屋顶分布式光伏发电系统的建筑结构设计原则为：合理利用建筑物可安装面积，按需确定建筑指标，要求便于电气出线、管理和对外联系。通过软件对屋顶分布式光伏发电系统进行阴影遮挡模拟分析后，合理确定相邻前、后排光伏阵列间距，避开现有建筑及绿化造成的阴影遮挡区且保证通风良好，满足建筑结构安全运行要求。

屋顶分布式光伏发电系统的电气设计原则为：接线简洁、可靠；减少逆变和输电损失；直流接口部分与光伏方阵和并网逆变器的电气参数相匹配，保证电气设计方案经济、实用、合理。

1. 系统设计

屋顶分布式光伏发电系统的设计主要包括光伏组件的选型、逆变器的选型、光伏组件的安装方式、光伏组串的设计、屋顶分布式光伏发电系统结构的设计、屋顶分布式光伏发电系统与其他形式结合的能量综合利用系统的设计、并网方式的选择、远程监测系统的设计等。

屋顶分布式光伏发电系统设计时，应给出系统装机容量和年发电总量，监测光伏发电系统的发电量、光伏组件背板表面温度、室外温度、太阳总辐射量。

（1）装机容量测算

系统设计前应对装机容量进行测算，测算时既要考虑屋顶光伏组件的布置，又要考虑当地电网的消纳能力。

光伏组件布置包括可安装的光伏组件面积和光伏组件的安装倾角。测算可安装的光伏组件面积时应注意去除屋顶上冷却塔、通风竖井、电梯间等的占地面积，并且避免在易产生阴影遮挡的部位布置光伏组件。

由于建筑屋顶所处环境较为复杂，因此屋顶分布式光伏发电系统中光伏组件的安装方式除了需要考虑太阳辐照度这一因素外，还应考虑阴影遮挡情况和建筑美观要求等。平屋面安装光伏组件时，建议倾斜安装，采用光伏组件最佳安装倾角，以获得最大发电量。

根据《光伏发电站设计规范》GB 50797—2012，光伏组件安装倾角可设置为当地纬度，或根据全年动态模拟确定。光伏组件需要水平安装时，应在光伏组件下方设置通风腔，通风腔的高度建议根据建筑的冷、热负荷特性和光伏发电特性进行综合考虑后确定。坡屋面安装光伏组件时，可采用架空安装方式。但需要注意的是，在布局时，光伏组件不宜超出屋檐范围，以避免光伏组件的掉落风险，并满足消防规范的要求。

光伏组件阵间距 D 应保证在冬至日当天 9：00～15：00，太阳光不被遮挡，按下式计算：

$$D = L \cos\beta + L \sin\beta \frac{0.707\tan\Phi + 0.4338}{0.707 - 0.4338\tan\Phi} \qquad (6-1)$$

式中　D——光伏组件阵间距，mm；

　　　L——阵列倾斜面长度，mm；

　　　β——阵列倾角，°；

　　　Φ——当地纬度，°；

光伏组件安装容量 P_{AZ} 的计算：

$$P_{AZ} = N_d \times W_p \qquad (6-2)$$

式中　P_{AZ}——光伏组件安装容量，kWp；

　　　N_d——光伏组件数量，块；

　　　W_p——单块光伏组件峰值功率，kWp。

光伏发电系统年预测发电量 E_p 的计算：

$$E_p = H_A \times \frac{P_{AZ}}{E_s} \times K \qquad (6-3)$$

式中　E_p——光伏发电系统年预测发电量，kWh/a；

　　　H_A——水平面太阳总辐射量，kWh/($m^2 \cdot$ a)；

　　　E_s——标准条件下的辐照度，kWh/m^2；

　　　P_{AZ}——光伏组件安装容量，kWp；

　　　K——综合效率系数，包括光伏组件类型修正系数、转换效率修正系数、光伏组件的位置修正系数、光照利用率和光伏发电电气系统效率等。

（2）光伏组件选型

屋顶分布式光伏发电系统中，光伏组件的选型应从外观、性能、防火等角度考虑。从外观角度出发，选用的光伏组件应与建筑的外观协调统一；从性能角度出发，应尽量采用无边框的光伏组件，以避免雨、雪在光伏组件边框位置的堆积，光伏组件应满足现行团体标准《建筑光伏组件》T/CECS 10093、《绿色设计产品评价技术规范　光伏组件》T/CPIA 0024 和《光伏制造行业规范条件（2021 年本）》的要求；从防火角度出发，光伏组件应尽量采用双玻光伏组件，降低火灾风险。

（3）逆变器选型

屋顶分布式光伏发电系统应优先选用组串式逆变器，并应符合产品组件最大功率点跟踪控制器（MPPT）的接线要求，同时降低遮挡等不利因素对此类光伏发电系统发电性能的影响。逆变器的技术要求应满足现行行业标准《光伏并网微型逆变器技术规范》NB/T 42142 的要求。逆变器的功率和数量应综合考虑屋顶分布式光伏发电系统的输出功率、并网方式、电网电力要求等因素后再确定。

（4）光伏组串设计

在进行光伏组串的设计时，应对分布式光伏发电系统通常采用的串联连接和直流连接方式进行改进，组串块数应满足 MPPT 适用电压范围，不应过高和过低；同时将易被局部阴影遮挡的光伏组件串联在一起，可避免因某块光伏组件受阴影遮挡后影响整个分布式光伏发电系统的发电效率。

光伏组串在设计时还应设置快速关断装置，用于紧急关闭安装在建筑上的屋顶分布式光伏发电系统，快速断开光伏组件之间、光伏组件与逆变器之间、逆变器与并网点之间的电气连接，以满足建筑的消防安全要求。光伏组件之间的直流连接方式应通过专用工具进行连接和断开，避免人员直接接触。

（5）屋顶分布式光伏发电系统结构设计

建筑屋顶易堆积雨、雪，且多层/高层建筑屋顶位置的风速较大，因此屋顶分布式光伏发电系统应能承受风、雨、雪等荷载。

首先，光伏组件应能在风、雨、雪等天气状况下保证不变形、不脱落，且不降低屋顶分布式光伏发电系统的使用寿命。有研究表明，非晶硅薄膜太阳电池在 215MPa 的最大压应力下，开路电压下降 80%，同时用于连接太阳能电池与盖板和背板的结构胶发生了明显脱落，导致屋顶分布式光伏发电系统的安全性及发电性能均受到了严重影响。因此，在系统设计时应注意校核光伏组件的强度及刚度。

其次，光伏支架与支架基础（即屋顶分布式光伏发电系统的支撑与主体结构）应能承受光伏阵列传来的应力（包括光伏阵列的自身重力、风荷载、雪荷载、地震荷载等产生的力），并有效传递至建筑主体承重结构，从而保障屋顶分布式光伏发电系统的安全运行，避免因光伏组件掉落造成人身伤害。

（6）远程监测系统的设计

屋顶分布式光伏发电系统的远程监测系统由计量监测设备、数据采集装置和数据中心软件组成。

为了实现屋顶分布式光伏发电系统的高效运行，监测数据应包括气象参数（太阳辐照度、环境温度和风速）、屋顶分布式光伏发电系统的输出参数（输出电压、输出电流和输出功率等）、光伏组件的工作温度、并网电压等，若配置有蓄电池，还需要监测蓄电池的输入、输出电流及功率。监测方法及数据处理应满足现行国家标准《光伏系统性能监测 测量、数据交换和分析导则》GB/T 20513 的规定，远程监控的配置架构等技术要求应满足现行国家标准《分布式光伏发电系统远程监控技术规范》GB/T 34932 的规定。

2. 电气设计

屋顶分布式光伏发电系统的电气设计应首先满足现行国家标准《民用建筑电气设计标准》GB 51348 的规定。在进行屋顶分布式光伏发电系统的电气设计时，系统的直流侧电压不宜超过 120V，并需要安装直流电弧故障保护装置。当直流侧电压超过 120V 时，必须采用直流高压警示标志，并安装具备直流侧快速关断功能的直流开关，且直流电缆需加装金属套管或绝缘套管；当直流侧电压超过 600V 时，直流侧和人员活动区域之间应进行绝对有效的区域隔离，并禁止应用于户用分布式光伏系统。电缆的直流连接器除需要满足现行国家标准《地面光伏系统用直流连接器》GB/T 33765 的规定外，还应采用保护措施，防止人员直接接触带电体。

3. 防雷设计

根据《建筑物防雷设计规范》GB 50057—2010，建筑物易受雷击的部位为女儿墙、屋檐及其檐角、屋脊等，建筑上安装屋顶分布式光伏发电系统后，光伏阵列的高度可能会超过原有防雷系统的保护范围，增加了其遭受雷击的概率，而其一旦遭受雷击，光伏组件的金属边框和金属支架均会成为导电通路，雷击电流会在光伏电缆和建筑物内的电缆中产生强电磁脉冲，从而危害建筑物中的电气、电子系统，甚至引起火灾。因此，在进行屋顶分布式光伏发电系统的设计时，应首先复核其是否处于原有防雷系统的保护范围内，若超出该保护范围，则需重新进行设计。同时，屋顶分布式光伏发电系统中的光伏组件金属边框和光伏支架均应接地，可连接到建筑物原有的接地系统或通过引下线和接地极连接。

根据《光伏发电站防雷技术要求》GB/T 32512—2016，光伏发电站的光伏方阵、光伏发电单元其他设备以及站区升压站、综合楼等建（构）筑物应采取防雷措施，防雷设施不应遮挡光伏组件。光伏发电站交流电气装置的接地要求应满足现行国家标准《交流电气装置的接地设计规范》GB/T 50065 的要求。光伏建筑一体化发电系统防雷装置的性能是保证系统设备安全运行的基础措施之一，其防雷措施需根据自身结构特点，因地制宜地采取不同的综合防雷措施，主要包括直击雷防护措施和雷击电磁脉冲防护措施。直击雷防护措施需考虑接闪器的经济合理性选择、太阳能电池板的防静电措施、接地装置、过电压保护装置的设置等；雷击电磁脉冲防护措施需考虑屏蔽、等电位、SPD 参数的选择等。光伏发电系统作为一种新型的能源利用形式，其防雷系统的研究还需要大量的实验和数据作支撑，以满足其安全运行的要求。

4. 防火设计

根据《建筑节能与可再生能源利用通用规范》GB 55015—2021，太阳能系统与构件及其安装安全，应满足结构、电气及防火安全的要求，与电气及防火安全相关的内容应满足电气和防火工程建设强制性规范的要求，比如太阳能热水、空调系统中所使用的电气设备都应装设短路保护和接地故障保护装置。根据《建筑防火设计规范（2018 年版）》GB 50016—2014 的要求，安装在屋面和墙面的建筑光伏一体化系统应采用对应防火等级的材料。直流拉弧检测系统可以检测因端口虚接或线路老化产生的电火花（检测率 100%），对应的快速关断系统可以在 0.5s 内实现断电，从而避免电火花引燃防水卷材或保温材料。

屋顶分布式光伏发电系统的防火设计包括单个部件的防火设计和整个系统的防火设计。屋顶分布式光伏发电系统所有外露于空气中的材料均应为难燃或不燃材料，所有未暴露在空气中的材料燃烧后不得释放有毒、有害气体，光伏组件的燃烧性能和防护等级应根据建筑的耐火等级来确定，同时避免采用有机物背板和 EVA 胶膜。屋顶分布式光伏发电系统应设置快速关断装置，为消防救援提供条件。

6.8.3 施工与安装

目前，针对在建筑上安装屋顶分布式光伏发电系统的施工尚无专门的国家标准，可按照现行国家标准《建筑光伏系统应用技术标准》GB/T 51368 进行施工。在屋顶分布式光伏发电系统施工前，应制定专项施工组织设计方案，严禁在无设计方案的情况下施工。屋顶分布式光伏发电系统的支架连接部件在施工时应注意不破坏屋顶结构和屋顶防水层的密封性，对施工中损坏的屋面原有防水层应进行修复或重新进行防水处理，防水处理应符合现行国家标准《屋面工程技术规范》GB 50345 的有关规定。

1. 混凝土平屋顶直接安装

对于最常见的建筑物混凝土平屋顶，采用固定倾角式光伏阵列，支架为钢材支架，固定在屋顶混凝土支墩上。光伏组件支架沿结构单元长度方向设置横向支架。支架与基础、支架间杆件以及支架与檩条之间的连接采用螺栓连接方式，如图 6-5 和图 6-6 所示。

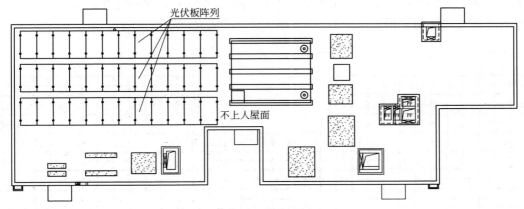

图 6-5　平屋面光伏板安装示意图

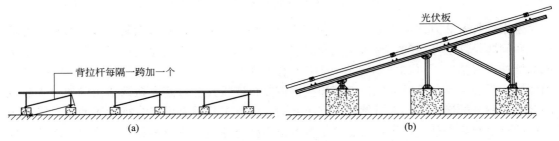

图 6-6　平屋面光伏板安装大样图

（a）支架侧视图；（b）光伏板支架大样图

太阳能光伏板采用这种安装方式，结构荷载较小，安装方便，基本不会影响建筑物的屋面结构安全，不破坏屋面原有的防水体系，经济成本较低。对于新建建筑，结构专业可根据具体的支架安装尺寸要求，在设计阶段预留混凝土支墩。

光伏板支架倾角可根据当地纬度，结合屋面的平面布置，通过相关太阳能光伏软件计算，选取最佳的方位角和倾角。当光伏板采用倾斜放置时，需考虑光伏阵列行间距，避免前排光伏板对后排遮挡。倾角的选取与行间距应该结合屋面可安装位置的具体尺寸进行协调，在满足光照条件的前提下，综合各方面因素选取最优的倾角和配置方案，提高单位屋面面积的光伏系统安装容量和发电效率。根据设计经验，采用这种方式安装的光伏发电系统，单位面积安装容量为 $120\sim160\mathrm{Wp/m^2}$，在方案设计时，建议可按 $150\mathrm{Wp/m^2}$ 进行估算。

由于建筑物屋面有许多机电设备，如冷却塔、通风及消防风机、给水排水设备、机电管道，还有高出建筑屋面的楼梯间、电梯机房、屋面消防水箱等，都会对光伏板阵列的安装位置产生较大影响。如果屋面可安装光伏板的位置面积占比较小或面积较为分散，不利于光伏系统的布置及汇流。需在设计初期会与建筑及机电专业进行沟通协调，以获取更好的光伏组件安装面积和安装条件。

2. 混凝土平屋顶架空安装

考虑空间的有效利用，为解决上述屋顶安装的缺点，也可以采用架空的方式布置屋面光伏组件，即在屋面高位加设钢结构雨棚架，支撑光伏组件，不影响屋面本身的设备布置及利用。光伏组件支架与钢结构雨棚檩条通过螺栓连接固定，采用整体水平倾角的方式，光伏板平铺在雨棚钢结构上，如图6-7所示。

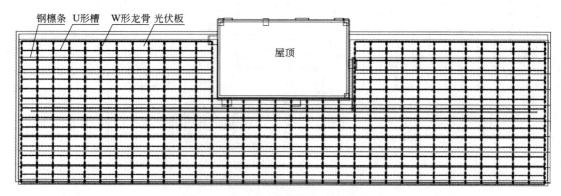

图6-7　平屋面光伏板棚架安装示意图

采用这种安装方式可以最大化地利用屋顶面积，避免受到屋面设备布置的影响，但也有一些问题是需要考虑的：首先是安全问题，由于钢结构棚架高度超过了女儿墙，需要考虑在极端天气情况下（如强台风），光伏板有可能会被强风掀开，坠落到楼下造成危险，因此光伏板安装倾角不宜太大，安装连接件需复核连接强度。其次是钢结构棚架对于建筑高度和容积率的影响，棚架虽然四周是敞开的，但业主日后有可能自行封闭使用，需要与当地的建设及规划部门确认相关做法是否可以不计算建筑高度及容积率。再次，屋顶上的一些机电设备，如冷却塔、排风机、透气管等是否允许顶部封闭，需要与相关专业协商确认。

钢结构的造价也是光伏发电系统投资回收的重要影响因素。同时钢结构的质量也会对结构屋面荷载造成影响，需结构专业配合复核屋面荷载。因此，在设计阶段需要各专业协调配合，尽可能实现光伏安装面积的最大化。

3. 坡屋面平铺安装

对于坡屋面的屋顶类型，光伏组件通常会采用顺着坡屋面方向平铺安装的方式，组件与屋面之间留出一定的空隙，满足线路敷设及组件通风散热的要求，如图6-8所示。

当混凝土坡屋面或别墅类混凝土坡屋面（上覆瓦片）设置光伏组件基座时，应将防水层铺设到基座和金属固定件的上部，并在地脚螺栓周围做密封处理，穿防水层处用防水密封胶填实，以隔绝雨水下渗路径，还应在基座下部增设一层附加防水层，即使基座顶部发生渗漏，雨水也不会到达结构层。

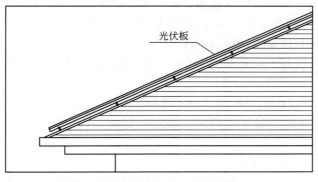

图 6-8 坡屋面光伏板安装示意图

6.8.4 验收与运维

1. 验收

屋顶分布式光伏发电系统的调试应包括光伏组件串、汇流箱、逆变器、配电柜、二次系统、蓄电池等设备的调试，以及屋顶分布式光伏发电系统的联合调试。

屋顶分布式光伏发电系统应根据现行国家标准《光伏与建筑一体化发电系统验收规范》GB/T 37655 进行验收，包括与结构相关工程的验收、电气工程的验收、光伏及建筑一体化系统的整体验收。

屋顶分布式光伏发电系统的性能应满足现行团体标准《户用光伏发电系统》T/CECS 10094 的要求。

既有建筑安装屋顶分布式光伏发电系统后，若安装的光伏组件对原有屋顶结构产生了影响，则应根据现行国家标准《屋面工程质量验收规范》GB 50207 对屋面的防水、保温性能等进行验收。

2. 运维

（1）定期清洁

在屋顶分布式光伏发电系统的运行阶段，长期灰尘沉积会导致光伏组件表面被腐蚀，降低光伏组件表面的太阳辐射直接透过率，进而会影响屋顶分布式光伏发电系统的发电效率，可使屋顶分布式光伏发电系统的年发电量降低 5%～25%。因此，在屋顶分布式光伏发电系统的运行维护阶段，应注意对光伏组件进行定期清洁，清洁频率应根据具体情况确定。常用的光伏组件清洁方式有干洗、水洗和智能清扫机器人清洁。

（2）监测与维护

在屋顶分布式光伏发电系统的运行阶段，应对系统所在地的气象参数，以及系统的直流输出参数、并网电压参数等进行实时监测，以推测设备的运行状态，从而可及时对异常设备进行检修与维护。

6.8.5 "光储直柔"技术

在"双碳"目标指引下，未来的电力系统将转型成为以可再生能源为主体的零碳电力系统。"光储直柔"建筑配电系统可有效解决电力系统零碳化转型的两个关键问题，即增加分布式可再生能源发电的装机容量和有效消纳波动的可再生能源发电量。国务院发布的《2030年前碳达峰行动方案》中"城乡建设碳达峰行动"部分明确指出："提高建筑终端电气化水平，建设集光伏发电、储能、直流配电、柔性用电于一体的'光储直柔'建筑"。因此，"光储直柔"建筑配电系统将成为建筑及相关部门实现"双碳"目标的重要支撑技术。

"光储直柔"的英文简称为PEDF（Photovoltaics，Energy storage，Direct current and Flexibility），是在建筑领域应用光伏发电、储能、直流配电和柔性用能四项技术的简称。

1. 光：产消明确、应装尽装

发展风电、光电等可再生能源需要的是面积，光伏、风电机组等均需要一定的敷设面积，以便将风、光资源转换为电力，这就使得建筑表面成为重要的资源，也是建筑可从单纯的用电负载转变为能源生产者的重要基础。在"光储直柔"建筑中，可以进一步利用其"储""柔"等方面的特点来进一步增强光伏发电的自我消纳和有效利用，这样就能有效破解当前发展建筑分布式光伏系统所面临的上网交互难题，在保证充分利用建筑光伏、光伏"应装尽装"的基础上，既能实现较高的光伏利用率、减少弃光，又能实现与电网之间尽可能的单向交互。这也是"光储直柔"建筑应当具有的基本功能，是其可发挥的重要优势之一。

2. 储：挖掘潜力、合理配置

建筑中可利用的储能/蓄能手段或方式如图6-9所示。其中建筑本体围护结构可发挥一定的冷热量蓄存作用，与暖通空调系统特征相关联后可作为重要的建筑储能/蓄能资源；水蓄冷、冰蓄冷等是建筑空调系统中常见的可实现电力移峰填谷的技术手段，在很多建筑中已得到应用。

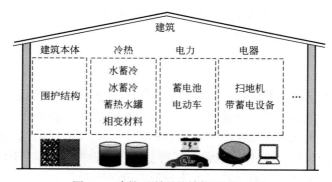

图6-9　建筑可利用的储能/蓄能方式

除了上述暖通空调领域常见的可利用蓄能资源外，建筑中可发挥蓄能作用的至少还包括电动车和各类电器。已经初步开展的建筑周边汽车使用行为的研究表明，电动汽车与建筑之间具有密切联系和高度同步使用性。电动汽车可视为一种移动的建筑、移动的蓄电池，将其作为一种重要的蓄电资源，可发挥对建筑能源系统进行有效调蓄的重要作用，电动汽车也将有望成为实现交通建筑电力协同互动（如V2G/V2B）的重要载体。

3. 直：分层变换、适应波动

建筑低压直流配电系统，除了直流配电系统自身的优势外，供给侧与需求侧的发展变化也为其应用提供了有利条件。一方面，光伏发电等可再生能源输出为直流电，直流配电系统可以更好地发挥建筑光伏利用的优势；另一方面，建筑机电设备中越来越多的高效设备直流化或利用直流驱动（如直流电器、LED 照明、直流驱动的 EC 风机、直流调速离心冷水机组等）。传统交流配电网络中需将交流电转换为直流电来满足机电设备的需求，而直流配电系统有望省去"交—直"变换环节，系统更简单、与用电设备的高效发展需求更匹配。

4. 柔：充分调动、积极响应

建筑柔性理念及如何实现柔性用能是当前国内外研究的热点，国际能源署 IEA EBC Annex 67 项目（2014—2020 年）对建筑柔性进行了初步探索：建筑柔性是指在满足正常使用的条件下，通过各类技术使建筑对外界能源的需求量具有弹性，以应对大量可再生能源供给带来的不确定性。柔性用能是"光储直柔"技术的最终目标，期望将建筑从原来电力系统内的刚性用电负载变为灵活的柔性负载。要实现建筑柔性用能，一方面需要将建筑融入整个电网或电力系统中，进一步理解电网侧需要建筑用能实现什么样的效果；另一方面则是在建筑内部能够对电网要求的柔性用能进行有效响应，通过调度建筑内部的系统、设备等满足电网侧的调节需求，如图 6-10 所示。

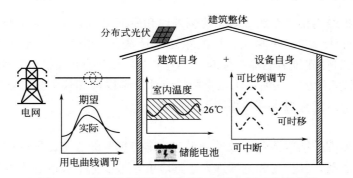

图 6-10　建筑柔性用能及实现与电网友好互动示意图

"光储直柔"技术并非全新的技术，但是在建筑领域的集成应用却是全新的探索。尤其在低碳发展及城市更新的背景下，建筑节能理念的转变为"光储直柔"技术的发展创造了机遇和场景，特别是在既有建筑低碳改造中将得到更广泛的应用。因此，"光储直柔"是在建筑配用电系统应用的关键技术，灵活整合多种能源，必将促进城市建设和新能源技术进一步发展。

第7章 改造效果检测及评估

为了公平、客观地考核改造效果，需要对既有建筑低碳改造前后进行检测，同时采用科学合理的计算方法对改造项目进行节能量和碳排放情况核定。改造前检测的目的是了解既有建筑基本情况，为节能改造方案和设计提供依据，为节能改造前后效果分析提供依据。改造后检测的目的是测试改造后的实际能耗和碳排放数据，并与改造前数据进行对比，分析改造效果。

7.1 围护结构改造检测

7.1.1 围护结构传热系数检测

现场检测围护结构传热系数一般是检测外墙和屋顶主体部位传热系数，相关检测方法主要有五种，即热流计法、热箱法、控温箱热流计法、非稳态法（常功率平面热源法）、遗传辨识算法，《居住建筑节能检测标准》JGJ/T 132 及《公共建筑节能检测标准》JGJ/T 177 均推荐采用热流计法。热流计法是采用热流计及温度检测仪测量通过围护结构的热流值和表面温度，经过计算得出其热阻和传热系数。

1. 检测原理

热流计法检测围护结构传热系数是基于"一维传热"的假定，即围护结构被测部位具有基本平行的两表面，其长度和宽度远大于其厚度，可以把平板内各点的温度看作仅是厚度的函数，该平板视为无限大平板。被检测房间内有加热器，因此其传热过程可近似视为有内热源的一维非稳态导热，只要求出逐时的热流值、温度值和加热量，就可以通过公式求出围护结构的传热系数。

热流量 q 通过热流计测量，由于一般情况下，热流计的热阻 δ/λ 比被测墙体的热阻 δ_1/λ_1 小得多，当被测墙体表面贴上热流计后，对传热工况影响很小，可以忽略不计，通过热流计的热流量即为被测墙体的热流量。围护结构内、外表面的逐时温度可以通过温度传感器测量，进而可计算围护结构导热系数及传热系数。热流计法检测原理示意图如图 7-1 所示。

2. 检测仪器及设备

热流计法的检验设备主要有温度传感器和热流计，热流计及其标定应符合现行行业标准《建筑用热流计》JG/T 519 的规定，热流和温度应采用自动检测仪检测，数据存储方式应适用于计算机数据分析。温度量不确定度不应大于 0.5℃。

3. 检测要求及时间

（1）对既有建筑低碳改造工程，围护结构主体部位传热系数的检测宜在受检围护结构施工完成后至少 1 个月进行。这是由于围护结构潮湿影响传热系数检测结果，为减少水分

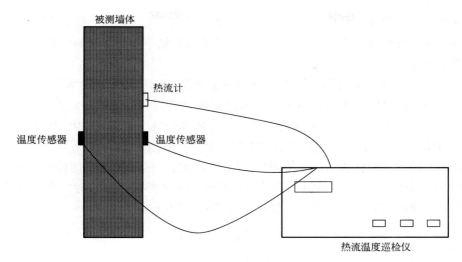

被测墙体

热流计

温度传感器　　温度传感器

热流温度巡检仪

图 7-1　热流计法检测示意图

对检测结果的影响，应在施工完成后间隔一定时间，达到干燥状态后检测。

（2）检测期间围护结构高温侧表面温度应高于低温侧 10℃以上，且在检测过程中的任何时刻均不等于或低于低温侧表面温度，室内空气温度应保持稳定。当传热系数小于 $1W/(m^2 \cdot K)$ 时，高温侧表面温度宜高于低温侧 $10/U$℃以上 [U 为围护结构主体部位传热系数，单位为 $W/(m^2 \cdot K)$]。

（3）为满足检测期间围护结构两侧温差要求，检测时间宜选在最冷月，且应避开气温剧烈变化的天气。对未设置供暖系统的地区，应在人为适当提高室内温度后进行检测。在其他季节，可采取人工加热或制冷的方式建立室内外温差。

（4）待墙体蓄热稳定后方可进行正式检测，检测时间应不少于 96h。

4. 检测步骤

（1）确定检测房间及测点位置

为了使传热过程接近一维传热，检测墙面长度和宽度越大越好，但受检房间面积过大，房间升温慢而且室内温度不易控制，因此被测墙面的宽度和长度为其厚度的 8 倍为宜。

测点位置应尽量选择在检测部位的中央，测点不应靠近热桥、裂缝和有空气渗漏的部位，不应受加热、制冷装置和风扇的直接影响，且应避免阳光直射，围护结构被测区域的外表面应避免雨、雪侵袭。

（2）安装热流计和温度传感器

热流计应安装在被测围护结构的内表面，且应与表面完全接触，通过导线与热流检测仪连接。为使热流计和被测部位接触良好、测量准确、装拆方便，热流片宜采用导热硅脂粘贴，并用锡箔纸"井"形固定。温度传感器应在被测围护结构内、外表面两侧安装，通过导线与温度检测仪连接，内表面温度传感器应靠近热流计，外表面温度传感器宜在与热流片相对应的位置安装，温度传感器连同 0.1m 长引线应与被测表面紧密接触，传感器表面的辐射系数应与被测表面基本相同。

（3）数据采集

检测期间，应定时记录热流密度和内、外表面温度，记录时间间隔不应大于60min。可记录多次采样数据的平均值，采样间隔宜短于传感器最小时间常数的1/2。

5. 数据分析

（1）数据分析宜采用动态分析法。当满足下列条件时，可采用算术平均法。条件1：围护结构主体部位热阻的末次计算值与24h之前的计算值相差不大于5%；条件2：检测期间内第一个INT（$2 \times DT/3$）天内与最后一个同样长的天数内的R计算值相差不大于5%，DT为检测持续天数，INT表示取整数部分。

（2）当采用动态分析法时，宜使用与现行行业标准《居住建筑节能检测标准》JGJ/T 132配套的数据处理软件进行计算。当采用算术平均法进行数据分析时，应按下式计算围护结构主体部位的热阻，并使用全天数据（24h的整数倍）进行计算：

$$R = \frac{\sum\limits_{j=1}^{n} (\theta_{1j} - \theta_{2j})}{\sum\limits_{j=1}^{n} q_j} \tag{7-1}$$

式中 R——围护结构的热阻，$m^2 \cdot K/W$；

θ_{1j}——围护结构内表面温度的第j次测量值，℃；

θ_{2j}——围护结构外表面温度的第j次测量值，℃；

q_j——热流密度的第j次测量值，W/m^2。

（3）围护结构主体部位传热系数应按下式计算：

$$U = \frac{1}{R_i + R + R_e} \tag{7-2}$$

式中 U——围护结构的传热系数，$W/(m^2 \cdot K)$；

R_i——内表面换热热阻，$m^2 \cdot K/W$，应按表7-1选取；

R_e——外表面换热热阻，$m^2 \cdot K/W$，应按表7-2选取。

内表面换热热阻 R_i 的取值 表7-1

适用季节	表面特征	$R_i [(m^2 \cdot K)/W]$
冬季和夏季	墙面、地面、表面平整或有肋状凸出物的顶棚，当$h/\delta \leqslant 0.3$时	0.11
	有肋状凸出物的顶棚，当$h/\delta > 0.3$时	0.13

外表面换热热阻 R_e 的取值 表7-2

适用季节	表面特征	$R_e [(m^2 \cdot K)/W]$
冬季	外墙、屋面与室外空气直接接触的表面	0.04
	与室外空气相通的不供暖地下室上部的楼板	0.06
	闷顶、外墙上有窗的不供暖地下室上部的楼板	0.08
	外墙上无窗的不供暖地下室上部的楼板	0.17
夏季	外墙和屋面	0.05

7.1.2　围护结构热工缺陷检测

当保温材料缺失、分布不均、受潮或围护结构存在空气渗透的部位时，称该围护结构在此部位存在热工缺陷。围护结构热工缺陷是影响建筑物节能效果和建筑物热舒适性的重要因素，同时这些热工缺陷大多是隐蔽的，仅凭工程资料和常规现场检测方法不足以判断其所在部位和严重程度，从而影响对建筑热工性能与节能状况的评价。建筑围护结构热工缺陷检测包括外表面热工缺陷检测和内表面热工缺陷检测，《居住建筑节能检测标准》JGJ/T 132—2009 规定建筑物围护结构热工缺陷宜采用红外热像仪进行检测。

1. 检测原理

任何温度高于绝对零度的物体，都在不断地向周围环境辐射红外线。它所辐射的各种波长红外线能量的总和 E_b 与物体的绝对温度 T 的四次方成正比，也与黑体辐射系数 C_b 呈正比。红外热像仪便是以此为理论根据进行温度测量的，它利用红外光的热效应，通过接收并分析物体发出的红外光波，再通过信号处理系统得出物体的温度图像，成像过程如图 7-2 所示。这种图像称为热像图，热像图与物体表面的热分布场相对应，通俗地讲红外热像仪就是将物体发出的不可见红外能量转变为可见的热图像。热图像上面的不同颜色代表被测物体的不同温度，用暖色和冷色表示温度高低。

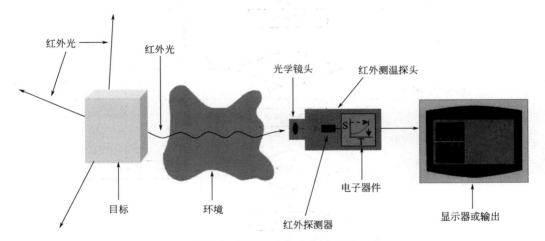

图 7-2　红外热像仪成像过程图

围护结构热工缺陷宜采用温差来判定，这是由于红外热像仪检测受到气候因素及环境因素影响较大，采用温差来作为评估依据可消除这些因素的影响。另外，围护结构热工缺陷主要是相对主体区域而言的，主体区域平均温度容易确定，采用主体区域平均温度作为比较的基础，温差在红外热像图上很容易观察到。

2. 检测仪器及设备

围护结构热工缺陷的主要检测设备是红外热像仪，其适用波长范围应为 $8.0 \sim 14.0 \mu m$，传感器温度分辨率（NETD）不应大于 $0.08℃$，温差检测不确定度不应大于 $0.5℃$，像素不应小于 76800 点。

3. 检测环境条件

检测前及检测期间，环境条件应符合下列规定：

（1）检测前至少24h内室外空气温度的逐时值与开始检测时的室外空气温度相比，其变化不应大于10℃。

（2）检测前至少24h内和检测期间，围护结构内、外平均空气温差不宜小于10℃。

（3）检测期间与开始检测时的空气温度相比，室外空气温度逐时值变化不应大于5℃，室内空气温度逐时值变化不应大于2℃。

（4）1h内室外风速（采样时间间隔为30min）变化不应大于2级（含2级）。

（5）检测开始前至少12h内受检的外表面不应受到太阳直接照射，受检的内表面不应受到灯光的直接照射。

（6）室外空气相对湿度不应大于75%，空气中粉尘含量不应异常。

4. 检测流程

围护结构热工缺陷检测流程如图7-3所示。

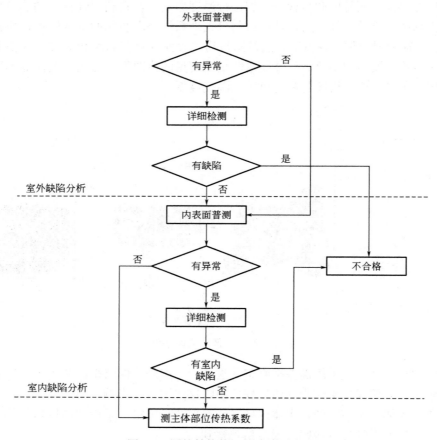

图 7-3　围护结构热工缺陷检测流程

5. 检测步骤

（1）检测前宜采用表面式温度计在受检表面上测出参照温度，调整红外热像仪的发射率，使红外热像仪的测定结果等于该参照温度。宜在与目标距离相等的不同方位扫描同一个部位，并评估邻近物体对受检围护结构表面造成的影响，必要时可采取遮挡措施或关闭室内辐射源，或在合适的时间段进行检测。

（2）检测时，首先对围护结构进行普测，然后对可疑部位进行详细检测。受检表面同一个部位的红外热像图不应少于 2 张，当拍摄的红外热像图中主体区域过小时，应单独拍摄 1 张及以上主体部位红外热像图。应用图说明受检部位的红外热像图在建筑中的位置，并应附上可见光照片。红外热像图上应标明参照温度的位置，并应随红外热像图一起提供参照温度的数据。

（3）受检外表面的热工缺陷应采用相对面积（ψ）评价，受检内表面的热工缺陷应采用能耗增加比（β）评价。二者分别根据下列公式计算：

$$\psi = \frac{\sum\limits_{i=1}^{n} A_{2,i}}{\sum\limits_{i=1}^{n} A_{1,i}} \tag{7-3}$$

$$\beta = \psi \left| \frac{T_1 - T_2}{T_1 - T_0} \right| \times 100\% \tag{7-4}$$

式中　ψ——受检外表面缺陷区域面积与主体区域面积的比值；

　　　β——受检内表面由于热工缺陷所带来的能耗增加比；

　　　T_1——受检表面主体区域（不包括缺陷区域）的平均温度，℃；

　　　T_2——受检表面缺陷区域的平均温度，℃；

　　　T_0——环境温度，℃；

　　　$A_{1,i}$——第 i 幅热像图主体区域的面积，m^2；

　　　$A_{2,i}$——第 i 幅热像图缺陷区域的面积，指与 T_1 的温度差大于或等于 1℃的点所组成的面积，m^2；

　　　i——热像图的幅数，$i=1 \sim n$。

6. 合格指标判定

检测后对实测热像图进行分析并判断是否存在热工缺陷及缺陷的类型和严重程度。可通过与参考热像图的对比进行判断，必要时可采用内窥镜、取样等方法进行认定。异常部位宜通过将实测热像图与被测部分的预期温度分布进行比较确定。实测热像图中出现的异常，如果不是围护结构设计或热（冷）源、测试方法等原因造成，则可认为是缺陷。无论是木结构、钢筋混凝土结构还是其他类型结构，当从内部拍摄时，对于冬季供暖中的建筑，绝热性能好的部位显示为低温区；夏季采用空调的建筑，绝热性能不好的部位则显示为高温区，而从外部拍摄时则相反。

通过式（7-3）、式（7-4）计算后，如果满足以下条件即可判定为合格：

（1）受检外表面缺陷区域与主体区域面积的比值应小于 20%，且单块缺陷面积应小于 0.5m^2。

（2）受检内表面因缺陷区域导致的能耗增加比值应小于 5%，且单块缺陷面积应小于 0.5m^2。

7.1.3　围护结构隔热性能检测

《民用建筑热工设计规范》GB 50176—2016 对居住建筑自然通风条件下围护结构屋面和东、西外墙提出了隔热要求，因此，本测试适用于既有居住建筑低碳改造工程。

1. 检测依据

《居住建筑节能检测标准》JGJ/T 132—2009。

2. 检测部位及条件

检测部位为居住建筑东（西）外墙及屋面，应在围护结构施工完成后 12 个月进行，检测持续时间不应少于 24h。检测期间室外气候条件满足以下条件：

（1）检测开始前 2 天应为晴天或少云天气。

（2）检测日应为晴天或少云天气，水平面的太阳辐射照度最高值不宜小于《民用建筑热工设计规范》GB 50176—2016 附表给出的当地夏季太阳辐射照度最高值的 90%。

（3）检测日室外最高逐时空气温度不宜小于《民用建筑热工设计规范》GB 50176—2016 给出的当地夏季室外计算温度最高值 2.0℃。

（4）检测日工作高度处的室外风速不应超过 5.4m/s。

3. 检测房间

受检围护结构内表面所在房间应有良好的自然通风环境，直射到围护结构外表面的阳光在白天不应被其他物体遮挡，检测时房间的窗应全部开启。

4. 检测参数

检测时应同时检测室内、外空气温度，受检围护结构内、外表面温度，室外风速，室外水平面太阳辐射照度。白天太阳辐射照度的数据记录时间间隔不应大于 15min，夜间可不记录。

5. 检测步骤

内、外表面温度传感器应对称布置在受检围护结构主体部位的两侧，与热桥部位的距离应大于墙体或屋面厚度的 3 倍以上。每侧温度测点应至少各布置 3 点，其中一点应布置在接近检测面中央的位置。

6. 检测结果与判定方法

内表面逐时温度应取内表面所有测点相应时刻检测结果的平均值。夏季建筑东（西）外墙和屋面的内表面逐时最高温度均不高于室外逐时空气温度最高值时，应判为合格，否则应判为不合格。

7.1.4 外窗气密性能检测

建筑外窗气密性能是指外窗在正常关闭状态室内外压差作用下，空气通过量的大小，以 10Pa 压差下检测外窗单位缝长空气渗透量和单位面积空气渗透量进行评价。现场检测采用静压箱法，依据《建筑外窗气密、水密、抗风压性能现场检测方法》JG/T 211—2007 进行检测。气密性能分级应符合《建筑幕墙、门窗通用技术条件》GB/T 31433—2015 的规定。

1. 检测原理

只有在压差、缝隙、温差三个因素同时存在时，才会产生空气渗透现象，其中压力是最关键因素。根据流体动力学的理论，流体从一处流向另一处的动力是两个不同位置的流体之间存在的压力差，建筑外窗的空气渗透就是因为室内外存在空气压力差。利用风机增压与减压的原理，可使窗户内、外人为地造成压力差，测定一系列压差下的空气渗透量，根据空气渗透量与室内、外压差的函数关系，即可确定窗户的气密性能。

现场利用密封板、围护结构和外窗形成静压箱，通过机械供风系统从静压箱抽风或向静压箱吹风，在被检测外窗两侧形成正压差或负压差。在静压箱引出测量孔测量压差，在管路上安装流量测量装置测量空气渗透量，检测装置如图 7-4 所示。

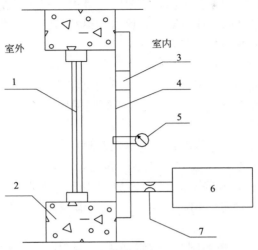

图 7-4　外窗压差检测装置示意图

1—外窗；2—围护结构；3—检查门；4—静压箱密封板（透明膜）；5—差压传感器；6—供风系统；7—流量传感器

2. 检测仪器

检测仪器应符合以下要求：压力测量仪器测量值的误差不应大于 1Pa；当空气流量大于 $3.5\text{m}^3/\text{h}$ 时，测量误差不应大于 10%，当空气流量大于 $3.5\text{m}^3/\text{h}$ 时，测量误差不应大于 5%。差压表、大气压力表、环境温度检测仪、室外风速计和长度尺的不确定度分别不应大于 2.5Pa、200Pa、1℃、0.25m/s 和 3mm。空气流量测量装置的不准确度不应大于测量值的 13%。

3. 气密性能分级指标

建筑外门窗气密性能分级如表 7-3 所示。

建筑外门窗气密性能分级表　　　　　　　　　　　　　　　　　表 7-3

分级	单位缝长分级指标值 $q_1[\text{m}^3/(\text{m}\cdot\text{h})]$	单位面积分级指标值 $q_2[\text{m}^3/(\text{m}^2\cdot\text{h})]$
1	$4.0\geqslant q_1>3.5$	$12\geqslant q_2>10.5$
2	$3.5\geqslant q_1>3.0$	$10.5\geqslant q_2>9.0$
3	$3.0\geqslant q_1>2.5$	$9.0\geqslant q_2>7.5$
4	$2.5\geqslant q_1>2.0$	$7.5\geqslant q_2>6.0$
5	$2.0\geqslant q_1>1.5$	$6.0\geqslant q_2>4.5$
6	$1.5\geqslant q_1>1.0$	$4.5\geqslant q_2>3.0$
7	$1.0\geqslant q_1>0.5$	$3.0\geqslant q_2>1.5$
8	$q_1\leqslant 0.5$	$q_2\leqslant 1.5$

4. 检测要求

（1）试件选取同窗型、同规格、同型号，三樘为一组。

（2）外窗及连接部位应安装完毕且达到正常使用状态，连续开启和关闭5次，受检外窗应能工作正常。

（3）对受检外窗的观感质量进行目检，当存在明显缺陷时，应停止该项检测。

（4）检测时环境条件的记录应包括外窗室内、外的大气压及温度。当温度、风速、降雨等环境条件影响检测结果时，应排除干扰因素后继续检测，并在检测报告中注明。

（5）检测过程中应采取必要的安全措施。

5. 检测步骤

（1）检测前，应测量外窗面积，弧形窗、折线窗应按展开面积计算。

（2）从室内侧用厚度不小于0.2mm的透明塑料薄膜覆盖整个窗范围并沿窗边框处密封（密封膜不应重复使用）。

（3）在室内侧的窗洞口上安装密封板，确认密封良好。

（4）检测压差顺序见图7-5，并按以下顺序进行：

1）预备加压：正、负压检测前，分别施加三个压差脉冲，压差绝对值为150Pa，加压速度约为50Pa/s。压差稳定作用时间不少于3s，泄压时间不少于1s，检查密封板及透明膜的密封状态。

2）附加渗透量的测定：按照图7-5逐级加压，每级压力作用时间不小于10s，先逐级正压，后逐级负压。记录各级测量值。附加空气渗透量是指除通过试件本身的空气渗透量以外，通过设备和密封板，以及各部分之间连接缝等部位的空气渗透量。

3）总空气渗透量的检测：打开密封板检查门，去除试件上所加密封措施薄膜后关闭检查门进行检测。检测程序同预备加压。

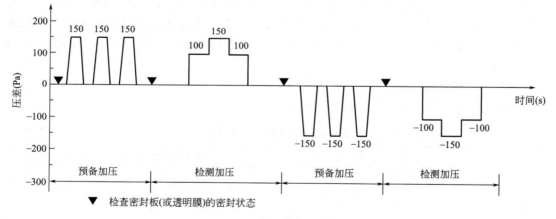

图7-5 检测压差顺序图

6. 检测结果

分别计算出升压和降压过程中在100Pa压差下的两个附加渗透量测定值的平均值$\overline{q}_f$和两个总渗透量测定值的平均值$\overline{q}_z$，则窗试件本身在100Pa压力差下的空气渗透量q_t即可按式（7-5）计算，然后利用式（7-6）将q_t换算成标准状态下的渗透量q'。

$$q_t = \overline{q}_z - \overline{q}_f \tag{7-5}$$

$$q' = \frac{293}{101.3} \times \frac{q_t \times P}{T} \tag{7-6}$$

式中　q'——标准状态下通过试件的空气渗透量，m^3/h；

　　　　P——试验室气压，kPa；

　　　　T——试验室空气温度，K；

　　　　q_t——试件渗透量，m^3/h。

将 q' 除以试件开启缝长度 l，即可得出在 100Pa 下，单位开启缝长空气渗透量 q_1'：

$$q_1' = \frac{q'}{l} \tag{7-7}$$

将 q' 除以试件面积 A，得到在 100Pa 下，单位面积空气渗透量 q_2'：

$$q_2' = \frac{q'}{A} \tag{7-8}$$

7. 分级指标的确定

为了保证分级指标值的准确度，采用由 100Pa 检测压力差下的测定值单位开启缝长空气渗透量 $\pm q_1'$ 或单位面积空气渗透量 $\pm q_2'$，分别式（7-9）和式（7-10）换算为 10Pa 压力差下的相应值 $\pm q_1$ 和 $\pm q_2$。

$$\pm q_1 = \frac{\pm q_1'}{4.65} \tag{7-9}$$

$$\pm q_2 = \frac{\pm q_2'}{4.65} \tag{7-10}$$

式中　q_1'——100Pa 作用压力差下单位缝长空气渗透量，$m^3/(m \cdot h)$；

　　　　q_1——10Pa 作用压力差下单位缝长空气渗透量，$m^3/(m \cdot h)$；

　　　　q_2'——100Pa 作用压力差下单位面积空气渗透量，$m^3/(m^2 \cdot h)$；

　　　　q_2——10Pa 作用压力差下单位面积空气渗透量，$m^3/(m^2 \cdot h)$。

将三樘试件的 $\pm q_1$ 或 $\pm q_2$ 分别平均后对照表 7-3 确定按照缝长和按面积各自所属等级。最后取两者中的不利级别为该组试件所属等级。正、负压测值分别定级。

严寒和寒冷地区居住建筑外窗的气密性等级不低于表 7-3 中的 6 级水平；公共建筑 10 层以下建筑外窗气密性等级不低于表 7-3 中的 6 级水平，10 层及以上建筑外窗气密性等级不低于表 7-3 中的 7 级水平。

7.2　集中供暖系统改造检测

7.2.1　室外管网水力平衡度检测

1. 检测依据

《居住建筑节能检测标准》JGJ/T 132—2009。

2. 检测时间

水力平衡度的检测应在供暖系统正常运行后进行。

3. 检测部位

室外供暖系统水力平衡度的检测宜以建筑物热力入口为限，受检热力入口位置和数量按以下规定确定：

（1）当热力入口总数不超过 6 个时，应全数检测。

（2）当热力入口总数超过 6 个时，应根据各个热力入口距热源距离的远近，按近端 2 处、远端 2 处、中间区域 2 处的原则确定受检热力入口。

（3）受检热力入口的管径不应小于 $DN40$。

4. 检测要求

水力平衡度检测期间，供暖系统总循环水量应保持恒定，且应为设计值的 $100\%\sim110\%$。流量计量装置宜安装在建筑物相应的热力入口处，且宜符合产品的使用要求。循环水量的检测值应以相同检测持续时间内各热力入口处测得的结果为依据进行计算，检测持续时间宜取 10min。

5. 水力平衡度计算

水力平衡度应按下式计算：

$$HB_j = \frac{G_{\mathrm{wm},j}}{G_{\mathrm{wd},j}} \tag{7-11}$$

式中 HB_j ——第 j 个热力入口的水力平衡度；

$G_{\mathrm{wm},j}$ ——第 j 个热力入口循环水量检测值，$\mathrm{m^3/s}$；

$G_{\mathrm{wd},j}$ ——第 j 个热力入口的设计循环水量检测值，$\mathrm{m^3/s}$。

6. 合格指标与判定方法

在所有受检的热力入口中，各热力入口处的水力平衡度为 $0.9\sim1.2$ 时，应判为合格，否则应判为不合格。

7.2.2 补水率检测

1. 检测依据

《居住建筑节能检测标准》JGJ/T 132—2009。

2. 检测时间

补水率的检测应在供暖系统正常运行后进行，检测持续时间宜为整个供暖期。

3. 检测要求

总补水量应采用具有累计流量显示功能的流量计量装置检测，流量计量装置应安装在系统补水管上适宜的位置，且应符合产品的使用要求。当供暖系统中固有的流量计量装置在检定有效期内时，可直接利用该装置进行检测。

4. 检测结果计算

供暖系统补水率按下列公式计算：

$$R_{\mathrm{mp}} = \frac{g_{\mathrm{a}}}{g_{\mathrm{d}}} \times 100\% \tag{7-12}$$

$$g_{\mathrm{d}} = 0.861 \times \frac{q_{\mathrm{q}}}{t_{\mathrm{s}} - t_{\mathrm{r}}} \tag{7-13}$$

$$g_{\mathrm{a}} = \frac{G_{\mathrm{a}}}{A_0} \tag{7-14}$$

式中 R_{mp} ——供暖系统补水率，%；

g_{d} ——供暖系统单位面积设计循环水量，$\mathrm{kg/(m^2 \cdot h)}$；

g_{a} ——检测持续时间内供暖系统单位面积补水量，$\mathrm{kg/(m^2 \cdot h)}$；

G_a ——检测持续时间内供暖系统平均单位时间内的补水量，kg/h；

A_0 ——居住小区内所有供暖建筑物的总建筑面积，m^2；

q_q ——供热设计热负荷指标，W/m^2；

t_s、t_r ——供暖热源设计供水、回水温度，℃。

5. 合格指标判定

供暖系统补水率不大于 0.5% 时，判为合格，否则应判为不合格。

7.2.3 室外管网热损失率检测

1. 检测依据

《居住建筑节能检测标准》JGJ/T 132—2009。

2. 检测时间

供暖系统室外管网热损失率的检测应在供暖系统正常运行 120h 后进行，检测持续时间不应少于 72h。

3. 检测仪器

检测供回水温度、循环水量、补水量等使用的仪表应具有自动采集和存储数据功能，并具有与计算机的接口。

4. 检测要求

检测期间，供暖系统应处于正常运行工况，热源供水温度的逐时值不应低于 35℃；供暖系统室外管网供水温降应采用温度自动检测仪进行同步检测，数据记录时间间隔不应大于 60min。热计量装置的安装应符合下列规定：

(1) 供热量应采用热计量装置在建筑物热力入口处检测，供回水温度和流量传感器的安装宜满足相关产品的使用要求。

(2) 温度传感器宜安装于受检建筑物外墙外侧且距外墙外表面 2.5m 以内的地方。

(3) 供暖系统总供热量宜在供暖热源出口处检测，供回水温度和流量传感器宜安装在供暖热源机房内，当温度传感器安装在室外时，距供暖热源机房外墙外表面的垂直距离不应大于 2.5m。

5. 室外管网热损失率计算

$$\alpha_{ht} = \left(1 - \sum_{j=1}^{n} Q_{a,j} / Q_{a,t}\right) \times 100\% \tag{7-15}$$

式中 α_{ht} ——供暖系统室外管网热损失率；

$Q_{a,j}$ ——检测持续时间内第 j 个热力入口处的供热量，MJ；

$Q_{a,t}$ ——检测持续时间内热源的输出热量，MJ。

6. 合格指标与判定方法

供暖系统室外管网热损失率不大于 10% 时，应判为合格，否则应判为不合格。

7.2.4 循环水泵耗电输热比检测

1. 检测依据

《居住建筑节能检测标准》JGJ/T 132—2009。

2. 检测时间

循环水泵耗电输热比的检测应在供暖系统正常运行 120h 后进行，检测持续时间不应少于 24h。

3. 检测要求

供暖热源和循环水泵的铭牌参数应满足设计要求；系统瞬时供热负荷不应小于设计值的 50%。循环水泵运行方式应满足下列条件：

（1）对变频泵系统，应按工频运行且启泵台数满足设计工况要求。

（2）对多台工频泵并联系统，启泵台数应满足设计工况要求。

（3）对大小泵制系统，应启动大泵运行。

（4）对一用一备制系统，应保证有一台泵正常运行。

供暖热源的输出热量应在热源机房内采用热计量装置进行累计计量，热计量装置的安装应符合相关标准规定；循环水泵的用电量应分别计量。

4. 检测结果计算

循环水泵耗电输热比按下列公式计算：

$$EHR_{ae} = \frac{3.6 \times \varepsilon_a \times \eta_m}{\sum Q_{a,e}} \qquad (7\text{-}16)$$

当 $\sum Q_a < \sum Q$ 时，

$$\sum Q_{a,e} = \min\{\sum Q_P, \sum Q\} \qquad (7\text{-}17)$$

当 $\sum Q_a \geqslant \sum Q$ 时，

$$\sum Q_{a,e} = \sum Q_a \qquad (7\text{-}18)$$

$$\sum Q_P = 0.3612 \times 10^6 \times G_a \times \Delta t \qquad (7\text{-}19)$$

$$\sum Q = 0.0864 \times q_q \times A_0 \qquad (7\text{-}20)$$

式中　EHR_{ae}——循环水泵耗电输热比；

　　　ε_a——检测持续时间内循环水泵的日耗电量，kWh；

　　　η_m——电机效率与传动效率之和，直联取 0.85，联动器传动取 0.83；

　　　$\sum Q_{a,e}$——检测持续时间内供暖系统日最大有效供热能力，MJ；

　　　$\sum Q_a$——检测持续时间内供暖系统的实际日供热量，MJ；

　　　$\sum Q_P$——在循环水量不变的情况下，检测持续时间内供暖系统可能的日最大供热能力（MJ）；

　　　$\sum Q$——供暖热源的设计日供热量，MJ；

　　　G_a——检测持续时间内供暖系统的平均循环水量，m³/s；

　　　Δt——供暖热源的设计供回水温差，℃。

5. 合格指标与判定方法

循环水泵耗电输热比满足下式要求时，应判为合格，否则应判为不合格。

$$EHR_{ae} \leqslant \frac{0.0062(14 + \alpha \cdot L)}{\Delta t} \qquad (7\text{-}21)$$

式中　　L——室外管网主干线（从供暖管道进出热源机房外墙处算起，至最不利环路末端热用户热力入口止）包括供回水管道的总长度，m；

　　　　α——系数，其取值为：当 $L \leqslant 500m$ 时，$\alpha = 0.0115$；当 $500m < L < 1000m$ 时，$\alpha = 0.0092$；当 $L \geqslant 1000m$ 时，$\alpha = 0.0069$。

7.3　中央空调系统改造检测

7.3.1　冷水机组能效检测

1. 检测依据

《公共建筑节能检测标准》JGJ/T 177—2009。

2. 检测条件

（1）冷水（热泵）机组运行正常，系统负荷不宜小于实际运行最大负荷的 60%，且运行机组负荷不宜小于其额定负荷的 80%，并处于稳定状态。

（2）冷水出水温度应在 6～9℃之间。

（3）水冷冷水（热泵）机组要求冷却水进水温度在 29～32℃之间；风冷冷水（热泵）机组要求室外干球温度在 32～35℃之间。

3. 检测数量

对于 2 台及以下（含 2 台）同型号机组，应至少抽取 1 台；对于 3 台及以下（含 3 台）同型号机组，应至少抽取 2 台。

4. 检测方法

（1）同时对冷水（热水）的进、出口水温和流量进行检测，根据进、出口温差和流量检测值计算得到系统的供冷（热）量。温度计应设在靠近机组的进出口处；流量传感器应设在设备进口或出口的直管段上。

（2）输入功率应在电动机输入线端测量，宜采用两表测量，也可采用一台三相功率表或三台单相功率表测量。

（3）检测工况下，应每隔 5～10min 读 1 次数，连续测量 60min，并应取每次读数的平均值作为检测值。

5. 检测仪器

温度测量仪表可采用玻璃水银温度计、电阻温度计或热电偶温度计；流量测量仪表应采用超声波流量计。电功率测量仪表宜采用数字功率表，精度等级宜为 1.0 级。

6. 检测结果

电驱动压缩机的蒸汽压缩循环冷水（热泵）机组的实际性能系数（COP_d）应按式（7-22）计算：

$$COP_d = \frac{Q_0}{N} \tag{7-22}$$

式中　　COP_d——电驱动压缩机的蒸汽压缩循环冷水（热泵）机组的实际性能系数；

　　　　Q_0——冷水（热泵）机组的供冷（热）量，kW；

　　　　N——检测工况下机组平均输入功率，kW。

冷水（热泵）机组的供冷（热）量应按式（7-23）计算：

$$Q_0 = \frac{c_p \rho G (t_{in} - t_{out})}{3600} \tag{7-23}$$

式中　Q_0——冷水（热泵）机组的供冷（热）量，kW；

G——冷（热）水平均流量，m^3/h；

t_{out}，t_{in}——冷（热）水进、出口温度，℃；

ρ——冷（热）水平均密度，kg/m^3；

c_p——冷（热）水平均定压比热，$kJ/(kg \cdot ℃)$。

7.3.2　水泵效率检测

1. 检测依据

《公共建筑节能检测标准》JGJ/T 177—2009。

2. 检测数量

检测应在系统实际运行状态下进行，检测工况下启用的循环水泵均应进行效率检测。

3. 检测方法

（1）检测工况下，应每隔 5～10min 读数一次，连续测量 60min，并应取每次读数的平均值作为检测值。

（2）流量测点宜设在距上游局部阻力构件 10 倍管径，且距下游局部阻力构件 5 倍管径处。压力测点应设在水泵进出口压力表处。

（3）水泵的输入功率应在电动机输入线端测量。

4. 结果计算

水泵效率应按下式计算：

$$\eta = V \rho g \Delta H / (3.6P) \tag{7-24}$$

式中　η——水泵效率；

V——水泵平均水流量，m^3/h；

ρ——水的平均密度，kg/m^3，可根据水温由物性参数表查取；

g——自由落体加速度，取 $9.8m/s^2$；

ΔH——水泵进出口平均压差，m；

P——水泵平均输入功率，kW。

5. 合格指标与判定

检测工况下，水泵效率检测值大于设备铭牌值的 80% 应判定为合格。

7.3.3　冷源系统能效检测

检测依据、检测条件、检测仪器同 7.3.1 节。

1. 检测数量

所有独立冷热源系统均应进行冷热源系统能效系数检测。

2. 检测方法

（1）同时对冷（热）水的进、出口水温和流量进行检测，根据进、出口温差和流量检测值计算得到系统的供冷（热）量，温度计应设在靠近机组的进、出口处；流量传感器应设在设备进口或出口的直管段上。

（2）冷水机组、冷水泵、冷却水泵和冷却塔风机输入功率应在电动机输入线端测量，宜采用两表测量，也可采用一台三相功率表或三台单相功率表测量，检测期间各用电设备的输入功率应进行平均累加。

（3）检测工况下，应每隔 5～10min 读 1 次数，连续测量 60min，并应取每次读数的平均值作为检测值。

3. 结果计算

冷源系统能效系数应按下式计算：

$$EER_{-sys} = \frac{Q_0}{\sum N_i} \tag{7-25}$$

式中　EER_{-sys}——冷源系统能效系数，kW/kW；

Q_0——冷源系统的供冷量，kW；

$\sum N_i$——冷源系统各用电设备的平均输入功率之和，kW。

冷源系统的供冷量应按下式计算：

$$Q_0 = V\rho c \Delta t / 3600 \tag{7-26}$$

式中　V——冷水平均流量，m^3/h；

Δt——冷水平均进出口温差，℃；

ρ——冷水平均密度，kg/m^3；

c——冷水平均定压比热，kJ/（kg·℃）。

ρ、c 根据介质进出口平均温度有物性参数表查取。

4. 合格指标及判定

冷源系统能效系数检测值符合表 7-4 规定时，应判定为合格。

冷源系统能效系数限值　　　　　　　　　　表 7-4

冷源类型	单台额定制冷量（kW）	冷源系统能效系数（kW/kW）
水冷冷水机组	<528	≥2.3
	528～1163	≥2.6
	>1163	≥3.1
风冷或蒸发冷却机组	≤50	≥1.8
	>50	≥2.0

7.3.4 风机单位风量耗功率检测

1. 检测依据

《公共建筑节能检测标准》JGJ/T 177—2009。

2. 检测数量

（1）抽检比例不应少于空调机组总数的 20%。

（2）不同风量的空调机组检测数量不应少于 1 台。

3. 检测方法及要求

（1）检测应在空调通风系统正常运行工况下进行。

（2）风量检测应采用风管风量检测方法。

（3）风机的风量应为吸入端和压出端风量的平均值，且风机前后的风量之差不应大于5%。

（4）风机的输入功率应在电动机输入线端同时测量。

4. 结果计算

风机单位风量耗功率 W_s 应按下式计算：

$$W_s = \frac{N}{L} \tag{7-27}$$

式中　W_s——风机单位风量耗功率，$W/(m^3 \cdot h)$；

　　　N——风机的输入功率，W；

　　　L——风机的实际风量，m^3/h。

5. 合格指标及判定

风机单位风量耗功率限值满足表7-5的规定时，应判定为合格。

风机单位风量耗功率限值　　　　　　　　　表7-5

系统形式	风机单位风量耗功率 W_s 限值[$W/(m^3 \cdot h)$]
机械通风系统	≤0.27
办公建筑定风量系统	≤0.27
办公建筑变风量系统	≤0.29
商业、酒店建筑全空气系统	≤0.30

7.3.5　新风量检测

1. 检测依据

《公共建筑节能检测标准》JGJ/T 177—2009。

2. 检测数量

（1）抽检比例不应少于新风系统数量的20%。

（2）不同风量的新风系统不应少于1个。

3. 检测方法

（1）检测应在系统正常运行后进行，且所有的风口应处于正常开启状态；

（2）新风量检测应采用风管风量检测方法，并应符合《公共建筑节能检测标准》JGJ/T 177—2009 的规定。

4. 合格指标及判定

新风量检测值符合设计要求，且允许偏差为10%时，应判为合格。

7.3.6　定风量系统平衡度检测

1. 检测依据

《公共建筑节能检测标准》JGJ/T 177—2009。

2. 检测数量

（1）每个一级支管路均应进行风系统平衡度检测。

（2）当其余支路小于或等于 5 个时，宜全数检测。

（3）当其余支路大于 5 个时，宜按照近端 2 个，中间区域 2 个，远端 2 个的原则进行检测。

3. 检测方法

（1）检测应在系统正常运行后进行，且所有的风口应处于正常开启状态。

（2）风系统检测期间，受检风系统的总风量应维持恒定且宜为设计值的 100%～110%。

（3）风量检测方法可采用风管风量检测方法，也可采用风量罩风量检测方法。

4. 结果计算

风系统平衡度应按下式计算：

$$FHB_j = \frac{G_{a,j}}{G_{d,j}} \tag{7-28}$$

式中　FHB_j——第 j 个支路的风系统平衡度；

　　　　$G_{a,j}$——第 j 个支路的实际风量，m^3/h；

　　　　$G_{d,j}$——第 j 个支路的设计风量，m^3/h；

　　　　j——支路编号。

5. 合格指标及判定

受检支路中 90% 及以上的支路平衡度为 0.9～1.2 时，应判为合格。

7.4　给水排水系统检测

7.4.1　用水量检测

1. 检测依据

《建筑给水排水设计标准》GB 50015—2019 和《建筑给水排水及采暖工程施工质量验收规范》GB 50242—2002。

2. 检测内容

调取近 3 年的水耗账单或者记录表格，包括引入口水耗记录和所有配水系统分项水耗记录。

3. 检测设备

流量计及其数据传输、储存系统。

4. 检测条件

水表应装设在观察方便、不冻结、不被任何液体及杂质淹没和不易受损处。

5. 合格指标及判定

分项水耗应等于总引入口处水耗。当分项水耗小于总引入口处水耗时，说明系统有渗漏点。

7.4.2　二次供水水质检测

1. 检测依据

《二次供水工程技术规程》CJJ 140—2010 和《生活饮用水卫生标准》GB 5749—2022。

2. 检测内容

二次供水设备出水水质和消毒设备的运行。

3. 水质检测要求

采样点设置在原水入口、设备出水口、末端，贮水设施的水质检测取水点宜设在水池（箱）出水口。

必测项目：色度、pH、浑浊度、臭和味、肉眼可见物、硫酸盐、氯化物、氨氮、亚硝酸盐氮、硝酸盐氮、挥发酚类、耗氧量、总硬度、铁、锰、铜、铅、菌落总数、总大肠菌群、耐热大肠菌群、大肠埃希氏菌。

选测项目：必要时可以根据水箱类型、消毒方式等因素加测相关检验项目及消毒副产物。

监测频次：每年检验一次。

4. 水质检验方法和评价标准

水质检验方法按照现行国家标准《生活饮用水标准检验方法》GB 5750.1～5750.13对水样进行采集、保存和检验，并根据现行国家标准《生活饮用水卫生标准》GB 5749 进行相应评价。

7.4.3 二次供水设备检测

1. 检测依据

《二次供水工程技术规程》CJJ 140—2010 和《建筑给水排水及采暖工程施工质量验收规范》GB 50242—2002。

2. 检测内容

供水设备的进出口水量、水压、频率；贮水设施的液位控制系统；供水设备的减振措施及环境噪声的控制；系统阀件和管线工作状态。

3. 合格指标判定

出水水量、水压，系统阀件和管线等满足设计文件的要求。

7.4.4 空气源热泵热水系统能效检测

1. 检测依据

《可再生能源建筑应用工程评价标准》GB/T 50801—2013、《建筑节能与可再生能源利用通用规范》GB 55015—2021。

2. 检测内容

系统流量、系统冷热水温度、机组消耗的电量、水泵消耗的电量等。

3. 检测设备

电力分析仪或电功率表、环境温度自记仪、水温测试系统、热量计或流量计、温度计等。

4. 检测条件

检测宜在热泵机组运行工况稳定后 1h 进行，检测时间不得低于 2h；系统各项参数检测记录同步进行，记录时间间隔不得大于 10min。

5. 检测、计算方法

空气源热泵热水系统能效比按式（7-29）计算。

$$COP = \frac{Q}{N}$$

$$(7-29)$$

$$Q = \frac{V\rho C_{pw}\Delta t_w}{3600}$$

(7-30)

式中　Q——检测期间机组平均制热量，kW；

　　　N——检测期间机组平均输入功率，kW；

　　　V——热水系统平均流量，m^3/h；

　　　ρ——热水平均密度，kg/m^3；

　　Δt_w——系统热水出水温度与冷水进水温度平均温差，℃；

　　C_{pw}——水的定压比热，$kJ/(kg \cdot ℃)$。

7.4.5　太阳能热水系统能效检测

1. 检测依据

《可再生能源建筑应用工程评价标准》GB/T 50801—2013。

2. 检测内容

集热系统得热量、系统常规热源耗能量、贮热水箱热损系数、集热系统效率、太阳能保证率。

3. 检测设备

总辐射量测试系统、电力分析仪或电功率表、环境温度自记仪、风速仪、水温测试系统、热量计或流量计、温度计。

4. 检测条件

太阳能建筑应用光热系统所采用的太阳能集热器、太阳能热水器等关键设备应具有相应的国家级全性能合格的检测报告，符合国家相关产品标准的要求；系统应按原设计要求安装调试合格，并至少正常运行 3 天，方可以进行测试。太阳能热水系统试验期间环境温度：$8℃ \leqslant t_a \leqslant 39℃$；测试期间太阳辐照量分布在下列四段：$J_1 < 8MJ/(m^2 \cdot d)$；$8MJ/(m^2 \cdot d) \leqslant J_2 < 13MJ/(m^2 \cdot d)$；$13MJ/(m^2 \cdot d) \leqslant J_3 < 18MJ/(m^2 \cdot d)$；$18MJ/(m^2 \cdot d) \leqslant J_4$。

5. 检测方法

（1）集热系统得热量：由太阳能集热系统中太阳集热器提供的有用能量，单位：MJ/8h。

（2）测试起止时间：当地太阳正午时前 4h 到太阳正午时后 4h，共计 8h。

（3）所需测试参数：集热系统进口温度、集热系统出口温度、集热系统流量、环境温度、环境空气流速、测试时间。

6. 合格指标判定

集热器集热效率应不低于 40%、太阳能热水系统的保证率应不低于 40%。

7.5　电气系统改造检测

7.5.1　照度值检测

1. 检测依据

《照明测量方法》GB/T 5700—2008、《建筑照明设计标准》GB 50034—2013、《建筑

节能工程施工质量验收标准》GB 50411—2019。

2. 检测数量

每类房间或场所至少抽测 2 个进行照度值检测。

3. 检测设备

照度计、钢卷尺。

4. 检测条件

（1）在现场进行照明测量时，白炽灯和卤钨灯累计燃点时间宜在 50h 以上，气体放电灯类光源累计燃点时间宜在 100h 以上。

（2）在现场进行照明测量时，应在下列时间后进行：白炽灯和卤钨灯应燃点 15min；气体放电灯类光源应燃点 40min。

（3）宜在额定电压下进行照明测量，在测量时，应监测电源电压，若实测电压偏差超过相关标准规定的范围，应对测量结果做相应的修正。

（4）室内照明测量应在没有天然光和其他非被测光源的影响下进行；排除杂散光摄入光接收器，并应防止各类人员和物体对光接收器造成遮挡。

（5）采用中心布点法，对该工程照明系统的平均照度进行现场检测。

5. 检测方法

（1）中心布点法。一般将测量区域划分成矩形网格，网格宜为正方形，应在矩形网格中心点测量照度，如图 7-6 所示。该布点方法适用于水平照度、垂直照度或摄像机方向的垂直照度的测量，垂直照度应标明照度的测量面的法线方向。

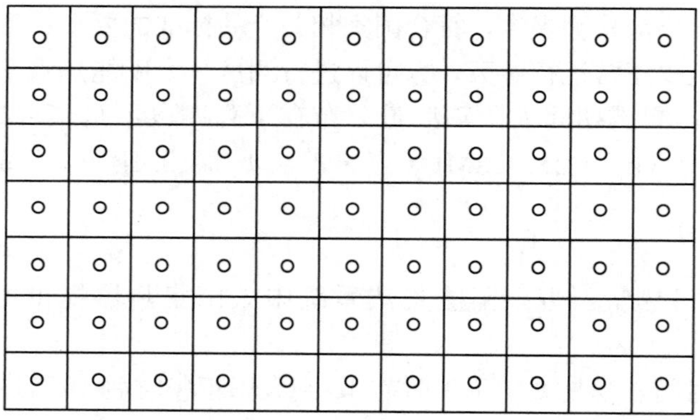

○——测点

图 7-6　在网格中心布点示意图

中心布点法的平均照度按式（7-31）计算：

$$E_{av} = \frac{1}{MN} \sum E_i \tag{7-31}$$

式中　E_{av}——平均照度，lx；

E_i——在第 i 个测点上的照度，lx；

M——纵向测点数；

N——横向测点数。

（2）四角布点法。一般将测量区域划分成矩形网格，网格宜为正方形，应在矩形网格

4 个角点上测量照度,如图 7-7 所示。该布点方法适用于水平照度、垂直照度或摄像机方向的垂直照度的测量。垂直照度应标明照度测量面的法线方向。

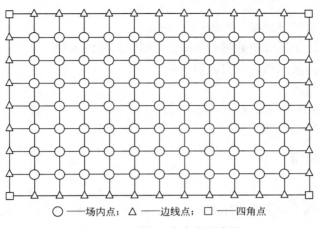

○——场内点; △——边线点; □——四角点

图 7-7 在网格四角布点示意图

四角布点法的平均照度按式(7-32)计算:

$$E_{av} = \frac{1}{4MN} (\sum E_\theta + 2 \sum E_0 + 4 \sum E) \tag{7-32}$$

式中 E_{av} ——平均照度,lx;

M——纵向测点数;

N——横向测点数;

E_θ——测量区域四个角处的测点照度,lx;

E_0——除 E_θ 外,四条外边上的测点照度,lx;

E——四条外边以内的测点照度,lx。

建筑室内照明照度测量测点的间距一般为 0.5~10m。

6. 合格指标及判定

检测照度值与设计要求或《建筑照明设计标准》GB 50034—2013 中的照明标准值的偏差为±10%,应判为合格。

7.5.2 照明功率密度值检测

1. 检测依据

《照明测量方法》GB/T 5700—2008、《建筑照明设计标准》GB 50034—2013、《建筑节能工程施工质量验收标准》GB 50411—2019。

2. 检测数量

每类房间或场所至少抽测 2 个进行功率密度值检测。

3. 检测设备

功率谐波分析仪、钢卷尺。

4. 检测方法

采用中心布点法,对照明功率密度进行现场检测。

照明功率密度值应按下式计算：

$$LPD = \frac{\sum P_i}{S} \tag{7-33}$$

式中　　LPD——照明功率密度，W/m^2；

P_i——被测量场所中的第 i 个单个照明灯具的输入功率，W；

S——被测量照明场所的面积，m^2。

5. 合格指标及判定

照明功率密度应符合设计文件的规定：设计无要求时，应符合现行国家标准《建筑照明设计标准》GB 50034 的规定。

7.5.3 功率因数检测

1. 检测依据

《建筑节能工程施工质量验收标准》GB 50411—2019、《公共建筑节能检测标准》JGJ/T 177—2009。

2. 检测数量

补偿后的功率因数均应检测。

3. 检测设备

功率谐波分析仪。

4. 检测方法

（1）检测前应对补偿后的功率因数进行初步判定。初步判定补偿后功率因数表的读数方式，读值时间间隔宜为 1min，读取 10 次取平均值。

（2）对初步判定为不合格的回路应采用直接测量的方法，采用数字式智能化仪表在变压器出线回路进行测量。

（3）直接测量时间间隔宜为 3s（150 周期），测量时间宜为 24h。

（4）功率因数测量宜与谐波测量同时进行。

5. 合格指标及判定

功率因数不应低于设计值，当设计无要求时不应低于当地电力部门的规定值。

7.5.4 公共电网谐波检测

1. 检测依据

《电能质量　公共电网谐波》GB/T 14549—93、《建筑节能工程施工质量验收标准》GB 50411—2019、《公共建筑节能检测标准》JGJ/T 177—2009。

2. 检测数量

（1）变压器出线回路应全部测量。

（2）照明回路应抽测 5%，且不得少于 2 个回路。

（3）配置变频设备的动力回路应抽测 2%，且不得少于 1 个回路。

（4）配置大型 UPS 的回路应抽测 2%，且不得少于 1 个回路。

3. 检测设备

功率谐波分析仪。

4. 检测方法

公共电网谐波检测包括变压器低压侧的电压总谐波畸变率、奇次谐波含有率、偶次谐波含有率和谐波电流。

（1）检测仪器宜采用新型数字智能化仪器，窗口宽度为 10 个周期并采用矩形加权，时间窗应与每一组的 10 个周期同步。仪器应保证其电压为标称电压±15%，频率在 49～51Hz 范围内电压总谐波畸变率不超过 8% 的条件下能正常工作。

（2）测量时间间隔宜为 3s（150 周期），测量时间宜为 24h。

（3）对于负荷变化快的谐波源，测量的间隔时间不大于 2min，测量次数应满足数理统计的要求，一般不少于 30 次。

（4）谐波测量数据应取测量时段内各相实测量值的 95% 概率值中最大相值，作为判断的依据。对于负荷变化慢的谐波源，宜选 5 个接近的实测值，取其算术平均值。

5. 合格指标及判定

（1）谐波电压检测数据应按照《电能质量　公共电网谐波》GB/T 14549—93 附录 A、附录 B 规定的换算和计算方法进行计算；电网标称电压 0.38kV 谐波电压计算结果总谐波畸变率限值为 5.0%，其中奇次谐波电压含有率限值为 4.0%，偶次谐波电压含有率限值为 2.0%。

（2）谐波电流计算结果应满足表 7-6 的要求。

（3）当谐波电压和谐波电流检测结果分别符合本条（1）和（2）款规定时，应判为合格。

谐波电流允许值　　　　　　　　　　　　　表 7-6

标准电压 （kV）	基准短路 容量（MVA）	谐波次数及谐波电流允许值（A）											
		2	3	4	5	6	7	8	9	10	11	12	13
0.38	10	78	62	39	62	26	44	19	21	16	28	13	24
		谐波次数及谐波电流允许值（A）											
		14	15	16	17	18	19	20	21	22	23	24	25
		11	12	9.7	18	8.6	16	7.8	8.9	7.1	14	6.5	12

7.5.5　供电电压偏差检测

供电电压偏差检测包括变压器低压侧的三相电压偏差和单相电压偏差。

1. 检测依据

《电能质量　供电电压偏差》GB/T 12325—2008、《建筑节能工程施工质量验收标准》GB 50411—2019、《公共建筑节能检测标准》JGJ/T 177—2009。

2. 检测数量

电压偏差检测数量应符合下列规定：

（1）电压为 380V 时，变压器出线回路应全部测量。

（2）电压为 220V 时，照明出线回路应抽测 5%，且不应少于 2 个回路。

3. 检测设备

功率谐波分析仪。

既有建筑低碳改造技术指南

4. 检测方法

（1）检测前应进行初步判定。380V 电压偏差测量应采用读取变压器低压进线柜上电能表中三相电压数值的方法；220V 电压偏差测量应采用分别读取包含照明出线的低压配电柜上三相电压表数值的方法。读值时间间隔宜为 1min，读取 10 次，取平均值。

（2）对初步判定为不合格的回路应采用直接测量的方法，380V 电压偏差测量应采用数字式智能化仪表在变压器出线回路进行测量，且宜与谐波测量同时进行；220V 电压偏差测量应采用数字式智能化仪表在照明回路断路器下端测量。

（3）直接测量时间间隔宜为 3s（150 周期），测量时间宜为 24h。

5. 合格指标及判定

380V 电压偏差为标称电压的 ±7%、220V 电压偏差为标称电压的 −10%～+7% 时，应判为合格。

电压偏差应按下式计算：

$$电压偏差(\%)=\frac{电压测量值-系统标称电压}{系统标称电压}\times100\%$$ (7-34)

7.5.6 三相电压不平衡度检测

1. 检测依据

《电能质量 三相电压不平衡》GB/T 15543—2008、《建筑节能工程施工质量验收标准》GB 50411—2019、《公共建筑节能检测标准》JGJ/T 177—2009。

2. 检测数量

初步判定的不平衡回路均应检测。

3. 检测设备

功率谐波分析仪。

4. 检测方法

检测前初步判定不平衡回路。判定不平衡回路要观察配电柜上三相电压表或三相电流表指示，当三相电压某相超过标称电压的 2%，或三相电流之间偏差超过 15% 时，初步判定回路为不平衡回路。对初步判定为不平衡的回路采用直接测量方法，具体如下：

（1）测量条件：测量应在电力系统正常运行的最小方式（或较小方式）下，不平衡负荷处于正常、连续工作状态下进行，保证不平衡负荷的最大工作周期包含在内。

（2）测量时间：对于电力系统的公共连接点，测量持续时间取一周（168h），每个不平衡度的测量间隔可为 1min 的整数倍；对于波动载荷可取正常工作日 24h 持续测量，每个不平衡度的测量间隔为 1min。

（3）测量取值：对于电力系统的公共连接点，供电电压负序不平衡度测量值的 10min 方均根值的 95% 概率大值不大于 2%，所有测量值中的最大值不大于 4%。对日波动不平衡负荷，供电电压负序不平衡度测量值的 1min 方均根值的 95% 概率大值应不大于 2%，所有测量值中的最大值不大于 4%。对于日波动不平衡负荷也可以时间取值，日累计大于 2% 的时间不超过 72min 且每 30min 中大于 2% 的时间不超过 5min。

5. 合格指标及判定

当三相电压不平衡允许值为系统标称电压的 2%，短时不超过 4% 时，应判为合格。

232

三相电压不平衡度按下式计算：

$$\begin{cases} \varepsilon_{U_2} = \dfrac{U_2}{U_1} \times 100\% \\[2mm] \varepsilon_{U_0} = \dfrac{U_0}{U_1} \times 100\% \end{cases}$$

(7-35)

式中　U_1——三相电压的正序分量方均根值，V；

$\quad\quad U_2$——三相电压的负序分量方均根值，V；

$\quad\quad U_0$——三相电压的零序分量方均根值，V。

7.6　改造效果评估

7.6.1　改造前后节能量评价

既有建筑低碳改造应在保证室内适宜环境的基础上，提高建筑的能源利用效率，降低能源消耗，改造后的建筑室内环境指标满足改造设计要求。既有建筑低碳改造前，宜参照相应的标准和导则开展能源审计，审计结果作为节能量核定的数据基础；低碳改造后，应对项目边界内建筑或相关用能设备运行情况进行检查，并对节能效果进行核定，节能量核定机构应对低碳改造项目的完成情况以及完成质量进行现场勘验，核定节能量，并出具核定报告。改造项目节水量与节水率应单独核定，并纳入核定范围，核定方法应采用账单法。

既有建筑低碳改造项目的实施步骤与项目测量和验证的衔接关系如图 7-8 所示。改造项目基准期和核定期一般为 1 年，时间长度至少应包含用能系统或建筑的 1 个完整循环运行工况；基准期和核定期的时间长度应保持一致。

节能量核定时，当影响建筑用能系统及设备能耗的室外空气温度、建筑使用量、运行时间、建筑使用功能等因素发生较大变化时，应在误差范围内对能耗进行修正。对采用不同能源种类的既有建筑低碳改造项目进行节能量核定时，能源计量单位应统一采用标准煤。

节能量核定方法有测量法、账单分析法和校准模拟法，测量法侧重于评估具体节能措施的节能效果；账单分析法主要用来评估整栋建筑的节能效果；校准模拟法既可以用来评估具体系统或设备的改造效果，也可用来评估建筑综合改造的节能效果，但由于能耗模拟软件的局限性，准确性相对偏低。

（1）测量法　将被改造的系统或设备的能耗与建筑其他部分的能耗隔离开，设定一个测量边界。用检测设备分别测量改造前后该系统或设备与能耗相关的参数，计算改造前后的能耗，从而确定节能量，进而计算减碳量。可根据改造项目实际需要测量部分参数或者对所有参数进行测量。测量法适用于仅需评估受节能措施影响的系统能效，节能措施之间或与其他设备之间的相互影响可忽略不计或可测量和计算，测量成本较低。

（2）账单分析法　用电力公司、燃气公司、热力公司等能源收费部门的计量表及建筑内的分项计量表等对改造前后整栋建筑的能耗数据进行采集，通过分析能耗数据，计算得到改造前后整栋建筑的能耗，从而确定改造措施的节能量及减碳量。账单分析法适用于以下情况：能够获得改造前后建筑运行能耗数据；需评估改造前后整栋建筑的能效状况；建

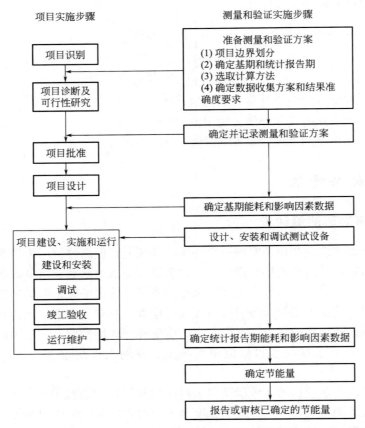

图 7-8　既有建筑低碳改造项目的实施步骤与项目测量和验证的衔接关系示意图

筑中采取了多项节能措施，且存在显著的相互影响；被改造系统或设备与建筑内其他部分之间存在较大的相互影响，难以采用测量法进行测量或测量费用过高；难以将被改造的系统或设备与建筑的其他部分的能耗分开。采用账单分析法时，应确保在节能改造前后具备至少 1 个完整循环运行工况下的计量账单数据，计量账单数据应完整准确。

　　（3）校准化模拟法　　对采取节能改造措施的建筑，通过现场调研和测量得到相关参数并建立能耗模型，对其改造前后的能耗和运行状况进行校准化模拟，对模拟结果进行分析，从而计算得到改造措施的节能量。校准化模拟法适用于如下情况之一：无法获得整栋建筑改造前后的能耗数据；改造中采取了多项节能措施且存在显著的相互影响；采用多项节能措施的项目中需要得到每项节能措施的节能效果，用测量法成本过高；被改造系统或设备与建筑内其他部分之间存在较大的相互影响，很难采用测量法进行测量或测量费用过高；被改造的建筑和采取的节能措施可以用成熟的模拟软件进行模拟，并有实际能耗或负荷数据进行比对。

　　1. 节能量（率）计算

　　（1）节能量应按下式计算：

$$E = E_b - E_r + \Delta E \tag{7-36}$$

式中　E——节能量，kgce；

E_b——基准期能耗，kgce；

E_r——核定期能耗，kgce；

ΔE——能耗修正量，kgce。

（2）节能率应按下式计算：

$$e = \frac{E}{E_b + \Delta E} \times 100\%$$ (7-37)

式中　e——节能率，%。

如果项目有节水改造，与节能率计算类似，综合节能率应按下式计算：

$$e_c = e + w \times K_w$$ (7-38)

式中　e_c——综合节能率，%；

w——节水率，%；

K_w——节水率按照等价值法折算成节能率的折算系数。

等价值折算法，就是利用能耗价值（费用）和水耗价值的比例进行折算。例如根据住房和城乡建设部统计数据，2015 年公共建筑单位面积能耗强度为 18kgce/（m² · a），按照电力折标等价系数折合 56.60kWh/（m² · a），建筑用电价格约为 1 元/kWh，则能耗价值为 56.60 元/（m² · a）。根据《城市给水工程规划规范》GB 50282—2016，单位面积公共管理与公共设施用地用水量指标均值约为 3.47m³/（m² · a）。

以北京市和上海市非居民用水（含水资源费、污水处理费）价格作为参考（为缓解当前国家水资源紧缺的局面，贯彻落实《城镇节水工作指南》文件精神，特以北京作为北方水价、上海作为南方水价的参考，以鼓励节约用水，加快节水改造）。北京非居民用水价格为 9.5 元/m³，则水耗价值为 32.97 元/（m² · a），以公共建筑单位面积能耗价值和单位面积水耗价值之比折算，能耗价值：水耗价值 = 56.60：32.97 = 1.72：1，即每降低 1.72% 的单位建筑面积水耗的价值相当于降低 1% 的单位建筑能耗，因此北方地区可将节水率 1.72% 折算为节能率 1%。同理，上海非居民用水价格为 5 元/m³，南方地区可将节水率 3.26% 折算为节能率 1%。

2. 能耗修正

建筑能耗的修正应根据建筑类型修正非节能改造措施引起的总能耗变化，保证建筑在基准期和核定期的运行条件基本一致。当建筑主要能耗影响因素变化超过 5% 时，可进行能耗修正。确实由于能耗修正而产生额外节能率的改造项目，修正产生的综合节能率不能超过 2%。建筑节能改造项目的建筑年能耗修正可按式（7-39）计算：

$$E_b' = E_b \cdot C$$ (7-39)

式中　E_b'——修正后的基准期能耗，kgce；

E_b——基准期能耗，kgce；

C——能耗修正系数。

能耗修正方法可参考《民用建筑能耗标准》GB/T 51161—2016，办公建筑能耗可根据建筑使用时间或人均建筑面积进行修正，旅店建筑能耗的修正可根据建筑入住率或客房区面积占总建筑面积比例进行修正，商场建筑能耗的修正可根据建筑使用时间进行修正。

3. 节能量核定方法

采用能源公司提供的能源账单核定改造项目节能量时，应按式（7-40）计算节能量：

$$E = \sum_{j=1}^{m} \left[(E_{\mathrm{b}j} - E_{\mathrm{r}j}) \right] + \Delta E \qquad (7\text{-}40)$$

式中　m——核定项目的账单月份总数；

　　　j——用于节能量核定的账单月份序号；

　　　$E_{\mathrm{b}j}$——第 j 月基准期能耗，kgce；

　　　$E_{\mathrm{r}j}$——第 j 月核定期能耗，kgce；

　　　ΔE——能耗修正量，kgce。

采用用能设备（系统）分项计量数据核定改造项目节能量时，应按式（7-41）计算节能量：

$$E = \sum_{i=1}^{n} (E_{\mathrm{b}i} - E_{\mathrm{r}i} + \Delta E_i) \qquad (7\text{-}41)$$

式中　n——核定项目的分项账单总数；

　　　i——核定项目的分项序号；

　　　$E_{\mathrm{b}i}$——第 i 项基准期分项能耗数据，kgce；

　　　$E_{\mathrm{r}i}$——第 i 项核定期分项能耗数据，kgce；

　　　ΔE_i——第 i 项能耗修正量，kgce。

4. 测量计算核定方法

（1）暖通空调与生活热水系统

采用测量计算法核定节能量时，基准期能耗可参考能源审计报告、运行记录、分项计量和能耗数据等计算得出。空调系统或相关设备改造采用测量计算法核定节能量时，应测试但不限于以下参数：冷水供回水温度、冷却水供回水温度、冷水流量、机组功率、室内外干球温度、冷水泵功率、冷却水泵功率、冷却塔风机功率、风量等；空调系统或相关设备改造的节能量依据测量参数计算得出。供暖及热水系统或相关设备改造采用测量计算法核定节能量时，应测试但不限于以下参数：循环水量、供回水温度、室内外干球温度、机组功率、锅炉燃料消耗量、锅炉热效率、水泵功率等。以上参数测量应符合相关标准的规定；供暖及热水系统或相关设备改造的节能量依据测量参数计算得出。

（2）供配电与照明系统

照明系统改造采用测量计算法核定节能量时，应按式（7-42）计算：

$$E_1 = \sum_{i=1}^{n} (P_{\mathrm{b}i} t_{\mathrm{b}i} - P_{\mathrm{r}i} t_{\mathrm{r}i}) \times K_i \times \varphi \qquad (7\text{-}42)$$

式中　E_1——照明系统节能量，kgce；

　　　n——改造的照明灯具类型个数；

　　　$P_{\mathrm{b}i}$——基准期第 i 类照明灯具功率，kW；

　　　$P_{\mathrm{r}i}$——核定期第 i 类照明灯具功率，kW；本项中基准期和核定期的功率，可以采用检测方法获得；

　　　$t_{\mathrm{b}i}$——基准期第 i 类照明灯具年运行时间，h；

　　　$t_{\mathrm{r}i}$——核定期第 i 类照明灯具年运行时间，h；

　　　K_i——第 i 类照明灯具所在建筑类型的同时使用系数；

　　　φ——电力折算为标准煤的系数。

当供配电系统的变压器进行改造时，年节能量应按式（7-43）计算：

$$E_2=[(PO_b+PK_b\times\beta^2)-(PO_r+PK_r\times\beta^2)]\times t\times\varphi \tag{7-43}$$

式中　E_2——变压器改造节能量，kgce；

　　　t——变压器的年运行时间，h；

　　　PO_b——改造前变压器空载损耗功率，kW；

　　　PK_b——改造前变压器负载损耗功率，kW；

　　　PO_r——改造后变压器空载损耗功率，kW；

　　　PK_r——改造后变压器负载损耗功率，kW；

　　　β——负载率。

（3）可再生能源应用系统

系统基准期能耗可参考能源审计报告、运行记录、分项计量、能耗数据等计算得出。地源热泵系统、太阳能光热利用系统及光伏系统节能量可依据《可再生能源建筑应用工程评价标准》GB/T 50801—2013 检测计算得出。

（4）电梯系统

加装电梯能量回馈装置的节能量可以通过测量能量回馈装置的回馈电能，按式（7-44）计算：

$$E_3=W_h\times\varphi \tag{7-44}$$

式中　E_3——电梯加装能量回馈装置的节能量，kgce；

　　　W_h——电梯能量回馈装置年回馈的电能，kWh。

电梯采用其他技术进行改造的节能量，按式（7-45）计算：

$$E_4=(E_{b4}-E_{r4})\times\frac{t_0}{t}\times\varphi \tag{7-45}$$

式中　E_4——电梯采用其他技术进行改造的节能量，kgce；

　　　E_{b4}——电梯改造前测试周期的实测能耗，kWh；

　　　E_{r4}——电梯改造后测试周期的实测能耗，kWh；

　　　t_0——电梯一年内的工作日数；

　　　t——测试周期，周期建议为连续 7d。

电梯能耗测试应在电梯正常运行工况下进行，其测量点为电梯主开关输出端。

围护结构的节能改造包括外墙改造、屋面改造、外窗改造等多种方式，其节能效果最终体现在有效降低供暖空调系统能耗，因此针对围护结构低碳改造节能量，主要从供暖空调系统能耗降低程度来核定。

7.6.2　改造前后降碳效果评价

《建筑节能与可再生能源利用通用规范》GB 55015—2021 要求建筑能源系统应按分类、分区、分项计量数据进行管理，可再生能源系统应进行单独统计，建筑能耗应以一个完整的日历年统计，能耗数据应纳入能耗监督管理系统平台管理。

建筑能耗监测的数据均为建筑运行阶段的能耗数据，可依据《建筑碳排放计算标准》GB/T 51366—2019，基于该建筑能耗监测数据进行碳排放核算，方法如下：

建筑运行阶段碳排放计算范围应包括暖通空调、生活热水、照明及电梯、可再生能源、建筑碳汇系统在建筑运行期间的碳排放量。碳排放计算中采用的建筑设计寿命应与设计文件一致，当设计文件不能提供时，应按 50 年计算。建筑物碳排放的计算范围应为建设工程规划许可证建筑红线范围内，为该建筑提供服务的能量转换与输送系统（如各种形式的发电系统、集中供热系统、集中供冷系统等）的燃煤、燃油、燃气、生物质能源、风能、太阳能等能源所产生的碳排放，如图 7-9 所示。

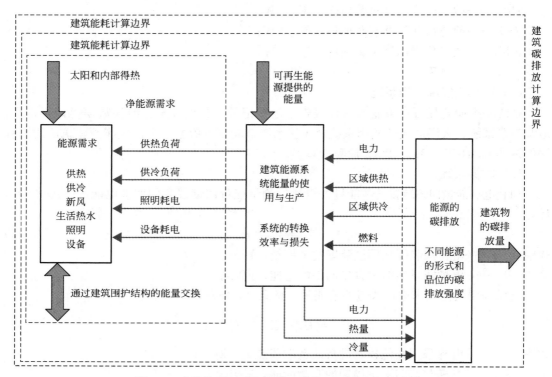

图 7-9　建筑物运行阶段碳排放计算边界及范围的划分

核算既有建筑低碳改造后的建筑运行碳排放，建筑供暖、通风、空调、照明、生活热水、电梯、插座与炊事等终端能耗，以及建筑本体及周边可再生能源系统利用量，按碳排放因子换算为碳排放量后，两者的差值即为既有建筑改造后的建筑运行碳排放，与改造前的碳排放进行对比，判断是否满足设定的碳排放指标要求。

对于居住建筑，建筑能耗与碳排放结构相对固定，因此同一气候区使用统一的碳排放强度绝对值指标进行限值规定，即既有居住建筑改造后的碳排放强度低于表 7-7 规定的低碳居住建筑碳排放强度限值时，可认定为低碳居住建筑。

表 7-7

低碳居住建筑碳排放强度限值

气候区	严寒地区	寒冷地区	夏热冬冷地区	夏热冬暖地区	温和地区
碳排放限值$[kgCO_2/(m^2 \cdot a)]$	23	21	21	23	18

公共建筑的类型众多、功能复杂，当公共建筑 80% 以上面积为某一典型类型公共建筑时，可将碳排放强度作为降碳目标，即既有公共建筑改造后的碳排放强度低于表 7-8 规定的低碳公共建筑碳排放强度限值时，即可认定为低碳公共建筑；当公共建筑中混合功能区

面积占比过大时，碳排放强度没有较强代表性，此时采用降碳率作为降碳目标，即既有公共建筑改造后的降碳率满足表 7-9 规定的低碳公共建筑降碳率时，同样可认定为低碳公共建筑。

低碳公共建筑碳排放强度限值 ［单位：$kgCO_2/(m^2 \cdot a)$ ］　　　　　表 7-8

气候区	建筑类型						
	小型办公建筑	大型办公建筑	小型酒店建筑	大型酒店建筑	商场建筑	医院建筑—医技综合楼	学校建筑—教学楼
严寒地区	23	25	30	35	65	55	15
寒冷地区	21	25	30	40	68	55	16
夏热冬冷	21	28	33	43	75	60	20
夏热冬暖	23	30	36	45	85	65	25
温和地区	18	22	28	30	63	45	13

低碳公共建筑降碳率　　　　　表 7-9

气候区	严寒地区	寒冷地区	夏热冬冷地区	夏热冬暖地区	温和地区
建筑降碳率	≥40%	≥35%	≥30%		

参考文献

［1］ 中华人民共和国住房和城乡建设部．既有建筑维护与改造通用规范：GB 55022—2021［S］．北京：中国建筑工业出版社，2022.

［2］ 中华人民共和国住房和城乡建设部．建筑节能与可再生能源利用通用规范：GB 55015—2021［S］．北京：中国建筑工业出版社，2022.

［3］ 中华人民共和国住房和城乡建设部．公共建筑节能设计标准：GB 50189—2015［S］．北京：中国建筑工业出版社，2015.

［4］ 中华人民共和国住房和城乡建设部．严寒和寒冷地区居住建筑节能设计标准：JGJ 26—2018［S］．北京：中国建筑工业出版社，2019.

［5］ 张时聪，王珂，杨芯岩，等．建筑部门碳达峰碳中和排放控制目标研究［J］．建筑科学，2021，37（8）：189-198.

［6］ 江亿，胡姗．中国城乡能源供给系统的低碳途径［J］．科技导报，2023，41（16）：6-22.

［7］ 衣洪建，王兴龙，彭书凝，等．我国既有居住建筑改造现状研究与发展建议［J］．建筑科学，2021，37（1）：121-127.

［8］ 清华大学建筑节能研究中心．中国建筑节能年度发展研究报告 2023（城市能源系统专题）［M］．北京：中国建筑工业出版社，2023.

［9］ 中华人民共和国住房和城乡建设部．既有居住建筑节能改造技术规程：JGJ/T 129—2012［S］．北京：中国建筑工业出版社，2013.

［10］ 中华人民共和国住房和城乡建设部．公共建筑节能改造技术规范：JGJ 176—2009［S］．北京：中国建筑工业出版社，2009.

［11］ 马素贞，孙金金，汤民．既有建筑绿色改造诊断技术［M］．北京：中国建筑工业出版社，2015.

［12］ 冯雅，南艳丽，钟辉智，等．建筑热工与围护结构节能设计手册［M］．北京：中国建筑工业出版社，2022.

［13］ 冯雅，南艳丽，钟辉智．南方建筑非透明围护结构热工与节能设计［J］．土木建筑与环境工程，2017，39（4）：33-39.

［14］ Huimin Huo，Wei Xu，Angui Li，et al. Field comparison test study of external shading effect on thermal-optical performance of ultralow-energy buildings in cold regions of China［J］．Building and Environment，2020，180（8）：106926.1-106926.14.

［15］ Huimin Huo，Wei Xu，Angui Li，et al. Sensitivity analysis and prediction of shading effect of external Venetian blind for nearly zero-energy buildings in China［J］．Journal of Building Engineering，2021，41（9）：102401.1-102401.15.

［16］ 中国建筑标准设计研究院．公共建筑节能构造　夏热冬冷和夏热冬暖地区：17J908-2［M］．北京：中国计划出版社，2017.

［17］ 丁勇．公共建筑节能改造技术与应用——以重庆市为例［M］．北京：科学出版社，2019.

［18］ 南艳丽，冯雅，钟辉智，等．川渝地区夯土民居架空地面防潮设计［J］．建筑科学，2015，31（6）：90-94.

［19］ 高兴．城市建筑节能改造技术与典型案例［M］．北京：中国建筑工业出版社，2018.

［20］ 董梦能，林学山．重庆既有公共建筑节能改造技术手册［M］．重庆：重庆大学出版社，2016.

［21］ 中国建筑工业出版社，中国建筑学会．建筑设计资料集　第8分册　建筑专题［M］．3版．北京：

中国建筑工业出版社，2017.

[22] 南艳丽，钟辉智，冯雅，等．房中房型精密机房围护结构节能设计［J］．建筑科学，2016，32（12）：98-101.

[23] 中华人民共和国住房和城乡建设部．供热系统节能改造技术规范：GB/T 50893—2013［S］．北京：中国建筑工业出版社，2014.

[24] 中华人民共和国住房和城乡建设部．城镇供热系统节能技术规范：CJJ/T 185—2012［S］．北京：中国建筑工业出版社，2013.

[25] 中华人民共和国住房和城乡建设部．供热计量技术规程：JGJ 173—2009［S］：北京：中国建筑工业出版社，2009.

[26] 吴玉杰，陈小净．热计量改造前后供热系统调节方式的探讨［J］．煤气与热力，2012，32（9）：5-7.

[27] Lin Zhu，Hua Liao，Bingdong Hou，et al. The status of household heating in northern China：a field survey in towns and villages［J］．Environmental Science and Pollution Research，2020，27（14）：16153-16155.

[28] 王清勤，唐曹明．既有建筑改造技术指南［M］．北京：中国建筑工业出版社，2012.

[29] 中国工程建设标准化协会．公共机构建筑空调系统节能改造技术规程：T/CECS 935—2021［S］．北京：中国建筑工业出版社，2022.

[30] 张淑君，匡胜严，洪娜，等．某办公建筑围护结构和空调系统改造分析［J］．建筑节能（中英文），2023，51（6）：115-119.

[31] Lu Yakai，Tian Zhe，Peng Peng，et al. Identification and evaluation of operation regulation strategies in district heating substations based on an unsupervised data mining method［J］．Energy and Buildings，2019，202（11）：109324.1-109324.11.

[32] 钟寒露．空调系统制冷剂泄漏量敏感性分析及预测［D］．武汉：华中科技大学，2023.

[33] 徐伟．中国高效空调制冷机房发展研究报告（2021）［M］．北京：中国建筑工业出版社，2022.

[34] 中国工程建设标准化协会．高效制冷机房技术规程：T/CECS 1012—2022［S］．北京：中国建筑工业出版社，2022.

[35] 中华人民共和国住房和城乡建设部．民用建筑供暖通风与空气调节设计规范：GB 50736—2012［S］．北京：中国建筑工业出版社，2012.

[36] Song Yangrui，Yuexia，Luo Shugang，et al. Residential adaptive comfort in a humid continental climateiTianjin China［J］．Energy and Buildings，2018，170（1）：115-121.

[37] 史琳，安青松．基加利修正案生效后替代制冷剂的选择与对策思考［J］．制冷与空调，2019，19（9）：50-58.

[38] 马松，赵李曼．HFC及其混合物作为R22替代制冷剂的应用分析［J］．冷藏技术，2021，44（4）：40-44，50.

[39] 曹巍．基于低环温空气源热泵机组的制冷剂替代实验研究［J］．日用电器，2022（8）：48-52.

[40] 中华人民共和国住房和城乡建设部．民用建筑节水设计标准：GB 50555—2010［S］．北京：中国建筑工业出版社，2010.

[41] 中华人民共和国住房和城乡建设部．建筑给水排水与节水通用规范：GB 55020—2021［S］．北京：中国建筑工业出版社，2022.

[42] 伦志鹏．建筑给水排水系统节能设计分析［J］．中国设备工程，2021（4）：8-9.

[43] 孙菁．浅谈给排水设计中绿色建筑的节水技术要点［J］．房地产世界，2020（20）：40-41.

[44] 中华人民共和国住房和城乡建设部．建筑与小区雨水控制及利用工程技术规范：GB 50400—2016［S］．北京：中国建筑工业出版社，2017.

［45］ 中华人民共和国住房和城乡建设部．建筑中水设计标准：GB 50336—2018［S］．北京：中国建筑工业出版社，2018.

［46］ 中华人民共和国住房和城乡建设部．建筑给水排水设计标准：GB 50015—2019［S］．北京：中国计划出版社，2019.

［47］ 岳秀萍．建筑给水排水工程［M］．北京：中国建筑工业出版社，2019.

［48］ 张子英．热水表的应用研究及与其他热计量方式的比较分析［J］．科技创新导报，2017（11）：86-87.

［49］ 中华人民共和国住房和城乡建设部．建筑电气与智能化通用规范：GB 55024—2022［S］．北京：中国建筑工业出版社，2022.

［50］ 吴蔚沁，王何斌，徐强，等．2021年上海市公共建筑能耗监测平台数据分析［J］．上海节能，2022（9）：1096-1104.

［51］ 陈宇震．建筑能耗监测对既有建筑节能的分析［J］．安徽建筑，2021，28（10）：90-91.

［52］ 李燕莉．绿色建筑电气节能设计［J］．工程与建设，2023，37（4）：1303-1305.

［53］ 江亿，胡姗．屋顶光伏为基础的农村新型能源系统战略研究［J］．气候变化研究进展，2022，18（3）：272-282.

［54］ 中华人民共和国住房和城乡建设部．居住建筑节能检测标准：JGJ/T 132—2009［S］．北京：中国建筑工业出版社，2010.

［55］ 中华人民共和国住房和城乡建设部．公共建筑节能检测标准：JGJ/T 177—2009［S］．北京：中国建筑工业出版社，2010.

［56］ Bayomi N，Nagpal S，Rakha T，et al. Building Envelope Modeling Calibration Using Aerial Thermography［J］. Energy and Buildings，2020，233（2）：110648-110648.12.

［57］ 中华人民共和国住房和城乡建设部．建筑节能工程施工质量验收标准：GB 50411—2019［S］．北京：中国建筑工业出版社，2019.

［58］ 吴玉杰，赵志愿，李玉娜．热流计法在建筑节能现场检测中的应用［J］．建筑节能，2008（3）：73-75.

［59］ Yongli，Yuhong Yang. Cross-validation for selecting a model selection procedure［J］. Journal of Econometrics，2015，187（1）：95-112.

［60］ 中华人民共和国住房和城乡建设部．采暖通风与空气调节工程检测技术规程：JGJ/T 260—2011［S］．北京：中国建筑工业出版社，2012.

［61］ 中华人民共和国住房和城乡建设部．可再生能源建筑应用工程评价标准：GB/T 50801—2013［S］．北京：中国建筑工业出版社，2013.

［62］ 张时聪，王珂，杨芯岩，等．低碳、近零碳、零碳居住建筑碳排放控制指标研究［J］．建筑科学，2023，39（2）：11-19，57.

［63］ 张时聪，王珂，徐伟．低碳、近零碳、零碳公共建筑碳排放控制指标研究［J］．建筑科学，2023，39（2）：1-10，35.